本书由教育部人文社会科学重点研究基地"山西大学科学技术哲学研究中心"、
山西省"1331工程"重点学科建设计划资助出版

科学技术哲学文库 | 丛书主编·郭贵春 殷 杰

科学哲学问题研究

·第八辑·

◎ 郭贵春 主编

科学出版社

北 京

内 容 简 介

"科学哲学问题研究专辑"作为"科学技术哲学文库"的重要组成部分,以年度专辑形式推出,专辑以具体问题研究为导向,涵盖一般科学哲学、自然科学哲学与数学哲学、社会科学哲学、科学技术与社会论题,反映年度科学哲学前沿动态和热点领域研究现状。本书是教育部人文社会科学重点研究基地"山西大学科学技术哲学研究中心"学术研究团队阶段性研究成果的结集。

本书可供科技哲学及相关专业的研究人员、师生阅读参考。

图书在版编目(CIP)数据

科学哲学问题研究. 第八辑 / 郭贵春主编. —北京:科学出版社,2023.5
(科学技术哲学文库/郭贵春,殷杰主编)
ISBN 978-7-03-074776-1

Ⅰ. ①科… Ⅱ. ①郭… Ⅲ. ①科学哲学-研究 Ⅳ. ①N02

中国国家版本馆 CIP 数据核字(2023)第 019483 号

丛书策划:侯俊琳 邹 聪
责任编辑:刘红晋 邹 聪 乔艳茹 / 责任校对:贾娜娜
责任印制:赵 博 / 封面设计:有道文化

科学出版社 出版
北京东黄城根北街 16 号
邮政编码:100717
http://www.sciencep.com
北京市金木堂数码科技有限公司印刷
科学出版社发行 各地新华书店经销

*

2023 年 5 月第 一 版 开本:720×1000 1/16
2025 年 2 月第二次印刷 印张:22 1/4
字数:380 000
定价:158.00 元
(如有印装质量问题,我社负责调换)

总　序

　　认识、理解和分析当代科学哲学的现状，是我们抓住当代科学哲学面临的主要矛盾和关键问题，推进它在可能的发展趋势上取得进步的重大课题，有必要进行深入研究并予以澄清。

　　对当代科学哲学的现状的理解，仁者见仁，智者见智。明尼苏达大学出版社出版的 *Logical Empiricism in North America* 指出："科学哲学不是当代学术界的领导领域，甚至不是一个成长中的领域。在整体的文化范围内，科学哲学现时甚至不是最宽广地反映科学的令人尊崇的领域。其他科学研究的分支，诸如科学社会学、科学社会史及科学文化的研究等，成了作为人类实践的科学研究中更为有意义的问题、更为广泛地被人们阅读和争论的对象。那么，也许这导源于那种不景气的前景，即某些科学哲学家正在向外探求新的论题、方法、工具和技巧，并且探求那些在哲学中关爱科学的历史人物。"从中，我们可以感觉到科学哲学在某种程度上或某种视角上地位的衰落。而且关键的是，科学哲学家们无论是研究历史人物，还是探求现实的科学哲学的出路，都被看作一种不景气的、无奈的表现。尽管这是一种极端的看法。

　　那么，为什么会造成这种现象呢？主要的原因就在于，科学哲学在近30年的发展中，失去了能够影响自己同时也能够影响相关研究领域发展的研究范式。因为，一个学科一旦缺少了范式，就缺少了纲领，而没有了范式和纲领，当然也就失去了凝聚自身学科，同时能够带动相关学科发展的能力，所以它的示范作用和地位就必然要降低。因而，努力地构建一种新的范式去发展科学哲学，在这个范式的基底上去重建科学哲学的大厦，去总结历史和重塑它的未来，就是相当重要的了。

换句话说，当今科学哲学在总体上处于一种"非突破"的时期，即没有重大的突破性的理论出现。目前，我们看到最多的是，欧洲大陆哲学与大西洋哲学之间的渗透与融合，自然科学哲学与社会科学哲学之间的借鉴与交融，常规科学的进展与一般哲学解释之间的碰撞与分析。这是科学哲学发展过程中历史地、必然地要出现的一种现象，其原因在于五个方面。第一，自 20 世纪的后历史主义出现以来，科学哲学在元理论的研究方面没有重大的突破，缺乏创造性的新视角和新方法。第二，对自然科学哲学问题的研究越来越困难，无论是拥有什么样知识背景的科学哲学家，对新的科学发现和科学理论的解释都存在着把握本质的困难，科学哲学所要求的背景训练和知识储备都愈加严苛。第三，纯分析哲学的研究方法确实有它局限的一面，需要从不同的研究领域中汲取和借鉴更多的方法论的经验；同时也存在着对分析哲学研究方法忽略的一面，轻视了它所具有的本质的内在功能，需要在新的层面上将分析哲学研究方法发扬光大。第四，试图从知识论的角度综合各种流派、各种传统去进行科学哲学的研究，或许是一个有意义的发展趋势，在某种程度上可以避免任何单一思维趋势的片面性，但是这是一条极易走向"泛文化主义"的路子，从而易于将科学哲学引向歧途。第五，科学哲学研究范式的淡化及研究纲领的游移，导致了科学哲学主题的边缘化倾向，更为重要的是，人们试图用从各种视角对科学哲学的解读来取代科学哲学自身的研究，或者说把这种解读误认为是对科学哲学的主题研究，从而造成了对科学哲学主题的消解。

然而，无论科学哲学如何发展，它的科学方法论的内核不能变。这就是：第一，科学理性不能被消解，科学哲学应永远高举科学理性的旗帜；第二，自然科学的哲学问题不能被消解，它从来就是科学哲学赖以存在的基础；第三，语言哲学的分析方法及其语境论的基础不能被消解，因为它是统一科学哲学各种流派及其传统方法论的基底；第四，科学的主题不能被消解，不能用社会的、知识论的、心理的东西取代科学的提问方式，否则科学哲学就失去了它自身存在的前提。

在这里，我们必须强调指出的是，不弘扬科学理性就不叫"科学哲学"，既然是"科学哲学"就必须弘扬科学理性。当然，这并不排斥理性与非理性、形式与非形式、规范与非规范研究方法之间的相互渗透、融合和统一。我们所要避免的只是"泛文化主义"的暗流，而且无论是相对的还是绝对的"泛文化主义"，都不可能指向科学哲学的"正途"。这就是说，科学哲学的发展不是要不要科学理性的问题，而是如何弘扬科学理性的问题，以什么样的方式加以弘扬的问题。中国当下人文主义的盛行与泛扬，并不是证明科学理性不重要，而是在科学发展的水平上，社会发展的现实矛盾激发了人们更期望从现实的矛盾中，通过对人文主义的解读，去探求新的解释。但反过来讲，越是如此，科学理性的核心价值地位就越显得重要。人文主义的发展，如果没有科学理性作为基础，就会走向它关怀的反面。这种教训在中国社会发展中是很多的。缺乏科学理性的人文主义，必然走向它的反面。在这里，我们需要明确的是，科学理性与人文理性是统一的、一致的，是人类认识世界的两个不同的视角，并不存在矛盾。从某种意义上讲，正是人文理性拓展和延伸了科学理性的边界。但是人文理性不等同于人文主义，正像科学理性不等同于科学主义一样。坚持科学理性反对科学主义，坚持人文理性反对人文主义，应当是当代科学哲学所要坚守的目标。

我们还需要特别注意的是，当前存在的科学哲学研究的多元论与20世纪后半叶历史主义的多元论有着根本的区别。历史主义是站在科学理性的立场上，去诉求科学理论进步纲领的多元性，而现今的多元论，是站在文化分析的立场上，去诉求对科学发展的文化解释。这种解释虽然在一定层面上扩张了科学哲学研究的视角和范围，但它却存在着文化主义的倾向，存在着消解科学理性的倾向。在这里，我们千万不要把科学哲学与技术哲学混为一谈，这二者之间有重要的区别。因为技术哲学自身本质地有更多的文化特质，这些文化特质决定了它不是以单纯科学理性的要求为基底的。

在世纪之交的后历史主义的环境中，人们在不断地反思20世纪科学哲学的历史和发展历程。一方面，人们重新解读过去的各种流派和观点，以适应现实的要求；另一方面，试图通过这种重新解读，找出今后科学哲学发展的新的进路，尤其是科学哲学研究的方法论的走向。有的科学哲学家在反思 20世纪的逻辑哲学、数学哲学及科学哲学的发展，即"广义科学哲学"的发展中提出了五个"引导性难题"（leading problem）。

第一，什么是逻辑的本质和逻辑真理的本质？

第二，什么是数学的本质？这包括：什么是数学命题的本质、数学猜想的本质和数学证明的本质？

第三，什么是形式体系的本质？什么是形式体系与希尔伯特称之为"理解活动"（the activity of understanding）的东西之间的关联？

第四，什么是语言的本质？这包括：什么是意义、指称和真理的本质？

第五，什么是理解的本质？这包括：什么是感觉、心理状态及心理过程的本质？①

这五个"引导性难题"概括了整个 20 世纪科学哲学探索所要求解的对象及在 21 世纪要面对的问题，有着十分重要的意义。从另一个更具体的角度来讲，在 20 世纪科学哲学的发展中，理论模型与实验测量、模型解释与案例说明、科学证明与语言分析等，它们结合在一起作为科学方法论的整体，或者说整体性的科学方法论，推动了科学哲学的发展。所以，从广义的科学哲学来讲，在 20 世纪的科学哲学发展中，逻辑哲学、数学哲学、语言哲学与科学哲学是联结在一起的。同样，在 21 世纪的科学哲学进程中，这几个方面也必然会内在地联结在一起，只是各自的研究层面和角度会不同而已。所以，逻辑的方法、数学的方法、语言学的方法都是整个科学哲学研究方法中不可或缺的部分，它们在求解科学哲学的难题中是统一的和一致的。这种统一和一致恰恰是科学理性的统一和一致。必须看到，认知科学的发展正是对这种科学理性的一致性的捍卫，而不是相反。我们可以这样讲，20 世纪对这些问题的认识、理解和探索，是一个从自然到必然的过程；它们之间的融合与相互渗透是一个从不自觉到自觉的过程。而 21 世纪则是一个"自主"的过程，一个统一的动力学的发展过程。

---

① Shanker S G. Philosophy of Science, Logic, and Mathematics in the 20th Century. London: Routledge, 1996: 7.

那么，通过对 20 世纪科学哲学的发展历程的反思，当代科学哲学面向 21 世纪的发展，近期的主要目标是什么？最大的"引导性难题"又是什么？

第一，重铸科学哲学发展的新的逻辑起点。这个起点要超越逻辑经验主义、历史主义、后历史主义的范式。我们可以肯定地说，一个没有明确逻辑起点的学科肯定是不完备的。

第二，构建科学实在论与反实在论各个流派之间相互对话、交流、渗透与融合的新平台。在这个平台上，彼此可以真正地相互交流和共同促进，从而使它成为科学哲学成长的舞台。

第三，探索各种科学方法论相互借鉴、相互补充、相互交叉的新基底。在这个基底上，获得科学哲学方法论的有效统一，从而锻造出富有生命力的创新理论与发展方向。

第四，坚持科学理性的本质，面对前所未有的消解科学理性的"围剿"，要持续地弘扬科学理性的精神。这应当是当代科学哲学发展的一个极关键的方面。只有在这个基础上，才能去谈科学理性与非理性的统一，去谈科学哲学与科学社会学、科学知识论、科学史学及科学文化哲学等流派或学科之间的关联。否则，一个被消解了科学理性的科学哲学还有什么资格去谈论与其他学派或学科之间的关联？

总之，这四个从宏观上提出的"引导性难题"既包容了 20 世纪的五个"引导性难题"，也表明了当代科学哲学的发展特征：一是科学哲学的进步越来越多元化。现在的科学哲学比过去任何时候，都有着更多的立场、观点和方法。二是这些多元的立场、观点和方法又在一个新的层面上展开，愈加本质地相互渗透、吸收与融合。所以，多元化和整体性是当代科学哲学发展中一个问题的两个方面。它将在这两个方面的交错和叠加中寻找自己全新的出路。这就是当代科学哲学拥有强大生命力的根源。正是在这个意义上，经历了语言学转向、解释学转向和修辞学转向这"三大转向"的科学哲学，而今转向语境论的研究就是一种逻辑的必然，是科学哲学研究的必然取向之一。

这些年来，山西大学的科学哲学学科，就是围绕着这四个面向 21 世纪的

"引导性难题"，试图在语境的基底上从科学哲学的元理论、数学哲学、物理哲学、社会科学哲学等各个方面，探索科学哲学发展的路径。我希望我们的研究能对中国科学哲学事业的发展有所贡献!

郭贵春

2007 年 6 月 1 日

目　录

社会科学哲学

认知与心理学哲学

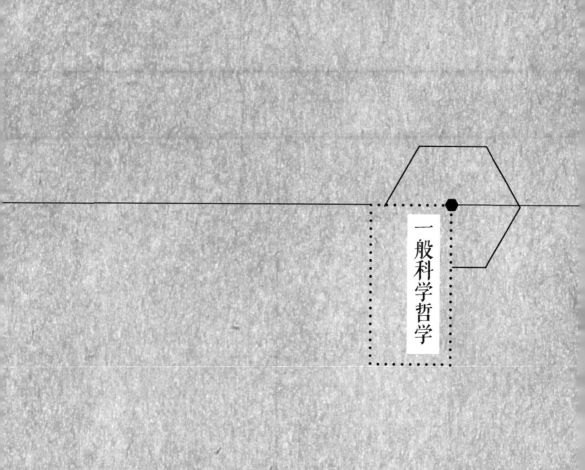

一般科学哲学

发展科学及其语境论趋势探析[*]

殷 杰 刘扬弃

发展科学是在发展心理学基础上形成的，发展心理学则在 20 世纪基于儿童心理学而形成，儿童心理学在 19 世纪后半叶就已诞生。在 20 世纪 80 年代，跨学科的发展心理学已经形成了一门以应用或干预为主要目的的新兴分支学科——应用发展心理学。[1]在发展心理学的基础研究中出现了多学科或跨学科的系统研究，以及基础研究和应用研究的整合。于是，越来越多的研究者认为该领域是涉及生命发展的多学科综合研究的发展科学。勒纳（Lerner）认为这个领域已经发生了从发展心理学到发展科学的转变。[2]从 2006 年至今，发展心理学内部已经逐步形成了以语境论、机体论和辩证唯物主义为基础的"关联论和关联的发展系统范式"，"一个新的科学范式已经为发展科学做好了准备"。[3]从科学依据上讲，发展心理学基于胚胎学和演化生物学，而非实验心理/物理学[4]，发展科学是发展心理学走向成熟的产物。此外，演化理论一直是社会学和人类学关注的重要内容之一，本文支持其中的"基因-文化协同演化"[5]立场，并从发展科学的角度回应演化社会学和演化人类学的科学哲学研究中亟待解决的问题——演化解释应如何介入社会学和人类学的哲学研究。

一

在 2015 年版《儿童心理学与发展科学手册》中，开篇就提到了研究范式的转变问题。在发展科学内部，诸如哲学、方法论等不同维度的转变共同引发了研究范式的转变。从整体上看，范式的转变意味着世界观的转变。在发展科学内部，世界观分为两类"家族"取向，即割裂（split）的取向和关联的（relational）取向[6]，机械论世界观和机体论的语境论世界观分别代表了这两

* 原文发表于《哲学动态》2019 年第 4 期。

种取向。发展科学的范式转变就是从割裂的取向转向关联的取向。关联取向的新范式把语境看作个体行动和发展的研究基础，这里的语境是指若干相互作用的、协同作用的或相互融合的关系过程。机体生命发展涉及多重过程和多重层级的相互或联合作用，因此，发展科学的新范式所支持的科学价值观是把生物的、心理的、社会文化的和历史的多重视角整合为一个综合的、整体的、复杂的、联合作用的系统。[7]

"关联的发展系统"（relational developmental system，RDS）就是基于新的关联取向的研究范式，也叫作"当代过程关联和关联的发展系统科学研究范式"或关联论和关联的发展系统范式。这是发展科学的元模型，表征了活的机体自身的一系列联合运作的具身行动。机体本身就是具有相对可塑性的非线性复杂系统，可以自生成、自组织、自调节，这些行动在社会文化世界和物理世界中的联合运作带动了系统的发展，其中蕴含了机体的内部变化和外部行为，以及这些变化和行为中涉及的子系统和子过程。RDS 各层级组织的具身行动会造成正向或者负向的反馈循环，RDS 的发展内在指向对立统一的目的，这个系统的活的组织所产生的具身行动导致了发展，发展又反过来改变了这个系统的机体。RDS 就是在这样的反馈循环中变得越来越分化、越来越整合，也越来越复杂。此外，RDS 是在不同层级上嵌套着各种子系统的复杂语境结构，整体系统和子系统相互定义、不可分割，部分定义了整体，整体定义了它的组成部分。[7]因此，只有在整体的语境中才能确定子系统的结构，也只有通过子系统的复杂语境结构才能确定整体系统。

割裂的取向采用了一元的、还原的动态系统视角，关联的取向则采用了多元的、关联的动态系统视角；割裂的取向重视语境中行动的实际时间，关联的取向则把机体看作一个跨越时间和语境的整合的整体；割裂的取向重视组织层级之间非递归的变化，关联的取向则重视循环的因果关系。此外，关联的取向试图用自组织和整体论的系统概念解释发展模式。在这个解释过程中，发展模型必须调和实时行动的不间断流动与发展的分层组织性流动。因此，在建模时需要借助伴随时间发生的非线性数学原理。在数学上，动态系统实际上展现的是一种对过程的衔接，即在时间 t 时的系统状态转变为之后在时间 $t+1$ 时的系统状态。所以，适用于动态系统的方程在本质上是递归的，其中涉及迭代的过程，这个方程初始状态的产物对方程的反馈作为新的初始系统状态，继而产生之后的系统状态……以此类推。发展时间是自然发生的，这里的时间不可还原为实际的时间，自组织是通过循环的或者层级间的因果性,按照自下而上或自上而下的方式发展的。[8]这样的模型更加符合对发展科学的形式化构想:在任何领域中,逻辑的一致性和概念的连贯性都是系统化的经验(实证)知识(即科学知识)的基本特征,元理论就是这种一致性和连贯性的来源。[6]

关联论和关联的发展系统范式涉及多元内容的整合,对"时间的流动"、"动态"、"变化"和"非还原"的重视,使得关联论和关联的发展系统范式有别于之前的"割裂"的机械论发展系统范式。当前,基于数学理论的心理测量和统计建模研究使发展科学有了突破性的进展。发展科学中曾经使用的是割裂取向的线性动态系统模型,关联取向的非线性的动态系统体现了发展的分阶段的特征。线性动态系统描述的变化是有关分量过程的线性函数,然而,伴随时间发生的变化本身就具有系统性、语境层级性、关联性和时间性,机体和语境是一个整体,组织中的各个层级是双向的关系。因此,非线性动态系统的变化本质上是有关分量过程的非线性函数。在元理论层面上,发展科学已经实现了从机械论到机体论的语境论的转变,RDS能够更好容纳科学进展中出现的新系统、新理论、新方法,并解释生命发展的复杂本质。在当前的发展科学研究中,RDS已经被应用于认知发展、语言发展、社会发展和情绪发展等领域。

二

发展科学的新进展使得研究者开始重新思考演化、发展和个体发育的关系问题。比如,表观遗传学的新进展使得研究者质疑经典遗传学,进而开始重新审视经典遗传学并放弃了对它进行"修修补补"的做法。另外,与库恩的"范式理论"一致,新的科学发现导致了研究范式的转变。这里的范式转变涉及发展科学作为一门科学的自主性问题。所有依据其他科学的非基础科学都存在这样的问题……无论更基础层级的解释和论证是强化还是削弱了更高层级的理论,它们都不会损害心理学的自主性。[9]因此,基于遗传学、演化和个体发育研究进展的范式转变不会影响发展科学自身的合理性,且可以成为发展科学的研究依据。

1. 对演化和个体发育的重新思考

对演化和个体发育的重新思考,使得研究者质疑经典的现代综合演化论。虽然现代综合演化论整合了孟德尔的遗传学和新达尔文主义的变异与自然选择，但仍是从割裂的视角理解个体发育的发展与演化的关系。①约翰逊提出了基因的假设，认为基因是遗传单位，可作为干预变量来解释孟德尔的亲代子代表型遗传。②沃森和克里克提出了 DNA 双螺旋结构。由此，以基因为中心，他们认为身体构造、生理过程以及机体的行为模型在机体发展之前就已经被预先规定，个体发展和基因的关系是割裂的。③摩尔根的染色体遗传学说对传递遗传学与发育遗传学的区分加剧了这种割裂。传递遗传学研究基因的遗传传递，而发育遗传学研究基因在发展中的表达。总之，在 20 世纪的演化生物学中，割裂的视角占据着主导地位，演化综合的主要原则是：种群中包含随机出现的（即非适应导向的）突变和重组；种群演化来自随机遗传漂变、基因流和自然选择；大多数适应的基因变异都具有单独的少量表型影响，所以表型是渐进变化的；物种形成引起了分化，这通常意味着种群之间生殖隔离的逐渐演化；这些过程如果持续的时间足够长，就会引起足够将其命名为更高分类层级（属、科等）的变化。[10]因此，演化生物学把演化定义为种群基因的变化，而不是生命在其发展进程中发生的一些转变，忽视了环境的作用，从而割裂了遗传、演化和个体发育过程之间的关联。这也使得心理学研究中长期存在着预先决定论的先天视角，由此加剧了研究中对于天性和教养的二分。在知觉和认知发展的研究中，这样的二分表现为对于先天能力和后天经验习得能力的争论。然而，新的关联取向的发展科学主张消解这种二分，认为生物及其自身的经验是一个不可分割的整体。

2. 对经典遗传学与表观遗传学的反思

长期以来，达尔文主义的遗传学说一直在科学研究中占据统治地位，对生命发展本质的研究正是发展科学关注的焦点。表观遗传学、分子遗传学和细胞生物学的研究进展撼动了研究者对于天性-教养之争的传统理解。具体来讲，对经典遗传学的疑问不是最近才出现的。早在达尔文提出"自然选择"的进化论学说之前，拉马克就认为环境会直接影响生物体的性状，并且，生物机体后天获得的性状是可以遗传的。但是拉马克的学说一直未引起足够重视。沃丁顿在对果蝇的研究中发现，基因和表型特征的关系并不符合传统的遗传学假设。在从胚胎到成体的发育过程中，果蝇受到的某些外部刺激会导致果蝇翅膀的变化，这种变化具有可遗传的特性。尽管沃丁顿的研究证明了拉马克的论点，主流研究还是继续使用基因突变等学说解释经典遗传学。然而，近几十年的分子遗传学研究质疑对基因的定义。根据分子遗传学，在性腺决定期将怀孕的雌性大鼠短暂暴露于激素干扰物中,可导致成年大鼠 F1 代产生精子能力(细胞数量和生存能力)的下降和雄性不育发生率的增加。这些效应通过雄性生殖系传递到几乎所有经过检测的雄性后代……外源物质诱导的代际效应需要稳定的染色体改变或表观遗传现象,如 DNA 甲基化。在这项研究中,代际指的是种系的世代相传,至少到 F2 代。[11] 此外,世界各地的多个研究中心已给出支持表观遗传学的有力证明。大量证据表明,遗传活动受到神经的、行为的、环境的事件的影响,对鱼类、鸟类和哺乳类动物的研究已经证明社会刺激也会通过对基因组的影响引起大脑和行为的变化。[12] 因此,发展科学认为基因的作用和机体的内外环境共同决定了机体的表型发展,生物学家在解释表型特征的时候无须赋予基因特殊的地位。旧有的研究范式已经无法容纳新发现,无法解释生命发展的复杂本质,这直接导致了研究范式的变化。

三

关联论和关联的发展系统范式涉及多元内容的整合。在元理论层面上,发展科学中的语境论思想涉及的最核心部分就是辩证唯物主义:①辩证唯物主义思想可被理解为语境论的哲学基础;②辩证唯物主义思想整合了机体论世界观和语境论世界观;③借助辩证唯物主义思想,发展科学在本体论和认识论上的哲学内涵变得更加明确。

1. 作为语境论哲学基础的辩证唯物主义

在 20 世纪 70 年代,里格尔(Riegel)尝试采用辩证思想解释生命发展过程,认为辩证思想可以很好地解释变化社会中变化的个体。也就是说,在平衡状态下的事物是不会发展的,事物内部和外部矛盾产生的持续变化导致了发展。具体而言,这些矛盾造成了发展科学中四个维度的不同步:内部生物的维度、个体心理学的维度、文化社会的维度和外部物理的维度。为了促使这四个变化维度之间相互依赖和相互影响的交互作用达到同步或者协调,于是就产生了发展。[13] 在 20 世纪 70 年代后期,蕴含辩证形式的语境论逐渐在发展心理学中兴起,并且形成了一种语境论的辩证法范式和生态系统观。里格尔有关辩证思想的讨论对发展心理学产生的影响持续至今,而且,把语境论的辩证法作为理解个体毕生发展的世界观并没有导致对经验主义的方法论和科学的方法的拒斥。[14] 至此,"矛盾"成为语境论隐喻中的基础原理,这个原理体现了辩证唯物主义中的否定之否定规律，蕴含了发展带有阶段性特征的思想。[15]此外，里斯（Reese）认为，辩证唯物主义的根隐喻是实践，实践是指人类在特定时间和具体情境中执行的具体的和有目的的行动；语境论的根隐喻是"当前语境中的历史事件"，这个"历史事件"是"活的"；因此，辩证唯物主义的根隐喻和语境论的根隐喻是相同的，辩证唯物主义是语境论的一种变体。[16]

具体来说，发展科学在解释生命发展时涉及的辩证唯物主义思想主要体现在两个方面：第一，辩证唯物主义的基本发展规律，即质量互变规律、对立统一规律、否定之否定规律。质量互变规律可以说明变形性变化和变异性变化之间动态的运动关系；对立统一规律可以说明人和环境之间的变化过程或变形与变异的关系；否定之否定规律可以说明伴随生命发展的螺旋式的演化过程。第二，辩证唯物主义自然观，包括系统自然观、人工自然观和生态自然观。按照系统自然观，生物和环境处在多层级的复杂系统中，生物和环境的关系本身就是循环的、动态的和相互作用的演化过程；按照人工自然观，人在整个生命发展过程中具有主体性和能动性，因此，人和自然处于一种相互作用的状态中，也就是说，自然界（人化自然界、人工自然界和天然自然界）和作为主体的人处在动态的、双向的相互作用之中；按照生态自然观，生态系统是由人类及其他生命体、非生命体及其所在环境构成的整体，它是自组织的开放系统，具有整体性、动态性、自适应性、自组织性和协调性等特征。[17]基于蕴含着辩证唯物主义思想的语境论，RDS 实际上是一个组织发展系统，具有"活的内源"和开放的关系。如果我们把人作为"活的内源"，那么，RDS 实际所描述的是以人为中心的生物-文化综合生态观。

2. 机体论的语境论世界观

根据佩珀（Pepper）的《世界假设》，机体论的世界观和语境论的世界观都是"相对充分的"，按照这两种世界观可以分别发展出"纯粹的"机体论范式和"纯粹的"语境论范式。但是，这两种独立的范式都各有局限：机体论的根隐喻是有活力的系统或机体的发展过程；语境论的根隐喻是历史事件或正在进行的行为。[18]如果我们把"纯粹的"机体论看作发展心理学的元模型，由于机体论不重视时间，发展会缺乏一种阶段性概念；如果我们把"纯粹的"语境论看作发展心理学的元模型，语境论世界观的极度分散性会导致无穷的可塑性和朝向任意方向发展的可能性。如果我们要采取关联的立场对机体论和语境论进行有效的整合，就需要在两者之间架起辩证的桥梁。从辩证的视角来看，可以将它们之间的矛盾转变为一种互补的关系。也就是说，语境论和机体论都是动态和变化的世界观，语境论限制了时间，机体论规定了发展方向；而机体论-语境论的世界观则强调对来自不同分析水平的变量之间的二分的矛盾性进行辩证的整合。由此，奥弗顿（Overton）认为机体论的语境论是一种"过程关联的元理论世界观"（process-relational metatheoretical worldview）。[19]

具体来说，机体论具有垂直的宇宙观，语境论具有水平的宇宙观[18]；语境论表示机体的外部行为，机体论表示机体正在执行的行为。语境论和机体论有若干可以从不同维度进行理解的整体和辩证的特征，表现为：第一，语境论具有分化的整体论特征，一个事件由当前的一系列分散的子行动构成。语境本身并没有因果关系，具有不可还原的特征。第二，机体论具有整合的整体论特征，当前的事件反映了机体不同组织层级的活动，并且这些活动表现出一种动态的系统层级之间的关联。第三，语境论具有分散的辩证特征，那些未实现的具体行为包含着某种分散的矛盾，不论这一行为是否实现都会产生新的"新奇"行为，这个"新奇"行为又会产生新的"分散的矛盾"。或者说，这种分散的特征意味着多重维度和多重方向的变异。第四，机体论具有整合的辩证特征，也就是整合的系统的辩证形式。也就是说，在机体论的语境论视角下，辩证法描述了动态系统分化和整合的过程，垂直的层级和水平的层级通过辩证的过程相互作用。

3. 机体论的语境论的"本体论构架"和"认识论路径"

第一，在本体论上，机体论的语境论的"本体论构架"是兼具整体性和动态性的语境实在，语境就具有了本体论的特质，成为判定意义的本质基元[20]。一方面，按照机体论的语境论解释，根本实在具有运动的、关联的、变化的、辩证的和层级的特性。不但我们无法把我们经验到的事件还原为某种不会发展变化的世界本质，而且我们的系统组织本身就是不可还原的。例如，当我们说视觉的时候，其实指的是视觉系统。但是，视觉不存在于任何子过程，也不存在于这些子过程之和。视觉是这个整体组织的一种突现机能。[19]另一方面，语境与语言和认知密切相关，语境的本体地位是通过语言的语形、语义和语用共同显示的。所以，在本体论上，机体论的语境论是生命发展和语言语境的动态统一。

第二，在认识论上，机体论的语境论的"认识论路径"是兼具分析性和综合性的层级语境结构。一方面，机体论的语境论体现了形式逻辑和辩证逻辑，两者代表不同的认识层级，即知性层级和理性层级。在知性层级上，机体论的语境论只涉及具体认识方法，这些方法是分析的、经验的，基于观察、分析和推理。这样的方式确保了知识的确定性。但是，在理性层级上，机体论的语境论并不进行身体和心智、形式和质料、稳定和变化、分析和综合的二分，矛盾双方是互补和不可分割的。另一方面，如果机体论的语境论的认识路径悬置了形式逻辑的矛盾律，那么，矛盾的双方则是同一的，也就是说，一个行为100%是生物的，因为这个行为100%是文化的。[19]如果机体论的语境论的认识路径悬置了辩证逻辑的同一，那么，矛盾的双方又回到了二分和对立。因此，在发展科学中，机体论的语境论细化了语境在本体论和认识论层面的解释维度。

四、结语

总之，当前在发展科学内部已经形成了关联的发展系统范式。首先，割裂的机械论世界观以及其中包含的元理论曾作为发展心理学和发展科学的标准模型，但是，关联的发展系统更适合研究遗传学、演化生物学以及机体发展中的新发现。其次，如果环境和人的关系是动态地相互作用的，那么发展心理学中核心的天性-教养问题就变成了生物和文化的综合关系问题，心理学、社会学和人类学中的发展问题就变成了以人为中心的渐成概率研究。最后，生命发展是一个关联的系统，在考虑生物和文化的关系时，文化不只是生物的先行条件，而是有关生物-文化联系的基本特征，生物和文化是相互作用、共同发展的。因此，发展科学是以人为中心的生物-文化综合研究。

⟨参考文献⟩

[1]张文新, 陈光辉, 林崇德. 应用发展科学: 一门研究人与社会发展的新兴学科. 心理科学进展, 2009(2): 251.

[2] Lerner R M. Developmental science, developmental systems, and contemporary theories of human development//Lerner R M. Handbook of Child Psychology(6th ed), Volume 1: Theoretical Models of Human Development. Hoboken: Wiley, 2006.

［3］Overton W F. Relationism and relational developmental systems: a paradigm for developmental science in the post-Cartesian era. Advances in Child Development and Behavior, 2013, 44: 37, 57.

［4］Cairns R B, Cairns B D. The making of developmental psychology//Lerner R M. Handbook of Child Psychology(6th ed), Volume 1: Theoretical Models of Human Development. Hoboken: Wiley, 2006.

［5］Haines V A. Evolutionary explanations//Turner S P, Risjord M W. Philosophy of Anthropology and Sociology. Amsterdam: Elsevier, 2007.

［6］Overton W F. A coherent metatheory for dynamic systems: relational organicism-contextualism. Human Development, 2007, 50: 155-156.

［7］Overton W F, Molenaar P C M. Concepts, theory, and method in developmental science: a view of the issues//Overton W F, Molenaar P C M. Handbook of Child Psychology and Developmental Science(7th ed), Volume 1: Theory and Method. Hoboken: Wiley, 2015.

［8］Witherington D C. The dynamic systems approach as metatheory for developmental psychology. Human Development, 2007, 50: 127-128.

［9］Weiskopf D A, Adams F. An Introduction to the Philosophy of Psychology. Cambridge: Cambridge University Press, 2015: 48-50.

［10］Futuyma D J. Evolutionary Biology. 2nd ed. Sunderland: Sinauer Associates, 1986: 12.

［11］Anway M D, Cupp A S, Uzumcu M, et al. Epigenetic transgenerational actions of endocrine disruptors on male fertility. Science, 2005, 308: 1466.

［12］Lickliter R, Honeycutt H. Biology, development, and human systems//Overton W F, Molenaar P C M. Handbook of Child Psychology and Developmental Science(7th ed), Volume 1: Theory and Method. Hoboken: Wiley, 2015: 175.

［13］Riegel K F. Toward a dialectical theory of development. Human Development, 1975, 18: 62-63.

［14］Baltes P B, Reese H W, Lipsitt L P. Life-span developmental psychology. Annual Review of Psychology, 1980, 31: 80.

［15］Reese H W. Contextualism and developmental psychology. Advances in Child Development and Behavior, 1991, 23: 205.

［16］Reese H W. Contextualism and dialectical materialism//Hayes S C, Hayes L J, Reese H W, et al. Varieties of Scientific Contextualism. Reno: Context Press, 1993.

［17］郭贵春. 自然辩证法概论. 北京: 高等教育出版社, 2013: 55.

［18］Pepper S C. World Hypotheses: A Study in Evidence. Berkeley: University of California Press, 1942.

［19］Overton W F. Processes, relations, and relational-developmental-systems//Overton W F, Molenaar P C M. Handbook of Child Psychology and Developmental Science(7th ed), Volume 1: Theory and Method. Hoboken: Wiley, 2015.

［20］殷杰. 语境主义世界观的特征. 哲学研究, 2006(5): 94.

科学理论的评价标准问题[*]

——基于数学与物理学关系的新图景

程 瑞

这是一场认识论的变革，其直接意义就在于，新的数学与物理学关系图景成为对实在进行讨论的新方式的认识论基础，也成为反思当代物理学前沿领域科学理论评价标准的认识论基础。因为在物理学前沿的量子引力领域，经验物理学时代建立起来的科学理论评价标准中的逻辑相容性标准和经验检验标准都遇到了困境，而数学在理论发展中的重要性越来越凸显。新科学理论评价机制势必要突破传统认识论的局限性，纳入更多的要素，此时对科学理论评价标准的反思自然而又必然地建立在数学与物理学关系新图景的基础之上。

一、数学在物理学中的有效性问题及其当代理解

数学与物理学关系的讨论在当代科学实践中的复兴，开始于物理学家对"数学在物理学中的有效性"问题的思考。20 世纪中叶，当物理哲学家们还沉浸在相对论、量子力学、量子场论等各种各样的新物理学带来的量子测量、量子力学解释、时空本质等领域的哲学思考中时，作为科学实践者的部分物理学家，却开始发现物理学理论发展过程中存在的一些很奇特的现象。

在 20 世纪的科学发展中，数学不再仅仅是物理学的"工具"这么简单。数学在物理学中的作用到底如何，成为物理哲学重新思考的一个话题。维格纳以《数学在自然科学中不合理的有效性》一文拉开了这场讨论的序幕。在他看来，数学在自然科学中巨大的有效性是接近谜一样的东西，对这种现象没办法找到合理解释。数学语言在表述自然定律时的适当性之谜是一项奇迹，

---

* 原文发表于《中国社会科学》2019 年第 2 期。

它是我们既不理解也不配拥有的奇妙天赐。[1]

维格纳所处的时代是实验物理学占优势的时代，数学在物理学中的有效性有两个层面的考虑：第一，判定数学在物理学中有效的基础是经验。通过理论预言与经验符合的精确性判断理论的成功性，再通过理论成功判定数学的有效性。第二，对数学在物理学中有效性的限度存在困惑。因为，在以实验为基础的物理学中，人们坚信自己看到真相的能力——成功的物理学中的数学应当是有效的。但是逻辑判断的结果是，当前成功的理论有可能会被证明为错的。物理学家无法预测将会面对什么样的真相，也不确定如何最大程度地接近真相。

之后物理学进入量子场论、粒子物理学、规范场论等的高速发展期，试图统一广义相对论和量子力学的超弦理论开始出现，人类的知识领域急剧拓展。在短短几十年内，传统的实验物理学方法在量子引力等前沿领域中快速式微，理论进入普朗克尺度，超越了实验检验的范围。此时的数学和物理学关注的重点和研究方式都发生了很大的改变，更深层次的关于时空的结构、量子化等问题以及物理学大统一理论的提出方式都是全新的。新的知识体系中，对数学在物理学中有效性的内涵、有效性的限度的理解完全不同了。

第一，数学的有效性在更深刻的物理学中得到更加广泛的体现，并且更加发挥主导作用。20 世纪 70 年代，规范场和纤维丛关系的发现更加坚定了人们对数学和物理学之间存在某种对应关系的信念。及至超弦理论，纯数学构造物理学的方法发挥到了极致——在普朗克尺度下，唯有数学可以指引理论发展的方向。[2]在这种情况下，用"数学审美"引导理论的意识根深蒂固。虽然美的不一定是真的，但是如物理学家格林所言：不管怎么说，当我们走进这个陌生的时代，理论描写的那片天地越来越难以靠实验去探索时，物理学家更是特别需要依靠美学来帮助他们避免走进死胡同。现在看来，美学的方法确实带来了力量和光明。[3]

第二，数学有效性的限度是因为时代的局限性。成功的物理学理论有可能被证伪，其中的数学具有的"限度"不是指数学会因为某种错误而无效，而是说，数学和物理学都在发展之中，在某一个历史阶段描述概念有效的数学，在新的历史阶段可能会因为物理学概念的重大变革而被新的数学所代替。因此，它的有效性的限度是"时代的局限性"的体现。

第三，数学结构作用于物理学发展的更多细节得以展现。首先，数学和物理学之间的关系呈现出"更深刻的数学结构描述更深刻的物理"的图景。[2]

比如薛定谔算子和狄拉克算子都是描述量子力学的数学结构，但在物理学的后续发展中，狄拉克算子则具有比薛定谔算子更普遍的有效性，在凝聚态物理等领域起到重要作用。其次，对称性在物理学中的重要性在数学与物理学的发展中被重新理解。从 20 世纪 70 年代中期到超弦理论提出，数学在物理学中的运用及其影响方式发生了很大的变化。尤其是群论在量子理论中的应用，使人们更深刻地认识到了对称性在物理学中的意义。对称性的重要性有助于解释为什么更深刻的数学结构描述更深刻的物理——越深的数学会牵涉越对称的结构，越具有普遍性的物理学一般也具有越高的对称性。

数学在物理学中的有效性的这些深入表现是在理论实践的过程中细微化地展现出来的。无论是普朗克尺度下"唯有数学指引方向"，还是"越深刻的数学描述越深刻的物理学"，都向我们展示了一幅二者更加紧密交织的图景，人们对世界的认识，也随着这一过程不断深入。

二、数学在物理学中有效性问题的反转及认识论转变

"数学在物理学中的有效性"问题的提出，典型地是站在物理学的视角进行的。我们将看到，量子场论到超弦理论中数学的大爆发，使得对数学和物理学关系问题的探寻有了更加广阔的视野。令人惊讶的是，在这一视角下，数学在物理学中的有效性得到反转，成为"物理学在数学中的有效性"，这无疑是一场认识论的极大转变。它并非推翻了传统的经验认识论，而是让理论中的经验和理性因素在科学实践的基础上平行起来，物理学和数学在我们认识世界的时候，具有镜像对称的认识论地位。

1. 数学在物理学中有效性问题的反转

量子场论发展起来之后，数学和物理学领域一个令人瞩目的现象是：物理学引起了数学的大爆发。科学史上，数学的发展一直以来就是受到物理学促进的，比如向量理论、微积分、微分几何的发展等，不一而足。数学家阿蒂亚就曾说，他坚信，在某种意义上，是物理学为数学提供了最深刻的应用，物理学中产生的数学问题的解答方法，过去一直是数学活力的来源，现在仍然如此。[4] 但是，所有的历史现象都不及量子场论之后的数学大爆发所带来的认识论冲击。量子场论和超弦理论发展过程中，数学的大爆发有两种形式，一种是数学结构由于物理学而被直接或间接定义，另一种是数学结构由数学家独立发现，却由于它们与物理学具有某种关系而得到飞速发展。数论、拓

扑学、概率论、表示论、范畴学等新数学的发展都与物理学有着深刻的关系。现在很多弦论学家成了数学新潮流的领路人。

令人惊奇的不止于此，比物理学引起数学大爆发更具有冲击力的是，物理学使数学看到了统一的迹象。量子场论和超弦理论中大量不同数学结构的共同存在必然意味着某种内在的一致与和谐。换言之，量子场论无穷维结构在很多不同的数学领域之间建立了桥梁，而很多看似不相关的数学结构在无穷维数学世界中表现的是被桥梁架构起来的统一世界。比如在超弦理论的促进下，丘成桐及其合作者从数学上严格证明了用来计算卡-丘空间能放多少个球的公式，从而解决了困扰数学家的一大难题。故而格林不无感慨地指出，过去许多时候，物理学家曾在数学的仓库里"借"出一些工具来构造和分析物理世界的模型。现在通过弦理论的发现，物理学家开始偿还他们的债务，为数学提供新的方法去解决未曾解决的问题。弦理论不仅树起一个统一的物理学框架，还可能实现一个同样深远的数学大集合。[3]

在此背景下，孔良将数学对物理学的有效性问题反转为：物理学图像对无穷维数学的研究有不可思议的有效性。[5]传统的做法是站在物理学角度，发现物理学的每一次革命都有着与之相对应的恰当数学背景。现在角度反转，站在数学的立场上可以看到，微积分在物理学中的应用成就了微积分本身的大发展，黎曼几何则在广义相对论之后成为数学里的一个主流分支，在数学里大放异彩。不同于大多数人关注爱因斯坦运用黎曼几何实现了自己的物理理想，在孔良看来，是爱因斯坦的广义相对论完美地实现了黎曼（Riemann）把物理应用于数学的理想。并且在他看来，量子场论、弦论都是无穷维数学上存在的、有限维数学上根本看不到的数学结构。这在数学与物理学关系认识史上是一个巨大的转变，也是科学的理性实践向我们展示的一幅崭新的世界图景，是一个全新的视角带来的全新观点。它是建立在当代物理学和数学发展的基础之上的深刻洞察，带来的是一场认识论的冲击。

2. 数学和物理学认识论上的镜像关系

对数学与物理学关系的描述改变着人们理解和观察世界的方法，同时这种描述本身又相应地随着科学认识和科学实践而发展着。在实验科学兴盛的年代，数学更多是作为一种工具在科学理论中使用，科学哲学也受到了以实验物理学为主导的经验主义科学思维方式的深刻影响，从一开始，实证主义就挑起科学主义的旗帜，认为凡是科学必是实证的。无论科学哲学后来如何发展，在实验为主导的时代，以实验为终极目标的经验标准始终是刻在 20 世纪科学哲学方法论上的深刻烙印。也正因此，物理学超出实验检验范围时会听到"数学在物理学中不合理的有效性"的惊叹。对数学与物理学关系的深入理解必然会影响到科学哲学的认识论。新的科学实践正在引导一场理性的重建：抛却传统的认识论偏见，数学和物理学在认识论上并非以某一方作为主导的关系，而是呈现出一种镜像对称的关系，二者互为统一。

数学和物理学之间这种相互成就的画面正在深刻地展开，对世界真相的理解也开始具有更多的视角。现在可以反转认识的角度，不再单纯地站在实验物理学的立场上去关注物理学理论的实验验证和实在论解释，不再站在物理实在的角度去考虑物理学的成功如何揭示了世界的某种物理结构，然后对其中的数学结构和物理学结构进行工具论或实在论意义上的分离，而是站在与传统观点相反的角度来审视科学史。站在数学理论发展的角度上说，物理学实验的有效性也往往揭示了某一种或某一些数学结构的正确性，科学史也可以被看作是一个揭示种种数学结构对于世界的有效性的过程。事实上，注意到这一现象的并不只是我们。爱因斯坦就曾经把物理学理论的结构分为几何部分（G）和物理部分（P），提出了所谓的"G＋P 论题"，并且说：从这个角度来考虑，公理学的几何同已获得公认地位的那部分的自然规律，在认识论上看来是等效的。[6] 按照人类认识论发展的历史顺序，物理学是在数学的帮助下一步一步通过自身结构的发展分层次地揭示世界结构的，而返回头看，数学也在物理学的帮助下一步一步通过自身结构的发展揭示世界结构。数学结构在揭示世界结构的意义上与物理结构有着镜像对称的关系，而且二者是互相促进、互为统一的。

科学实践表明，数学和物理学的关系从来都比我们看到的要深刻得多，只是人类的认识一直都没有达到足以看清世界的本来面目的高度。在认识发展的某个特定历史阶段，真相只会以部分的形式呈现。人类知识的进路具有时代的局限性，会出现暂时的不同，只有打破认识的局限性才能理解它们的殊途同归。数学和物理学在认识论上的镜像对称性和统一性，是一场物理学认识论的升级。在科学理论的评价机制上从经验为主导上升到经验和理性并行。认识论的进步主导提问方式的改变：不再问"数学为什么在物理学中有效"，而是抛开传统以物理经验为基本视角的提问方式，平等地看待数学和物理学的地位，问："数学和物理学之间具有的某种同构性是否才是大自然最本质的性质的体现？"新的提问方式必然会带来对科学理论评价标准的重新反思。

三、数学与物理学关系的新图景与科学理论评价标准的反思

瓦托夫斯基提出的历史认识论认为，不仅我们认识的对象是历史地变化的，而且认识模式本身也是历史地变化的。我们的认识模式的变化，与我们的社会实践和历史实践的形式有关。[7]对数学和物理学关系的认识也是如此，在科学实践本身的形式内发展着，在科学法则、方法和理论的形式中作为对理论的批判性思考而发展着，并具有明显的时代特征。为此重新刻画的数学与物理学关系的图景具备新的元素，重新建立的科学理论评价机制也具有新的标准。

1. 重新刻画数学与物理学关系的新图景

数学与物理学关系的新图景至少包括以下几个特点。

第一，数学和物理学的同构性。实验物理学时代，数学和物理学之间的同构性并不引起注意。物理学家赫兹曾言，理论表示的结构必须与外物间关系的结构相一致。[8]彼处的同构是物理学与世界结构之间的同构性。当代数学与物理学关系中"更深刻的数学描述更深刻的物理学"和二者认识论上的镜像对称性，都是某些数学结构、物理结构和世界结构具有同构性的深刻表现，是理论和实践的发展向我们表现出的值得思考的现象。

这种数学结构和物理学结构的同构性也可以解释为何数学审美在科学理论的构造中具有很强的引导力。狄拉克是主动提出用纯数学构造物理学的方法的物理学家。他终其一生都在运用这种方法，并把这种方法转变为对数学美的坚持。狄拉克认为，一条物理定律必须具有数学美感，因为从本质上来说，自然规律是简洁的。他曾直言，我们必须把简单原则变成数学美的原则。

第二，数学和物理学的整体性。杨振宁先生曾提出一个"二叶模型"来描述数学和物理学的关系：把数学与物理学比作几乎任意伸展的两个叶子，重合部分是很少的。可以说90%—95%的数学与物理无关，只有很小的一部分是重合的。这种重合对于两者都是最基本的概念。在这个完全重合的领域，数学家也好，物理学家也好，想法都相同。然而，即使在这个领域，对于事物的重要性的判断标准也并不相同。两个领域是有区别的，叶子伸展的方向的不同，显示出它们不同的作用。很显然，在这个模型中，数学和物理学是两个各自独立的学科，相关性很小。维格纳在提出"数学在物理学中的有效性"问题时，他的立场和杨振宁是类似的，即把数学和物理学看作是两个相互独立的学科。但是科学发展的最新实践中，数学结构和对称性、物理学规

律和对称性，以及它们共同揭示的大自然的组织原理，被更多地纳入思考的范围。数学和物理学在超越实验检验的领域所表现出的重合的区域、重合的深度，使得二者的交织作用更加明显。它们是作为一个整体发展而不是割裂开的。相对于二叶理论，二者的关系更像是一个共同植根于大自然的连理树，互为营养，共同壮大并具有相对的独立性。只有在它们的关系越来越以全景的方式展现给我们的时候，越来越多的数学家与物理学家才欣喜地发现他们找到了接近实在的最好的道路。

第三，数学和物理学的相对独立性。需要强调的是，数学和物理学具有整体性的联系，但二者并非合一。两者的研究传统不同，它们在科学理论中紧密相关同时也担负着不同的角色，具有相对的独立性。物理学理论中存在的概念、形而上学假设等作为物理学结构的一部分，其作用是数学结构不能替代的。对二者关系的解释，纯粹的工具主义站不住脚，纯粹的柏拉图主义也同样难以取胜。曹天予在《20 世纪场论的概念发展》一书中曾详细探讨了场论中物理学家的世界图景演变的模式和方向，分析了物理学发展中形而上学和本体论的作用，以及物理学理论概念发展变化的历史。如果没有这些特征，单靠数学构造物理学不可能发展起来。物理学不可能单单依赖纯数学的逻辑，数学代替不了物理学中本体论的作用，也代替不了实验对人们感官认识的作用。纵观历史，这样的例子很多。开始时，完美的数学架构似乎为揭示大自然奥秘提供了一种革命性的新方法，然而这些初衷并没有按原初预想的方式实现。比如哈密顿的四元数等，只有遇到与之相应的物理学框架，这些理论才得以发展。

2. 重新反思物理学前沿领域科学理论的评价标准

数学和物理学关系新图景的确立，直接影响着物理学前沿领域科学理论的评价标准。科学理论的评价是人们追求科学理论确定性的必然要求，其最重要的一点就在于作出科学理论是否为真及其程度的判定。目前人们熟知的科学理论评价标准形成于实验科学的发展过程之中，主要包括经验检验标准、逻辑相容性标准和逻辑简单性标准等。在物理学前沿的量子引力领域，逻辑相容性标准和经验检验标准都遇到了困境。第一，逻辑相容性标准的困境。在目前的量子引力领域，超弦、圈量子引力理论等不同理论相互竞争，它们各自是基于量子场论和广义相对论建立起来的，都在一定程度上具有与前理论的相容性。但这一点与 20 世纪初的物理学革命有所不同。在 20 世纪初的物理学革命中，量子理论以经典物理学为微观向宏观过渡的极限，狭义相对论、广义相对论分别以经典力学为高速向低速和微观向宏观过渡的极限。作为量子力学和相对论共同的前理论，经典力学的真理性已经受到了广泛认可。因此，量子力学和相对论与前理论的相容性对它们自身的支撑显而易见。但是量子引力面对的却不是这种状况。作为超弦理论前理论的量子理论和作为圈量子引力理论前理论的广义相对论，它们在数学基础、物理意义和哲学思想等方面都有着很大的分歧，它们在统一时遇到的困境表明至少有一个理论是需要修正的。因此，即便超弦理论和圈量子引力理论各自都具有与前理论的相容性，也难以判定优劣。第二，经验检验标准的困境。科学理论的经验检验标准在 20 世纪后半叶以来的科学实践中遇到了极大的挑战。传统认识论的典型代表爱因斯坦曾指出科学家的任务是：在庞杂的经验事实中间抓住某些可用精密公式来表示的普遍特征，由此探求自然界的普遍原理。[6]科学理论评价的外部证实标准的核心是理论不应当同经验事实相矛盾。这些经验的评价标准在普朗克尺度下面临着极大的困难。在普朗克尺度下，理论超出了实验检验的领域，数学成为指引物理学发展方向最重要的因素但却难以与实验衔接，导致有些人认为超弦理论等前沿物理学理论只是数学游戏。同时，量子场论和超弦理论的发展促进了数学发展。相对而言，逻辑简单性标准成为判断理论优劣的一条很重要的标准。理论的逻辑结构是否简单、是否符合科学家的审美要求显得尤为重要。而传统上人们对数学美的认可是人们在物理学理论发展中的经验总结，没有一个明确的认识论基础。而本文所述的数学与物理学关系新图景是从科学实践的历史过程中刻画出来的，无疑可以为逻辑简单性标准提供认识论的支持。

量子引力中数学如此突出的地位以及人们对理论的态度表明，清醒地认识其中的数学和物理学结构关系，探讨科学评价机制的一些新的要素是必要的。这关涉我们如何最大可能地追求科学的确定性，而不是消极地认为当前的物理学理论只是一堆数学游戏，无法接近实验也无法判定理论的优劣，无法确定哪一个理论带给我们的世界图景才最接近真相。科学理论评价标准的新要素必然会建立在对数学与物理学关系正确理解的基础之上，必然重视理论以下几个方面的特征。

第一，具有优势的科学理论会突破传统认识论的局限性，更多地赋予数学结构揭示世界真相的能力。物理学结构的进步是对世界真相的探索的进步，数学结构的进步也同样，二者并行不悖、互为镜像。我们衡量今天物理学理论的进步的时候，物理学结构的进步是重要的一方面，数学结构的进步也同样是重要的一方面，二者在理论中实现的是对世界描述的整体性关系。第二，具有优势的理论会具有更高程度的数学美。因为美的理论的客观基础就是自然界最本质、最普遍的联系，而美的理论最恰当的形式就是完美的数学形式。数学审美是对数学结构和物理结构在最具普遍性意义上的某种同构性的深刻洞察。在物理学前沿理论的评价中，如果说实验是人们对确定性的终极追求，那么数学美则是达到确定性的必然保障。因为美的数学和美的物理学的最大同构，是世界真相的最深刻的体现方式。第三，具有优势的科学理论会更多地体现数学和物理学的同构性，体现出数学的统一和物理学的统一趋势的一致性。科学前沿的实践表明，科学理论的发展过程是一个越来越多地揭示数学和物理学的同构性、越来越多地展现数学和物理学的整体性关系的过程。而未来相互竞争的理论将必然延续这样的过程，能够更多地揭示数学和物理学同构性的理论，终将在竞争中获得优势地位。而同构，就意味着二者的同等重要性，而不是忽略其中的一方。可以预期的物理学和数学最大的同构性就是它们各自的统一在揭示世界真相的终极意义上的一致性。

在实验无法介入的领域，理论的数学美、数学与物理学的整体互促性、理论与前理论的结构连续性、数学结构和物理学结构更深刻的同构性的追求，都是一个良好的理论应有的元素。我们无法判定目前的理论是否可以成为实验科学意义上的成功理论，因为在寻找真相的路上，我们还有很长的路要走，但是至少可以从哲学和认识论的考虑上为科学理论评价的可行性提供一些可供思考的根据。

参考文献

［1］Wigner E P. The unreasonable effectiveness of mathematics in the natural sciences. Communications on Pure and Applied Mathematics, 1960, 13: 14.

［2］Zee A. The effectiveness of mathematics in fundamental physics//Mickens R S. Mathematics and Science. Singapore: World Scientific, 1990: 312-322.

［3］格林. 宇宙的琴弦. 李泳译. 长沙: 湖南科学技术出版社, 2004.

［4］Minio R. An interview with Michael Atiyah. Mathematical Intelligencer, 1984, 6(1): 13.

［5］孔良. 浅议现代数学物理学对数学的影响. 数理人文, 2018(14): 38-47.

［6］爱因斯坦. 爱因斯坦文集(第一卷). 许良英, 范岱年译. 北京: 商务印书馆, 1976.

［7］金吾伦. 瓦托夫斯基的历史认识论与科学的理性. 哲学动态, 1983(7): 33-35

［8］许良. 海因利希·赫兹: 杰出的物理学家和敏锐的思想家. 自然辩证法通讯, 2001(2): 79-87.

帕特里克·苏佩斯的科学理论观探析[*]

王姝彦　李　欢

20 世纪物理学的飞速发展，特别是相对论和量子力学这两大革命性成果的诞生，使理论物理学家对物理学理论基础性问题的传统理解方式受到了极大的挑战。此外，许多同一时期成长起来的逻辑学家，基于对新的革命性成果的理解与认知，不约而同地与物理学家一致将其目光锁定在了科学理论问题之上，由之便开启了对此问题的深入研究。首次对科学理论做出确切规定的是坎贝尔（Campbell），他提出了理论的"词典"学说，认为"类比"在科学哲学的研究中扮演着重要的角色。之后，以卡尔纳普（Carnap）、赖兴巴赫（Reichenbach）等为代表的逻辑经验主义者在坎贝尔理论的基础上进一步加以细化、深化，形成了关于科学理论的"公认观点"（the received view）。20世纪 60 年代，众多学者纷纷对这个"公认观点"做出了批判，并试图给出种种替代性理论。帕特里克·苏佩斯（Patrick C. Suppes）经由长时间对数理集合论的研究，所提出的基于"集合论模型"的科学理论便是其中颇具代表性的观点之一，该观点为彼时科学哲学的发展开辟了新的方向，同时亦为后期新的"公认观点"的形成奠定了必要的理论基础。

一、苏佩斯科学理论观的提出

概言之，苏佩斯科学理论观的形成不仅有其深厚的理论思想背景，亦有其现实的理论发展需求。一方面，逻辑经验主义者关于科学理论的"公认观点"为其科学理论观的建构提供了先在的问题框架与思想缘起；另一方面，对"公认观点"的批判性重审又在一定意义上促生了其对科学理论重新加以解读的理论需求，而集合论的发展及其理论优势恰恰为苏佩斯实现对科学理

---
* 原文发表于《苏州大学学报(哲学社会科学版)》2018 年第 6 期。

论观的重建提供了恰当的逻辑理路与方法论平台。可以说，对科学理论"集合论模型"的构建正是苏佩斯科学理论观的一个重要的理论诉求。

1. 对"公认观点"的重审

以卡尔纳普、赖兴巴赫等为代表的逻辑经验主义者所提出的关于科学理论的观点，得到了当时科学哲学家的一致认可，进而形成一种"公认观点"，这种观点将科学理论认定为是完全用句法术语进行的纯逻辑演算，并对其提供操作定义以赋予经验内容。正是这一观点，为之后半个多世纪的科学哲学问题奠定了主要的研究方向和进路。苏佩斯对"公认观点"进行了重新审视与思考，并且给出了自己的分析。在他看来，该"公认观点"在总体上可以分为两个部分，第一部分为抽象的逻辑演算，第二部分则是其经验解释所对应的规则。[1] 在本质上，这种简单地认为"一个理论是一个未解释的或部分解释的公理系统加上对应规则"的科学理论观，显然可以归结为一种科学理论的句法观。

就抽象的逻辑演算而言，它并不包含事物的经验意义，而是由原始公式所组成的演算公式的语句集合而构成。在这个演算中，逻辑的词语和理论的原始符号（primitive symbol）共同存在，其中理论逻辑结构则是由原始符号、理论的公理和假设来形成的。原始符号不只包含演算中不依据其他符号来定义的"原始符号"，还与许多被认为是理论术语的"电子""质子""离子"等无法经由任何简单方式便得以观察的现象相关。至于理论对应规则，则是指通过对一些由原始符号所定义的演算提供所谓的"协同定义"或"经验解释"，从而为逻辑演算赋予特定的经验内容。这里的核心就在于：抽象的逻辑演算之所以不足以定义一个科学理论，是因为其没有系统地规定理论预期的经验解释，虽然单独的逻辑演算也可以作为纯数学被简单地加以研究。在大多数科学哲学家的工作中，"发现一个实际的示例理论是一个逻辑演算"应该说是一个未知的问题。在此基础上，苏佩斯进一步认为，"公认观点"最独特的便是其高度的示意性（schematic nature）。此外，理论术语的协同定义或经验解释也是高度示意的，可以说，这种相对模糊的模式是为了防御各种不同的经验解释。例如，在科学实验过程中，总是存在着各种不同的测量方法，这无疑会导致要想得出精确的表征变得异常困难。再者，当我们从精确制定的理论转移到几乎所有科学家共同使用的非常松散的实验语言时，很难对经验解释的规则强加一个确定的模式。

按照苏佩斯的看法，"公认观点"并不完全是错误的，只是因其高度概括性而过于简单化，这种粗略性必然会导致理论的一些重要性质以及不同理论之间的内在差别被省略。也就是说，"公认观点"在形式计算的逻辑意义上语义学的缺失使得一个复杂理论仅仅从句法结构上被阐释，这通常很难对理论本性做出深入的理解。毋庸置疑，苏佩斯对传统"公认观点"（简单的句法观）的反思为其探索形式计算的语义学的科学理论提供了必要的理论准备。与之相对，科学理论的语义观则是以模型代替对应规则，主张理论与世界通过模型相联系，即在语义观看来，科学理论可以通过模型的集合而得到描述。

2. 对集合论的援引

在苏佩斯看来，科学理论首先不同于客观实体，因此我们不能给出一个描述性的答案。其次，科学理论并不等同于一个可以给出精确答案的抽象存在。如"有理数是什么"，作为一个抽象存在，我们也可以给出答案"有理数是两个整数之比"，但科学理论并非像是有理数一般的抽象存在，所以并不能用一种简单的或直接的方式来回答。对于"科学理论是什么"这一问题，苏佩斯基于长期对数理集合论的研究，将集合论的公理化与形式化运用于对科学理论问题的探讨中，从形式化的立场对不同的论题加以统一，进而总结出一条集合论的研究方法与进路。

苏佩斯之所以采择集合论的进路来讨论一般科学哲学问题，在于他认为集合论进路主要有两点优势：其一，为研究过去或当前科学的任何成体系的表征和不变性问题提供正确的方法，从而避免运用人工语言讨论科学哲学问题所带来的不足；其二，能够把在一般论述层面上运用传统方法很容易丢失的差异突出出来，试图在一种更具有可操作性的实验层面，讨论过去认为是形而上学的哲学观点。[2]由此可见，苏佩斯认为人工语言本身并不是一种形式化的描述，所以其在科学体系的表征与不变性问题研究中不能成为准确而精确的工具，而集合论则将理论的讨论限制在一阶逻辑之内使其形式化，在任何一门经验科学或者科学的一般逻辑中，都可以有力地表达任何一种系统化的结果，为科学哲学问题的研究提供一种表征的工具。另外，苏佩斯一直以来所主张的便是在可操作层面上对科学进行研究与论证，注重科学研究过程中用以假设与检验理论的实验过程，从而将之前被归为形而上学的内容也运用实验手段去查证，集合论的作用在于通过经验操作而产生关于研究对象的现象集，并基于现象集来寻求其物理依据与现实性。

3. 对"集合论模型"的构建

基于对"公认观点"的批判和对集合论的研究，苏佩斯尝试构建一种科学理论的"集合论模型"。他通过对"模型"在数理统计与个别学科中的几种用法的分析，主张塔斯基（Tarski）意义上数理逻辑学家所使用的模型概念可以作为分析任何经验科学分支中确切陈述所必备的基本概念，即"满足一个理论 T 的所有有效句的一种可能实现被称为是 T 的一个模型"。[3]苏佩斯进一步理解为，一个理论的可能实现是一个适当逻辑类型的集合论实体，并且在一般意义上，模型是符合该理论的一种可能实现。他将一个模型在形式上定义为一个集合论实体，即由一组对象和这些对象的关系及操作组成的某种有序元组。在这里，苏佩斯并没有摒弃其中对物理学家有吸引力的物理模型，而是主张物理模型可以用来简单地定义集合论模型中的对象集合。尽管一些物理学家认为在给定的经验科学分支中，物理模型更为重要，但在苏佩斯看来，集合论的方法显然更为根本，因此"集合论模型"能够给予科学理论以更恰当的说明。而对于如何回答"科学理论是什么"的问题，苏佩斯旨在以集合论为工具，在一阶逻辑范围内使一个理论形式公理化，从而实现非语言的集合论结构，以此为理论的主要模型工具。苏佩斯坚持认为，通过定义集合论谓词的方法，使一个科学理论公理化。[4]这里所谓的集合论谓词是基于属于关系的一种基本谓词。如用集合论语言来表达"X 是一个群""X 是概率论""X 是古典力学"等理论时，X 必须为拥有满足谓词"是一个什么"的重要特性的数学对象，是承认这些公理本质定义的一个组成部分。因此，苏佩斯粗略地将其理论的模型定义为理论上所有有效句子都可能满足的一种实现。

苏佩斯对科学理论问题的研究始于逻辑经验主义学派向历史主义学派的转型期，这便决定了其问题论证的出发点必然是基于对逻辑经验主义"公认观点"的批判，但他秉持一种多元论的包容性观点，并未对其完全加以否定，而是针对其简单性质问。此外，苏佩斯基于自身多年来对集合论的研究，把较强的数学元素引入讨论中，这使得对理论的阐述在一阶逻辑范围内得以实现。再者，模型作为苏佩斯科学理论研究中的重要基点，"集合论模型"的构建为直接描述科学理论问题提供了更为深入理论本质的探讨。

二、苏佩斯科学理论观的核心

苏佩斯主张的科学理论的核心内容主要由科学理论的层级系统和科学理

论的表征与不变性两部分组成。科学理论的层级系统回答了理论模型是如何连接作用于现象与理论之间的问题；科学理论的表征与不变性说明了科学理论本身是对于世界本性的探讨。

1. 科学理论的层级系统

质言之，基于"集合论模型"的科学理论观是一种数学原理与经验科学的结合。对于理论模型如何连接作用于理论和现象之间的问题，苏佩斯曾表示：我试图表明的是，经验理论和相关数据之间关系的精确分析需要不同逻辑类型的模型的层次结构。[5] 他认为在理论和现象之间存在一个层级系统，该系统由不同类型的模型相连接。他通过对应理论的可能实现，引入数据的可能实现，再根据数据的可能实现以常规方式定义实验模型，缔造了一个现象—数据模型—理论模型—理论的层级系统进路，从而对理论的模型结构加以论证。

首先，从现象到数据模型。数据是对现象进行测量而得出的现象的数学表征。数据是从现象中得出的，但是数据模型并不是对研究对象完整的复制。在一般意义上，数据模型是适当的实验参数的拟合，它与现象同构（isomorphic），亦具有自身的平稳性，但在本质上也是按照研究者自身的需要在理论指导下对数据做出适当删减的改造。研究者依据自身的背景知识、研究的出发点、概率统计分析等综合因素加以考虑，组成指导数据模型建立的数据理论，进而构建数据模型集合而成的高一层次的数据模型。简言之，即在数据理论的指导下，构造出关于现象世界的数据模型。

其次，从数据模型到理论模型。在科学理论的模型结构的构建过程中，数据模型对现象加以表征并以其自身作为研究对象来参与理论的构造。数据模型是通过对对象的数据加以理论指导来形成的，从某种意义上来说，数据模型享有与现象相同的特质，因而才能替代现象成为研究对象。以数据模型作为研究对象，科学家们对其进行综合分析来获取上一级的理论模型。

最后，从理论模型到理论。苏佩斯主张理论是理论模型的集合，理论中所探讨的对象实质上就是在模型中所处的位置。一个理论之下有多种理论模型，模型与模型之间因为同构而共同组成这一理论，从而在理论内部形成一种共享结构的关系，这种共享结构的关系就是对于理论的解释，从而形成了理论中的定理。

此外，苏佩斯还认为，科学理论中还应当包括检验理论的实验统计过程与方法，因而也承认存在着因实验方法而产生的理论的层次结构。因此，在对理论模型的解读中，除了模型的层级系统外，还存在与之相对应的理论的层级系统。在科学理论的层级系统中，一个层次的理论通过与更低层次的理论形成正式联系而被赋予经验意义，并且不同层次理论之间的关系的统计或逻辑调查都可以以纯粹的、正式的、集合理论的方式进行。同时，理论模型的层级系统也通过层级性对每一层次的理论进行表征。因而以苏佩斯的理论为基点，我们不仅可以对理论和现象连接的问题进行纵向的解答，还可以对理论的拓展和形成问题展开横向的研究。

2. 科学理论的表征与不变性

基于"集合论模型"，苏佩斯对科学理论的理论模型做了进一步的分析，在其看来，洞察复杂理论结构的最好方式是寻找其模型的表征定理（representation theorem）。[4]而一个理论的表征定理可以定义为：表明以某种直观上明确的概念推理而著称的一个理论模型的特定类，是为了在同构范围内举例说明该理论的每个模型。[4]他使用同构表征（isomorphic representation）来对一个理论模型加以描述。所谓同构定义实质上是仅依赖于一个模型的集合论特征。我们可以直观地来看，设 A、B 为两个集合，其中集合 A 为某一理论的全部模型的集合，集合 B 为 A 的某个特异子集。形容 A 与 B 之间的表征定理，可以断言为：给定集合 A 中的任一模型 M，在集合 B 中都有一个同构于 M 的模型 M' 与之一一对应。这样的表征定理可以通过接受 $A=B$ 来得到证明。此外，苏佩斯还进一步比较性地阐释了同态（homomorphism）关系以及嵌入（embedding）关系。其中，同态表明的是集合 A 与集合 B 之间的多对一关系，它是比"同构"更弱的一种表征定理。而与同态相比，将一个模型嵌入另一个模型中的嵌入关系是两个模型之间更弱的一种关系，所谓嵌入定理即一个理论中存在着一个模型类 A，并且该理论中的每个模型都与属于 A 的一个子模型是同构或至少是同态的。可以说，同态与嵌入的提出正是苏佩斯对同构表征的细致解读，是对科学理论的表征定理的进一步完善。

同时，与表征定理紧密联系的是表征的不变性（invariance）思想，不变性的原理是指在测量理论或者一般的物理理论中以自然的方式产生的不可改变的恒定性，至于什么东西具有恒定性，苏佩斯的回答则为：一个物体的特性或物体的集合，或者更一般的是某种物体也是恒定不变的。[4]表征功能所具有的不变性也正是为其理论模型赋予经验意义的必要特性。苏佩斯试图向我们证明，科学理论通过表征与不变性来对世界本性加以描述。如果说物理学的研究主题是关于世界的，而不是关于世界的观念，那么科学理论研究的主题则是关于世界的观念。苏佩斯采用的同构表征用公理集合论的形式化方法来表述理想世界，这一点正好避免了主观观念的产生，使得科学理论对于世界本性的讨论得以更加纯粹。

综上我们可以看出，苏佩斯所构建的科学理论观点，无论是对理论的内在描述还是外在描述，都以一种标准形式化的方式来完成科学理论对物质世界的反映。

三、意义、发展与挑战

在批判性分析逻辑经验主义者"公认观点"的基础上，苏佩斯则开创了一种基于"集合论模型"的语义进路来对科学理论加以阐释，后经过萨普（Suppe）、弗拉森（Fraassen）以及史纳德（Sneed）等的发展，该进路逐渐形成一种语义模型，成为一种新的"公认观点"。尽管其理论存在一定的困境与挑战，但对于我们对科学理论的深入探讨和把握具有重要的价值和意义。

具体地讲，苏佩斯科学理论观的意义首先在于其对科学的多元性和复杂性的肯定，这无疑有助于我们从多元论视角出发展开对科学理论及其相关问题的研究。在苏佩斯看来，"公认观点"过于简单化，忽视了科学的多元性和复杂性，试图以一种定义模式强加于所有的经验学科中，然而这几乎不可能实现，而这也促使苏佩斯以一种多元、包容的态度来看待科学理论。其次，苏佩斯的科学理论观在一定意义上将实用性与经验相结合，他用其理论模型替代了逻辑经验主义者的"公认观点"，但保留了其经验主义成分，这在批判狭隘的经验主义的同时也适度防止了"后经验主义"非理性思想的蔓延。再次，苏佩斯的科学理论观所提供的是一种从理论内部进行结构剖析的概念与方法，这种概念与方法使得各学科之间的区分更加明确，在理论内部以不同层次但是同构表征的模型将理论与现象相连接，这对于其后的相关研究无疑具有重要的示范作用。此外，苏佩斯的科学理论思想更加注重各种科学模型在科学研究中的作用，这也在一定意义上为自然科学的建模发展提供了必要的例证与支撑。

苏佩斯的观点引发了更多学者对科学理论问题的关注，萨普、弗拉森和史纳德等人在其基础上进一步对经验科学的逻辑结构和模型结构加以探讨，形成了一种新的"公认观点"，从而促使对科学理论的理解得到了进一步的拓展。展开来说：

萨普承认理论本身就是一个结构，在其看来，当科学家提出一种理论时，就必须将理论的结构加以阐述，即承认现实世界与理论之间存在着一种图形对应的关系，理论的结构就是这种表现的模型化，这里的关系即定律，实质上萨普将理论看作是一种"关系系统"，该"关系系统"是一切逻辑上可能发生的状态的集合，物理系统拥有众多构型，而实体的状态是最为特殊的一个，因而所选取的少量参数值就以状态呈现，理论亦即一种"集合论实体"。[6]可见，其理论具有鲜明的实在论立场。

弗拉森将自己的观点称为"新图景"，他对科学理论的建构首先是刻画一组模型，即结构的族；其次是对模型的特定部分加以细致刻画，以其作为对可观察对象的表征候选；再次，在实验测量报告中对表象加以结构观察，如果一个理论的部分模型实现了其实验测量报告中的表象与加以细致刻画的模型的特定部分同构，那么这个理论便是适当的。[7]弗拉森将模型类看作理论的载体，当该模型的部分子集同经验世界同构时，就将抽象的模型世界或结构与经验内容统一了起来，从而形成了其科学理论观。

史纳德在继承苏佩斯观点的同时，综合了其他研究成果，建构了一个科学理论系统，该理论系统之后逐渐发展成为更加精致的模型结构的公理化体系，并形成了"史纳德学派"。史纳德学派的研究中心依然是科学的基本载体——模型，他们认同模型是经验知识的主要载体，进而将经验知识赋予模型中，展开对同构的模型类的探讨。他们对模型语义学进行了系统的阐释，其中包括对实在模型、可能模型、部分可能模型、粗糙的模型、模型之间的模型、不同理论之间的模型等都有较细致的说明。同时，这又与苏佩斯主张的数据模型、理论模型等形成了共同意义上的科学理论结构。[8]

总之，在科学哲学家所构建的科学理论中，苏佩斯作为理论模型的首创者，不遗余力地对科学理论进行数学化的研究，萨普与弗拉森则将经验知识赋予模型之中，史纳德等将这两种观点加以融合，建立了一个比较完整的理论体系，并最终走向成熟。

当然，在这里我们也要看到，尽管苏佩斯的科学理论观立论严谨且富有创见，但仍存在一定局限性，其困境与挑战主要来自人们对"同构表征"的疑问。苏佩斯主张对现象的说明通过"同构表征"来完成。在其看来，科学理论的实现由两个部分来共同完成，其一为理论，其二为层级结构模型，其中模型在高层理论和低层现象之间充当桥梁将二者联系起来。在这里，理论与现象的桥接需要两个概念，数据的实验理论和现象的经验理论，而这两个概念是否同构正是苏佩斯所面临的一个挑战。数据的实验理论需要根据现象的经验理论做实验设计，也就是通过它的数据模型的集合描述数据的实验理论。[9] 为了实现数据与现象的连接，就必须使模型同构，但人们首先无法对经验现象进行总结，得出"现象的结构"。因此，基于模型来描述经验现象在实质上是很难实现的。在对待数据模型同现象经验理论之间的相同结构这一问题上，苏佩斯似乎是选择回避，并没有给出进一步的解释。

如果承认理论与现象之间通过同构来桥接，那么便会面临进一步的挑战，即科学表征是否真的能够单独地根据同构而获得解释。苏佩斯给出的同构表征，通过模型与目标系统之间相同的结构的关系而获得解释，但我们通过分析不难发现，模型包含结构，然而科学表征并不能还原为结构表征，科学表征更不能仅仅根据同构来获得解释。进一步来讲，"同构"这一概念指物理对象中抽象的结构与结构之间的一种关系，对于两个具体的物理对象之间的关系，同构无法给出令人信服的描述，因此，对于实物模型与抽象模型之间的同构，在现实意义上是很难实现的。如果坚持以同构表征的思想来理解科学理论，首先我们需要做到确定模型和现象的结构，而结构并不是现象事物的一种自然显现，它明显依赖于人们运用具体的概念来描述，因此科学表征不能够单独地根据结构和同构而被解释，这不仅是苏佩斯的科学理论观所面临的挑战，亦是所有坚持语义学进路的学者所面临的挑战。事实上，对于模型信息描述的要求以及推理功能的需求也推动了语义模型观向科学理论的语用研究进路的发展。

综上所述，苏佩斯通过对逻辑经验主义者"公认观点"的重审，对"数理集合论"的探索以及"集合论模型"的构建，开辟了基于"集合论模型"研究科学理论问题的第一步，勾画出了语义模型观的基本框架和方向，为史纳德等构建完整的科学理论体系奠定了必要的思想基础。虽然其科学理论观不尽完善，但其理论意义与价值不言而喻。事实上，这一观点从数理集合论出发，将科学哲学的研究与自然科学的近代发展联系在一起，在多元论和实用主义的视角之下，将理论表征与模型建构相结合，为科学哲学相关问题的研究提供了重要的集合论进路，也为科学哲学的多元发展提供了新的理论视域和方法论启迪。

［1］Suppes P. What is a scientific theory?//Morgenbesser S. Philosophy of Science Today. New York: Basic Books, 1967.

［2］成素梅. 科学哲学的集合论进路: 读《科学结构的表征与不变性》. 哲学分析, 2010(1): 185-190.

［3］Tarski A. Undecidable Theories. Amsterdam: North-Holland Publishing Company, 1953.

［4］Suppes P. Representation and Invariance of Scientific Structures. Stanford: CSLI Publications, 2002.

［5］Suppes P. Models of data//Nagel E, Suppes S, Tarski A. Logic, Methodology and Philosophy of Science: Proceedings of the 1960 International Congress. Stanford: Stanford University Press, 1962.

［6］Suppe F. The Structure of Scientific Theories. Champaign: University of Illinois Press, 1977.

［7］van Fraassen B C. The Scientific Image. Oxford: Clarendon Press, 1980.

［8］Sneed J D. The Logical Structure of Mathematical Physics. Dordrecht: Reidel, 1971.

［9］魏屹东. 结构主义与科学表征. 逻辑学研究, 2016(2): 61-83.

自由自然主义[*]

——一种当代自然主义的批判与辩护

何 华

奎因（Quine）的"自然化的认识论"提出之后，自然主义立场成了不少哲学家关注的重点，比如，戴维森（Davidson）对身心问题的自然主义说明（事实上是一种物理主义），普特南（Putnam）转向自然主义实在论，塞尔（Searle）提出生物自然主义，等等。有些学者把此时的自然主义称为"哲学自然主义"（philosophical naturalism）[①]。帕皮诺（Papineau）出版了《哲学自然主义》，其基本立场是，哲学是经验科学的继续，不仅试图在认识论方面而且在哲学的其他主题上也坚持自然主义（物理主义）立场。这几乎是一个标志，标志了英美哲学的自然主义转向。[1-2] 当代自然主义的一个发展动向是对科学自然主义的批判，属于自然主义内部的自我批判。

一、还原论的困境

自然主义转向发生之后，自然主义面临的一些困境被批判整理，其主张作为批判的对象逐渐明晰起来。21 世纪初卡罗（Caro）和麦克阿瑟（Macarthur）曾认为自然主义是英美分析哲学的主流，这种自然主义是科学自然主义，并把这种科学自然主义的主题概括为两点：在本体论方面，坚持一种绝对的科学自然观；在方法论方面，认为哲学是科学的继续，由此来重新确定哲学与科学的关系。事实上这是对塞拉斯（Sellars）和奎因等人的主张的概括。[3] 这表明自然主义不是仅在认识论方面有所主张，它一定有本体论方面的承诺。

　　* 原文发表于《科学技术哲学研究》2018 年第 6 期。
　　① 有的学者认为奎因的"自然主义"就是一种哲学自然主义。弗里德曼（Friedman）则认为，这一时期的哲学倾向是哲学自然主义。

自然主义不仅涉及我们如何认识和理解世界的问题，还涉及世界上有什么的问题。之后，他们重新概括出科学自然主义的两个信条：本体论信条，只有成功的科学说明提供给我们的实体组成了世界；方法论信条，科学探索原则上是我们知识或理解的唯一真正的源头，所有其他知识形式（比如先天的知识）或理解，要么是不合法的，要么原则上可还原为科学知识或理解。[3]两个信条的概括依然是从本体论和方法论两个层面来进行的，这是通行的概括自然主义的方式。[4]比起之前的概括，这两个信条的内容更明晰，其中的问题也更容易被发现。

具体地说，科学自然主义面临的主要问题是坚持还原论而引发的一系列难题。其一，它假设了自然科学的统一性和物理学的完整性，认为我们对世界的认识完全可依赖于自然科学的经验知识。哲学史上逻辑经验主义提出的理论还原模型，属于对这种统一性的追求，试图借用逻辑工具统一所有科学研究成果，但是其发展结果表明，这是一种幻象，比如这种还原论没法应对多重可实现性的问题。知识的多样性使经验知识的绝对基础地位受到挑战，比如逻辑与数学知识，很难用经验—知识这种一元维度来说明。更基础的是，经验知识的合法性问题在科学自然主义这个图景中无法给出合理的说明。其二，科学自然主义的还原论，使价值、审美、意义等内容无法在世界中找到适当的地位，这种还原论是一种形而上学，比如普特南批判奎因区分了一级概念系统和二级概念系统，认为奎因的物理学概念图式（即一级概念系统）提供不了意义事实，于是求助于认知主义，但是神经生理学等也没法提供对含义或指称的说明，因此类似的概念活动并不能归入一级概念系统，于是在此问题上就从还原论走向非认知主义。[5]其三，如果把概念活动看成是心灵的能力，则这种还原论的一个更大的问题是对心灵在世界中的地位无法给出合理的说明，比如麦克道尔（McDowell）认为，认识和思考这种心灵的活动属于塞拉斯所说的"理由逻辑空间"，是自成一类的，并不属于严格的自然主义（即科学自然主义）所描述的"规律的空间"，科学自然主义只承认后者，认为前者是超自然的东西，不属于自然。[6]其四，这种还原论无法充分说明规范性（normativity）。比如戴维森认为，信念、愿望和意义的概念就是规范性的概念，人们使用这些概念就意味着受一定标准的限制，即这些概念"规范"的方面，它不同于自然科学的概念[7]；伦理和审美判断也属于规范性判断，它们无法被自然科学知识代替，比如人们试图达成在道德规则方面合乎理性的一致意见所进行的道德推理就不能仅依赖经验事实给出充分说明。其五，这种还原论引出社会科学的合法性问题。科学自然主义的第二个信条有把自然科学知识看成是唯一合法的知识的倾向，在此语境中社会科学的知识就有可能难以满足这个条件。主张自然科学与社会科学不同的观点认为，社会科学的主题由根本上有意义的对象组成，其目的是解释清楚这些对象的意义，类似的主张在施莱尔马赫（Schleiermacher）、韦伯（Weber）和狄尔泰（Dilthey）等人的理论中都可以看到。虽然这种反自然主义有绝对地分开自然科学与社会科学的嫌疑，但是它所强调的二者的不同是事实。科学自然主义试图用科学的实证原则把科学统一起来，但事实上这种做法并不可取，一方面，如果只有自然科学的物理对象是真实的，社会科学的对象则没有存在的理由，还可能发生巴斯卡（Bhaskar）所说的自然科学中的"存在就是被感知"的困境[8]；另一方面，科学自然主义倾向于一种以因果事实为基础的本体论，这使得数学的和其他抽象的实体的地位成了一个难以解决的问题，此问题在社会科学中更为突出，因为社会关系等存在不得不被接受，在社会科学的解释中，它们是不可或缺的，其本质用自然科学术语来说明并不容易，特别是当我们认为科学最基本的任务是提供因果说明时。

科学自然主义面临的这些困境，招致很多自然主义之外的批判，比如批判理论、解释学和历史主义一般都不认可其还原论主张，认为它导致了理性与自然不能相容。上文列举的这些困境在自然主义内部也被视为理论上的不足，不少自认为是自然主义者的哲学家试图提出自然主义的新出路。在此背景下，自由自然主义（liberal naturalism）被提出，近年来逐渐成为批判科学自然主义的主流。

二、"自然"概念的放宽

自由自然主义这个概念由哲学家斯特劳森（Strawson）和麦克道尔提出，旨在更好地在自然主义范式内说明理由和价值这样的规范性现象，试图使它们与"自然"这个概念相容。[6] 自由自然主义认为自己依然是自然主义，它与科学自然主义的共同之处是坚持对超自然主义的拒斥，它们都不承认类似于柏拉图式的理念、笛卡儿式的心灵、康德式的先天范畴等独立于自然世界或人的实践而存在的实体。而这些实体大多是一些先验哲学或反自然主义解释理由和价值等规范现象的依据，甚至是数字、逻辑命题等抽象实体的依据。自由自然主义一方面要批判科学自然主义的自然没法与理由和价值这样的理性规范性现象相容，另一方面要避免把它们理解为超自然的现象。这等于说，自由自然主义要在科学自然主义与超自然主义之间走一条中间道路，这就需要它放弃科学自然主义用自然科学图式来解释的那个世界图景或自然，提供一个更宽泛的自然观，以为那些非属科学的但是依然是非超自然的实体留有空间。

批判科学自然主义并试图找一条中间道路的努力在哲学史上并不罕见，其中一些主张虽然不以自由自然主义为名，但是其主要观点可归于自由自然主义一类。下面主要分析两种，一种是斯特劳森的"柔性自然主义"（soft naturalism），另一种是斯特劳德（Stroud）的"更开明的或豁达的自然主义"。

斯特劳森区分了两种相对的自然主义，一种是"严格的"或"还原的"自然主义，与之相对的是一种柔性自然主义，他也称之为"包容的"（catholic）或自由的（liberal）自然主义。他认为还原论的自然主义与怀疑论相关，即怀疑道德、心理实在、抽象实体、意义等一般无法还原为科学实在的东西。为了应对怀疑论，斯特劳森从休谟和维特根斯坦那里获得启发，认为这两种自然主义事实上并非水火不容，怀疑论在方法论上怀疑一些信念所依赖的基础的充分性时，柔性自然主义可以冲淡还原原则的偏执。他认为休谟所说的"自然"是深植于人的心灵中不可回避的能力，也就是说，有些原则是认识中不得不承认的，是怀疑论无法对抗的自然力量或信念倾向，或者说怀疑它是无用的。因此，我们不可回避的自然承诺，是一种信念的一般框架，是信念形式的一般类型。但是，在此框架和类型中，理性的要求，即我们的信念，应该形成一个一致的融贯体系，应该充分发挥作用。[9]正是因为他这样来解读休谟，他把维特根斯坦在《论确定性》中的一些观点看成是与休谟的相近。维特根斯坦认为有一种信念处于有合理根据或没有合理根据之外；仿佛是某种动物性的东西。[10]这种信念可被看成是"自然的"，看起来是回应了休谟的观点，恰当地说信念是我们天性中感性部分的活动，而不是认识部分的活动。[11]看来，维特根斯坦也区分了根据理由和经验决定或质疑的命题和免除怀疑的命题。斯特劳森认为在休谟与维特根斯坦那里，这些信念或命题不能被怀疑，当然也不能被还原为更基础的东西。从还原自然主义的立场看，不能置于自然的东西，就不能被认为是真实的。但是，人们在认识活动和思维活动中要呈现给自己一些项目，这些项目中有自然的事件和对象，它们是认识和思考的对象，但是对象不止这些，还有一般的、抽象的概念和观念，它们在自然中没有位置，只能在其中找到示例。而且，认识和思考的主体对自然对象和事件的共同性的经验的获得，潜在地提供了要把一般的、抽象的概念和观念作为认识对象的可能性。斯特劳森要从休谟和维特根斯坦的那些主张中得出，这两种立场在一定意义上都是自然的。可以看出，两种自然主义实际上对应的是唯名论和实在论。他给出的调和办法是，相对化真实这个概念。从严格的自然主义立场看，在我们关注的领域中，所有真实的，所有真实地存在的，都在能为维特根斯坦式的或奎因—维特根斯坦式的术语全部描述的自然现象范围内。而从另一个立场看，即从非还原的、包容的自然主义立场看，关于在此领域中存在的观念可扩展到包括我们乐意去说的或明显要说的，即思想—对象，它不可能在自然中有位置，然而有时在自然中被示例。[9]看来斯特劳森并没有打算要提出一种新的自然主义来代替科学自然主义或他所说的还原自然主义。他找到了另一种自然主义，把我们认识和思考所不可避免的信念看成是"自然的"，它们曾是怀疑论针对的对象，但是由于怀疑了他人的认识和思考难以继续，所以它们不得不被接受，这种自然主义是人们能自然地"自由地用来指称抽象对象的工具"。[9]后者仅是前者的补充。

斯特劳德的更开明的自然主义与斯特劳森的柔性自然主义有相似之处。开明的自然主义认为，我们必须接受我们发现自己在解释我们同意的一切时已坚持的一切是如此，必须接受我们想说明的一切。[12]人们总是需要去说明他们认为别人已获得的思想、信念、知识和评价态度。如果为了理解那些态度，数学和逻辑的真不得不被接受，那么它们必须被接受，然而在某种意义上它们可能看起来是"非属自然的"。关于这种"必须接受"，斯特劳德给出一个论证：人总是要做出评价，比如伦理学中的善与恶，常常要承认一事物比他事物更好；这种评价不是科学的主题，好与坏、真与假并不是自然科学要描述的对象。当这些评价以命题的形式出现时，它们并不能还原为非评价的命题，那么我们对评价的理解并不能被看成是只依赖于非评价的要素；而这些评价命题以及与之对应的评价态度是不可或缺的。一个人无论他同意还是不同意他人那里能观察到的可评价态度，如果他要对之进行识别，他自己必须首先能够理解它们，这就要求他自己拥有一些可评价的态度，否则他无法识别他人的；如果他承认了自己的可评价的态度，那么他的这种承认的观点就包含了与评价态度对应的事态，这表明他要坚持一些事物比其他的好，一些事物在特定的场合比别的事物更应该出现，等等。斯特劳德这里说的对事物或事态的评价，是规范性的事实，它们不可还原为科学事实；如果这种规范性的事实（评价态度）必须被接受，相似地在自然中没有对应实体的其他信念也必须被接受，比如关于逻辑或数学的真信念，再比如关于事物颜色的知觉和信念（这里提到颜色是因为它常被视为第二性的质，不具有第一性的质的完全的客观性，关于颜色的知觉和信念是对象与主体合作的结果），经过这种扩张，一种更开明的或更豁达的自然主义观念就形成了。这种自然主义至少避免了在颜色、抽象实体、价值等问题上的还原论困境，也避免了因为坚持科学自然主义的一些原则把现实存在的一些东西排除出去的那种扭曲的观点。更开明的自然主义依然是自然主义，在于其要旨是，我们必须当真地去接受所有我们发现不得不接受的东西，以便去理解所有我们认为那是世界之部分的东西。[2]其言下之意是，科学自然主义描述的自然存在也是不得不接受的东西，只是其范围有所限制，更开明的自然主义所说的自然范围比之宽，因此，更开明的自然主义的解释力比科学自然主义强，可以代替科学自然主义，是自然主义更合理的状态。在此意义上，更开明的自然主义比休谟的自然主义更"自由"。

综合起来看，以上这些自然主义并无实质性差别，都在批判还原论，都认为：有一些不得不接受的东西是不可还原的；这些必须接受的方面应该是"自然的"。但是，它们都没有给出为什么"必须接受的"就是"自然的"，不过好像科学自然主义也没有明确地给出理由说明为什么可还原的就是自然的。但是鉴于把不可还原的视为自然的有变相接受超自然主义的嫌疑，有必要进一步追问其"自然性"的获得何以可能。

三、规范性的自然属性

自由自然主义认为科学自然主义的一个巨大失误是把规范性现象看成是超自然的或者把它自然化。这里的自然化是指，让规范性的东西失去"自成一类"的性质，还原到自然科学描述的领域。[13]自由自然主义与科学自然主义不同，就是要保持这种"自成一类"的性质，而它要坚持自己是自然主义，则必须赋予规范性以不同于科学自然主义的自然属性，常用的办法是扩大自然这个概念的范围。

规范性与合理性或事物的应然状态相关。描述信念或行动的时候总会用到逻辑或理论，通常要用到理性推理，即赋予和追问理由。这种描述与科学理论的不同，后者直接描述真实世界行动者推理或行动的方式，回答"是什么"即可，前者要把信念或行动描述为合乎理性的，即一种理想化的或应然状态，为理性行动者的推理和行动提出规范性，规定其推理和行动应如何去做，即回答了"应如何"的问题。但是这里有一个问题：这种规范性力量从哪里获得？非自然主义者可以用先验哲学来解决这个问题，如前面提到的，科学自然主义则求助于"自然化的规范性"。麦克道尔的自由自然主义试图走一条中间道路来应对这个问题。

麦克道尔认为，赋予和追问理由这种规范性的活动属于理由逻辑空间。获得知识的概念能力也在此空间活动，它有自成一类的特征，也就是说它与自然科学描述的规律的空间不同，比如知识的概念和命题态度，并不能由属于自然科学理解的规律的空间的词项把握。这两个空间的划分对应于上文所说的"应如何"与"是什么"的区分。如果混淆二者，即误把理由逻辑空间的项目置于规律的空间，则会导致认识事实可以没有保留地被分析为（甚至在原则上）非认识的事实，不论后者是现象的还是行为的，是公共的还是私人的，也不论用了多少虚拟语气和假设……这种观念是一个彻底的错误，一个与伦理学中所谓"自然主义的谬误"同属一类的错误。[14]同理，如果认为自然科学的规律的空间与理由逻辑空间并列，则会不可避免地承认超自然的存在。

一般认为，伦理学中的价值判断是规范性的。在麦克道尔的自由自然主义视野中，价值与概念活动可以类比。价值也是一种第二性的质，它依赖于主体活动，但是又具有自发产生的特点，也就是说它也是倾向性的质。因此，价值判断在世界中有对应的价值事实。比如用畏惧来类比价值，我们会认为畏惧是对一个对象的一种回应，而且认为此对象应该得到这种回应，因为一个对象值得去畏惧是由于它是可畏惧的。[15]畏惧的产生是对象与主体合作的结果，而且只要条件具备，它自然会产生，它不是纯主观的，不是超自然的，也不是自然科学的对象。这样既顾及了价值的自成一类的规范性的不可还原性，又可以把它描述成是"自然的"。

自由自然主义认为自己比科学自然主义更合理的另一个方面是能合理说明科学与哲学的关系。就麦克道尔的自由自然主义而言，承认现代科学革命的真正成就是一方面，让哲学解脱焦虑是另一方面。这种哲学焦虑表现为在所予神话和融贯论间"摇摆"[16]，其实质是自然科学的规律的空间与理由逻辑空间的关系不能被调和，其原因是人们试图用科学成就说明一切，包括规范性，使自然与理性的关系紧张起来。奎因的自然主义在此语境下是一种还原论，无助于解除这种紧张关系。麦克道尔把概念能力描述为一种自然的自发性的能力，调和了理性与自然的关系，去除了所予神话，解除了哲学焦虑。因此，奎因的自然主义所主张的认识论哲学是自然科学的分支这一问题，在自由自然主义这里不存在。既然规范性有了自然属性，与规范性紧密相关的社会科学和自然科学之间的不同就不是本体论层面上的，至多是方法论层面上的。

以上是对自由自然主义的主要主张以及它对科学自然主义困境的处理的概述。当然自由自然主义自身并不是无懈可击的。自由自然主义一方面承认有不可还原的实体，另一方面又要把这些实体描述为自然的，这两方面蕴含了它所反对的主张，即超自然主义。自由自然主义致力于把不可还原的实在描述为自然的，为此它一般会重新定义自然，就当前的情况看，这种重新定义并不完满，或者把不可还原的视为自然的，其合理性至多表现在与科学理论不矛盾，或者把不可还原的视为准柏拉图主义的，比如麦克道尔把他的自由自然主义称为"自然化的柏拉图主义"。[17] 然而，自由自然主义的兴起并不是偶然的，其直接原因（如本文开始分析的），是对科学自然主义的批判。在分析中可以发现，自由自然主义的批判主要针对的是科学自然主义在规范性问题方面的主张，这个问题就是规范性与自然能否相容。麦克道尔的自由自然主义拓展了这种批判范围，他对照塞拉斯提出的理由逻辑空间，提出自然逻辑空间这一概念，认为存在于二者中的项目具有不同的属性，重要的不同是理由逻辑空间的项目具有自然逻辑空间中的项目所没有的规范性。理由逻辑空间的项目有信念（理由）、知识、概念、推理等，还有与它们相关的活动，如确证、评价、意向等。可以看出，理由逻辑空间总体上与人的理性相关，与人的认识和心灵活动相关，两个空间的关系涉及的是心灵与世界、理性与自然和知识与经验之间的关系问题。在自由自然主义语境中面对这些问题，不得不面对形而上学问题，讨论这些问题的时候我们还能看到德国古典哲学中的知性与理性的关系问题，甚至可以看到中古唯名论与实在论之争的影子。因此，自由自然主义的问题域远超过自然主义讨论的范围，其广度和深度足以使它成为当前哲学发展的一个趋势。

〈参考文献〉

［1］Papineau D. Précis of philosophical naturalism. Philosophy and Phenomenological Research, 1996, 56(3): 657.

［2］Stroud B. The charm of naturalism. Proceedings and Addresses of the American

Philosophical Association, 1996, 70(2): 43-55.

［3］de Caro M, Macarthur D. Naturalism in Question. Cambridge: Harvard University Press, 2004: 3-9.

［4］Shook J. Varieties of twentieth century American naturalism. The Pluralist, 2011, 6(2): 1-17.

［5］Putnam H. The content and appeal of "naturalism" //de Caro M, Macarthur D. Naturalism in Question. Cambridge: Harvard University Press, 2004: 61.

［6］McDowell J. The Engaged Intellect. Cambridge: Harvard University Press, 2009.

［7］Davidson D. Essays on Actions and Events. Oxford: Oxford University Press, 1980: 207-225.

［8］Bhaskar R. The Possibility of Naturalism: A Philosophical Critique of the Contemporary Human Sciences. 3rd ed. London: Routledge, 1998.

［9］Strawson P. Skepticism and Naturalism. London: Methuen, 1987.

［10］维特根斯坦. 维特根斯坦全集: 第 10 卷. 涂纪亮, 张金言译. 石家庄: 河北教育出版社, 2003: 251.

［11］休谟. 人性论. 关文运译. 北京: 商务印书馆, 1996: 210.

［12］Stroud B. The charm of naturalism//de Caro M, Macarthur D. Naturalism in Question. Cambridge: Harvard University Press, 2004.

［13］Braddon-Mitchell D, Nola R. Conceptual Analysis and Philosophical Naturalism. Cambridge: The MIT Press, 2009: 308.

［14］Sellars W. Empiricism and the Philosophy of Mind. Cambridge: Harvard University Press, 1997: 19.

［15］McDowell J. Mind, Value, and Reality. Cambridge: Harvard University Press, 1998.

［16］McDowell J. Mind and World. Cambridge: Harvard University Press, 1996.

［17］Redding P. Analytic Philosophy and the Return of Hegelian Thought. Cambridge: Cambridge University Press, 2007.

自然科学哲学与数学哲学

基因调控网络中的"信息"概念

——一种基于语境论的生物学信息认识[*]

杨维恒

信息概念可以说是当代生物学中的核心概念之一。从最初的分子生物学，到之后的进化理论、发育生物学等，生物学中对信息概念使用的热情不断超越先前的图景。信息概念被越来越多地使用和讨论。但是，这同样也使得信息概念在当代生物学中的应用边界有着很大的差异。我们很难对生物学中信息概念的意义给出一个统一的定义。至少到目前为止，我们依然无法界定一个完整的信息概念，从而明确其在生物学中的语义性质。正如奥亚玛（Oyama）所言，将"信息"应用在生物系统中会面临很多的问题。[1]

对生物学信息概念争议的很重要一点是它涉及"什么是普通生化实体的语义性质"。如果说储存性、误解、相关性、意向性等可以是基因的语义性质，而一般的生化实体又无法假定拥有这些语义性质，那么这些语义性质是如何被生物化学和分子生物学中的基因所集成拥有的？如果这些语义性质不归因于一般的分子和化学过程，那么为什么DNA和发育机制可以例外？因此自然就出现了一个问题：生物学信息是否如萨卡（Sarkar）等人所指控的那样，是一个空的或误导性的隐喻？但是，这貌似又是一个比较容易回答的问题。因为，信息框架的引入对生物学理论确实发挥了重要的作用。而且，对当代生物学而言，当人们甚至是生物学家谈到"信息"概念时，也应该会认为它包含有某种特殊的语义性质。然而，在超过某些基本框架时，例如从碱基序列到氨基酸序列的映射，人们又很难具体表达清楚"信息"的语义性质是什么。当然，我们不能要求生物学家和大部分的人对文字分析有这么清晰的思考。但是，当我们仔细评判这个问题时，也会发现在语义特性归属的情况下，字

---

* 原文发表于《自然辩证法通讯》2018年第5期。

面意义和隐喻之间很难有一个明确的或很好被理解的边界。就像当我们讲"大脑是一台计算机"时，也很难分清大脑确实有这样一个计算的东西，还是我们仅仅是在字面上这样表述。那么，如何尽可能地避免生物学中信息概念的争议，构建一个完整的信息概念？我们建议使用一种语境论的生物学信息认识。

一、生物学中的信息概述

目前，生物学中对信息概念的应用大致可以包括：①整个有机体的表型性状（包括复杂的行为特征）的描述都是由基因中的信息编码和指定的；②细胞内的许多因果过程的处理以及或许整个有机体的发育序列都是根据储存在基因中的程序执行的；③为了进化理论的目的，基因自身在某种意义上应该被视为是由信息构成的。从这个角度看，信息就变成了世界的一个基本要素。[2]例如，弗兰克（Frank）提出自然选择的信息理论解释，认为"信息"为自然选择理论提供了一个令人信服的框架。[3]我们知道，无论在生物学还是生物学哲学中，关于"信息"这些类型的描述一直都伴随着一些基础性的讨论。有的人认为信息概念在生物学中的使用是一个很重要的进步。而有的人则认为生物学中几乎每一个信息的应用都是一个严重的错误，因为它会将我们诱入基因决定论的歧途。同样，在这两种极端的观点之间，也有许多温和的观点，他们认为信息概念在生物学中的某些使用是合法的，但并不都是合法的。此外还有一些人认为，生物学中信息语言的使用仅仅是一个松散的隐喻性用法，并没有什么真正的理论作用。彼得·戈弗雷-史密斯（P. G. Smith）在《生物学中的信息》中，对这些主要争论进行了概述，并指出信息描述在生物学中的使用是由三类因素促进的。第一类是由基因和DNA没有争议的、真实的特征促进的，尽管基因和DNA这些没有争议的、真实的特征不足以引发一个详尽的信息描述。第二类是人们在日常的信息使用语境中，通过类比假设引导的方式在生物学中引入一个"因果图解式"的信息使用。第三类是信息框架反映和加强了对界定基因及其相关机制合乎科学的重要特征方式的承诺。[2]他认为这三类因素在一个语境敏感的混合状态下，指导了信息语言在生物学中的实际使用。

我们赞同彼得·戈弗雷-史密斯的这种语境敏感的解释方式①。因为生物

---

① 本文仅赞同彼得·戈弗雷-史密斯的这种语境敏感的解释方式，并不赞同他关于生物学信息有限合理性的解释观点。文章的观点将在最后一部分进行论述。

系统是由结构性的多层次组成的。我们对生物领域现象的解释本身就是具有语境依赖性的。同时，目前的生物学理论对生物现象的解释都或多或少地存在着某些"隐变量"，想要更大程度地去挖掘这些"隐变量"，就要对特定理论中单一的因果关系进行具体的拆分，从而才能实现对生物学的全面解释。这也是我们的一个基本观点，即在语境论的基底上对生物学信息进行语义分析。因为只有这样才可以在各种复杂的、杂乱无章的解释项中，筛选出一个最优语境下的解释项，从而再通过语境化的过程建立一个最佳的理论解释。[4]

本文正是在基因调控网络的语境中，通过对信号系统的分析，展示了在这一语境下"信息"使用的合法性。尽管这与生物学中其他思考"信息"的方式不同，但是，我们通过分析这一语境下基因调控网络中信息是如何产生以及基因与基因之间的信息传递是如何进行的，表明了信息概念在这一过程中使用的有效性，并进一步指出这里使用的"信息"是一种"意向性信息"。

二、基因调控网络中的"信息"

生物系统中有许多不同层面和不同组织形式的网络，例如，基因调控网络、蛋白质相互作用网络、信号传导网络、代谢网络、生态网络等。其中，基因调控网络是一类基本且重要的生物网络，基因调控网络是由一组基因、蛋白质、小分子以及它们之间的相互调控作用所构成的一种生化网络。[5]我们首先来概述这一网络的框架。

简单地讲，基因通过 RNA 聚合酶转录成 RNA 链，然后这个 RNA 链被用来产生一个蛋白质。但是，RNA 聚合酶必须和启动子相结合才能够起作用。而这个结合是由转录因子和 DNA 链上被称为顺式元件的一小部分结合后促进的，如图 1 所示。

转录因子蛋白质的形状只有同 DNA 链上碱基序列的形状相适应才能和顺式元件相结合。因此，特定的转录因子只能和特定的顺式元件相结合。许多转录因子会存在两种不同的形式。当受到一些小分子（如激素）的刺激，它们就可以切换到活性形状，只有这个活性形状可以和特定的顺式元件相结合。所以，在细胞环境中，基因的转录是受局部条件影响的。若干顺式元件可以存在于单个基因之中，它们之间相互协调，和多种转录因子相结合从而抑制或激活一个基因。一个转录因子可能会激活一个基因，而另外一个转录因子可能又会抑制这个激活。最终，由若干转录因子组成的函数决定了一个基因

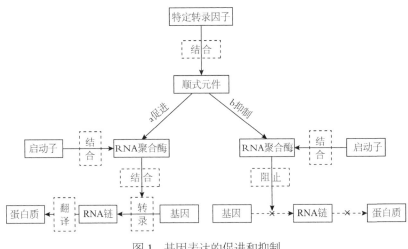

图 1　基因表达的促进和抑制

的转录。一个基因、一个启动子和若干顺式元件合起来可以称为一个基因开关。一个基因开关可以通过转录、翻译出蛋白质去适应当前的环境，如产生血红蛋白，同样，也可以响应环境的状态（因为有些转录因子只有当环境中某种特定分子存在时才会和顺式元件结合），进行基本的信息处理。

约翰·梅纳德·史密斯（J. M. Smith）曾经讲道，如今，基因向其他基因发送信息的观念，同之前遗传密码的观念一样重要。[6]他这里所说的基因其实指的是调控基因，它产生激活或抑制其他基因转录的转录因子。与之相对应的还有结构基因，它产生在个体适应中直接发挥作用的蛋白质，如血红蛋白等。

一个基因调控网络从外部状态到行为的最终映射是由一系列的中间映射所决定的。如果被转录的基因是结构基因，那么产生的蛋白质就去发挥直接的作用，像这样的基因开关就是接收者；如果被转录的基因是调控基因，那么产生的蛋白质作为转录因子可以向更下游的基因发送信号，像这样的基因开关就是发送者。当然，有些基因开关有可能既是发送者又是接收者，因为基因调控网络可以是由一连串的基因调控组成的。如基因 1 调控基因 2，基因 2 又继续调控更多的基因。最终，在基因调控网络中就会形成基因开关之间复杂的调控联系。

斯吉尔姆斯（Skyrms）曾指出，当进化或学习导致了一个信号系统①，信

① 这里斯吉尔姆斯所说的信号系统为通常意义上的信号系统，包含发送者、接收者以及信号处理网络。他还指出对信号机制的研究往往需要超越由一个发送者和一个接收者构成的简单信号博弈，去研究由多个发送者和接收者构成的网络的信号博弈。

息就被创造了。[7] 基因调控网络也同样如此。其中外部环境作为信息输入，转录因子是信号，基因调控网络构成了复杂的信号网络。它们使用一连串的中间信号去产生行为，从而去适应局部的状态。在这个过程中，基因调控网络对外部环境——信息源，有一种特定的反应方式。基因开关作为接收者，通过功能的方式改变自身的状态，对这个信息源产生一种实际的反应。同时，作为信息源的外部环境的变化与作为接收者的基因开关之间有一种特定关系。这里有两点需要指出：第一，在基因调控网络中，从外部状态到行为的映射是由可修改的映射规则支配的，这个规则是由组成基因开关的顺式元件和转录成蛋白质的 DNA 序列决定的。DNA 上的这些区域，即规则设置，可以通过突变被重新修改成不同的方式，每一个修改都可以改变支配开关的程序，顺式元件或转录成蛋白质的 DNA 区域的突变可以影响控制基因开关打开或关闭的程序。所以，突变可以影响控制单个基因开关的局部规则，并且，顺式元件区域中的突变可以影响这个基因开关响应的上游信号，转录 DNA 中的突变可以改变其产生的转录因子的形状，从而改变其发送的信号。最终，基因调控网络中局部结构的突变改变了它整体信息处理的能力。第二，在基因调控网络中，很多不同的映射可以产生一个相同的结果。[8] 也就是说，只要从状态到行为的映射可以产生一个成功的行为，某个中间信号的细节就并不重要。例如，在相关的个体中，可以由不同的转录因子完成相同的中间调节任务。这两点与一个信号系统也都是相似的。

当然，类似于信号系统，基因调控网络不仅可以传递信息，还可以、也需要处理信息。因为，在这个网络中，发送者需要通过对各种线索进行处理，才可能实现环境给它的确切状态，而接收者也需要对信号进行处理，有时可能需要对多个信号进行处理，才能采取适当的行为。

需要说明的是，我们这里讨论的信息，并不强调从发送者到接收者的信息传递过程中获得相关的逻辑。这一点不同于斯吉尔姆斯所谈的信息。他更关注是否能够在从发送者到接收者博弈的信息传递中获得一些逻辑。我们关注的是作用在一起的基因开关如何能够整合信息，将外部状态映射到信号，然后将信号映射到行为。也就是说，应该从功能的角度去考虑基因调控网络中的信息，我们既不完全关注信息载体的进化，也不完全关注具体的最终反应。基因调控网络中的发送者可以是一个基因，如果需要更复杂的处理，也可能是一个基因网络。一个基因调控网络可以从一系列的线索中整合上游信息产生一个单个信号或转录因子。同样，接收者可以是一个基因，也可能是一个整合信号产生行为的基因网络。

目前，系统生物学中对基因调控网络的研究主要包括两个方面：正向研究——已知网络结构，根据结构研究功能；反向研究——已知网络功能，根据功能研究结构。虽然当前从系统生物学的角度对基因调控网络有了大量的研究，但是，对于大多数真核生物基因调控网络的研究都还处于反向研究过程，即其具体的网络结构依然是一个黑箱或灰箱的问题。[5]而对基因调控网络中信息和信号的研究有助于这些网络结构的白化。同时，今后的生物学研究还会走向更加整合的道路，从可认识的简单网络模体到中等尺度的调控网络，甚至到真实的大尺度调控网络。[9]而在这些基因调控网络中，信号系统中的信息概念都能够被清晰地使用。也就是说，通过信号系统的类比，在发育生物学中至少有一些"信息"是可以被讨论的。

三、基因调控网络中"信息"的意向性

在对生物学信息的语义性质进行讨论时，"意向性"问题往往是争论的焦点之一。争论的各方都同意，想要使信息概念具有生物学上特殊的语义性质，那么它应该是一种意向性信息，而非因果信息。

信息概念大致可以分为两类：因果性信息概念和意向性信息概念。其中，因果性信息概念来源于通信的数学理论。在数学信息理论中信息指的是信号对信号源系统的因果依凭性，而这种依凭性是根据一组管道条件创造出来的。意向性信息又称为语义信息，这类信息最典型的承载物是人类的思想和语言。[10]它有许多重要的特征。在此，我们将通过两个最相关的方面去讨论基因调控网络中信息的意向性：①基因调控网络中的信息具有"指令性内容"；②基因调控网络中的信息具有语境不敏感性。

1. 基因调控网络中的信息具有指令性内容

意向性信息很重要的一个特征是可以对事物进行错误的表征。而因果性信息则很难出现错误表征的可能。在对生物学信息进行讨论的过程中，生物学哲学家会允许这种错误表征的可能。例如，格里菲斯（Griffith）曾表示，生物学中的意向性信息具有的内容（所描述的事物）会与事实之间不相符合。[10]但这种表述更加侧重的是意向性信息的"描述性内容"。如果想要突出生物学信息的特殊语义，我们认为还应该从"指令性内容"的角度去理解生物学信息。因为，具有"指令性内容"的信息不仅可以以某种方式包含"描

述性内容"的信息,同时没有真假可言,只有是否被执行的问题。[①]

按照日常信息概念的类比,具有"指令性内容"的信息应该涉及"理解""意愿""执行"等一些"认知语言"的表达。那么,基因调控网络中的"信息"是否具有这一特征?正如前文所言,根据斯吉尔姆斯的观点,当进化导致了一个基因调控网络时,信息就被创造了。同时,有人还提出,一旦进化创造了基因调控网络中一个带有信息的信号时,这一信息应该能在一个新的网络中被直接使用。[8]因此,从这个角度来讲,基因调控网络便具有可塑性。不同的环境可以产生不同的响应,特定环境下能够产生对机体最有利结果的响应将更可能被选择。通过选择的作用可以产生一个具有不同行为能力的更宽范围的基因网络,以及产生不同的细胞类型和语境敏感的细胞行为。在这个过程中,信息的处理并不是"状态→信号→行为"简单明确的映射关系。信号处于上游和下游信息处理之间。对于上游信息而言,许多线索集成到一个明确的发育信号;对于下游信息而言,可能协调影响适应度的若干不同行为。为了通过进化产生这样的信息,就必须选择正确的基因配置,使得它们能够将多重的输入正确地处理成一个单一的信号,进而通过下游进一步地被处理。显然,信号携带的信息在这个"正确配置"的程序中发挥一种作用。而这个"正确配置"的程序是直接被选择的。但是,细胞会同时执行许多动作,同样的信息可能又会用于下游其他的程序中。而这时,进化就可以指派一个信号,而不是再进行相同的信息处理。[8]

我们知道,约翰·梅纳德·史密斯也通过进化的角度对遗传信息的意向性进行过讨论。但是我们这里所关注的问题,与他所关注的并不相同。他指出,生物信息最重要的一个特征是通过自然选择或人类智慧设计的,并在这个意义上是"意向性"的。[6]他认为进化创造了DNA的特异性序列,使得这个特定序列能够指定一个特定的蛋白质。从而,他认为基因携带有关于蛋白质的信息。他关注的是信息的载体。而我们认为,进化在创造了基因调控网络的同时,信息就被创造了。我们更关注的是这个功能性的系统,而不是信息的载体和具体的最终反应。只有进化选择的基因调控网络系统才能使信息

---

① 具有"指令性内容"的信息在概念上具有"去达成指令所想要达成的目的"的成分,即便是这一目的并没有在事实上达成。例如,老师通知学生"明天上午去教室开会",即便是学生没有去开会,也并不能认为这一指令是假的,只是它没有被执行。又如,基因A对应的表达产物为蛋白质A,即便是基因A没有表达成蛋白质A,我们也不能认为基因A所具有的内容是假的。虽然具有"指令性内容"的信息没有真假可言,但是它同样可以对事物进行错误的表征。例如,基因A在转录、翻译等过程中出现错误的话,完全可以表达成蛋白质B。

源成为一个信息输入，而越复杂的基因调控网络就能构建越多的信息，也正是基因调控网络这个进化后的系统使得信息具有指令性。

正如约翰·梅纳德·史密斯所言，意向性的元素来自于自然选择，在这一点上基因调控网络同样如此。当进化创造了基因调控网络时，我们认为这一网络便能够"辨别出满足条件在何时是真的满足了"。[11]不可否认，我们不能使用认知语言对基因调控网络中信息内容的承受者——蛋白质、基因开关等进行描述。但是，一旦进化导致了一个基因调控网络，那么网络作为信息的承受者便具有了理解的能力。

2. 基因调控网络中的信息具有语境不敏感性

通常情况下，一个意向性信息一旦形成，那么它便具有语境不敏感性，即在不同的语境中都具有相同的内容。例如，当我们说一个人带有"同性恋基因"时，那么无论这个人是否因为其他因素不是同性恋，或者"同性恋基因"是否还在这个人体内，它始终都指向同性恋。①

这里有一个问题需要澄清——"语境不敏感性"与"语境论的认识"之间并不矛盾。任何科学概念都只有与特定的语境要素结合在一起才会产生具体的意义。一个完整的语境系统构成了科学概念意义实现的基础。但是，一个完整的语境系统可以处于不同的更大的语境系统之中，而对于这些更大的语境系统，一个完整的语境系统是可以具有语境的不敏感性的。也就是说，一个语义承载单位会包含一定的语境要素，但是，稳定的语义一旦形成，它就可以具有语境的不敏感性。即意向性信息可以是语境不敏感的，但意向性信息的解释是语境相关的。这里的"语境不敏感性"是一种语境论认识基础上的"语境不敏感性"。

具体到基因调控网络中的一个例子是雄性果蝇翅斑的增加。2005 年，贡佩尔（Gompel）等对雄性果蝇快速增加的翅斑进行了解释。他们发现，在这个过程中，控制色素表达的基因开关的顺式元件区域发生了突变。然而，突变的基因开关并没有要求进化新的信息适应，而是使用现有的转录因子去控制翅端特定位置色素沉淀的表达。他们指出，类似于这样的变化并不少见……

---

① 我们认为对分子生物学中"特征基因"术语的使用要有一种语境论的认识。分子生物学中"特征基因"术语的使用，并不意味着某一性状会单纯归因于某一 DNA 片段。只有在基因表达的语境系统下，"某某基因"才具有意义。生物学家对某一特征基因的简单表述，也只是为了实验研究而采取的一种语言上的方便，而出现这种方便式的语言表述是在于他们有专业的技能对这种方便表述的科学内涵进行区分。在这一点上，不应该被基因的日常概念所误导。

这个翅斑的例子很可能提供了一个可以产生新的表达模式和特征的一般方式。[12]也就是说，在基因调控网络中，一些突变允许新的基因开关使用现有信号的信息去实现一个新的适应任务。一个基因调控网络需要将复杂的上游输入映射到一个宽范围的细胞行为。在实现这个映射的过程中，基因调控网络对来自不同信息源的信息进行处理。基因开关的突变可以对这一处理过程进行修改。这种修改导致的语境变化与信息之间有一个很大的灵活性，即基因调控网络中信息的实现依赖于基因调控网络的语境系统，当进化创造了一个稳定的基因调控网络后，其中的信息便具有了一定的语境不敏感性。

四、语境论的生物学信息认识

通过上文的分析可以看出，信号框架能够提供一种新的方式，将遗传信息与基因在发育生物学中发挥的特定作用连接在一起。但是，这需要我们从基因调控网络的层面，而不是单独的基因层面去思考。当从信号框架的角度去看时，基因调控网络中信息的使用能够填充信号系统中的每一个角色。信息的概念能够被清晰地使用。这也就是说，通过信号系统可以证明，在发育生物学中至少有一些"信息"是可以被谈论的。

显然，以上讨论与生物学中其他思考"信息"的方式不同，例如分子生物学中的遗传信息。其实，不难发现在许多不同的生物系统中都有不同类型的信息使用和处理。生物学信息的表达似乎可以在不同的语境下被不同地使用。①例如，"信息"在表观遗传、行为遗传和符号遗传等系统中的使用。而对于生物学中信息概念的使用，我们建议一种语境论的认识。即在不同的语境下对生物学信息的语义进行不同的分析。只要运用恰当，不同语境下生物学信息的使用都有可能是合法的。我们并不必然地选择某种生物学信息的认识观点，而是尽可能地对生物学信息的不同使用进行语境要素和语境边界的确定。

就生物学自身理论而言，导致生物学信息需要语境论认识的原因主要有两个。第一，生物学信息概念的使用具有明显的经验性。这种经验性的特点使得信息概念具有很强的语境依赖性。例如，在分子生物学中，对信息概念的使用使得这一理论在满足物理、化学规则的同时，在理论结构上又表现出

---

① 当然，这与生物学信息在所有的语境中是否都是合理的，是两个不同的问题。

自身的独特性。此时，如果过分强调"信息"的经验应用就会带来其语义性质的混淆；过分强调"信息"的语义性质又会削弱其对经验证据的解释和对具体实验研究的指导。如何能够尽可能地保障信息概念在经验事实上的使用，又能尽可能地实现其在理论和语言层面的规范与整理？语境论的认识基底为这一问题的消解提供了一个平台。语境论通过语义上升和语义下降的方法可以实现信息概念在不同语境下的语义值。[13]第二，就目前生物学理论发展的情况来看，根本无法找到一个完整的理论集合去实现对所有生物学领域的覆盖。我们对很多生物领域现象的解释都是具有语境依赖性的。[4]对于生物学中的信息概念同样如此。不同生物理论中的"信息"本身就是在其相应理论中语境化了的概念。我们不能否认每一个理论层面上的信息概念在某些条件下曾发挥过的作用，但是可以肯定的是，也无法通过对所有这些理论的简单叠加或整合来获取对自然的真实还原。想要最大限度地实现自然的真实还原，就需要对具体理论中的特定因果关系进行具体的拆分，从而才能实现对生物学信息的全面解释。这个时候，语境论基底上的意义构建将是比较有前途的科学哲学研究的方法论之一。[14]而现在留给我们的工作便是对不同生物系统中信息概念的经验和理论作用进行具体分析，从而构建一个语境论的生物学信息解释模型。这种语境论的"信息"意义的构建就实现了生物学信息的语义形成。

参考文献

［1］Oyama S. The Ontogeny of Information: Developmental Systems and Evolution. Cambridge: Cambridge University Press, 1985: 24-25.

［2］Hull D, Ruse M. The Cambridge Companion to the Philosophy of Biology. Cambridge: Cambridge University Press, 2007: 104.

［3］Frank S A. Natural selection. V. how to read the fundamental equations of evolutionary change in terms of information theory. Journal of Evolutionary Biology, 2012, 25: 2377-2396.

［4］杨维恒. 分子生物学中核心概念的语义分析. 太原: 山西大学，2014.

［5］王沛，吕金虎. 基因调控网络的控制：机遇与挑战. 自动化学报，2013(12): 1969-1979.

［6］Smith J M. The concept of information in biology. Philosophy of Science, 2000, 67: 177-194.

［7］Skyrms B. Signals: Evolution, Learning, and Information. Oxford: Oxford University Press, 2010: 40.

［8］Calcott B. The creation and reuse of information in gene regulatory networks. Philosophy of Science, 2014, 81(5): 879-890.

［9］Wang P, Lu R, Chen Y, et al. Hybrid modelling of the general middle-sized genetic regulatory networks. Proceedings of the 2013 IEEE International Symposium on Circuits and Systems, 2013: 2103-2106.

［10］Griffith P E. Genetic information: a metaphor in search of a theory. Philosophy of Science, 2001, 68(3): 394-412.

［11］Searle J. What is language: Some preliminary remarks. Etica & Politica / Ethics & Politics, 2009, Ⅺ: 173-202.

［12］Gompel N, Prud'homme B, Wittkopp P, et al. Chance caught on the wing: cis-regulatory evolution and the origin of pigment patterns in drosophila. Nature, 2005, 433(7025): 481-487.

［13］杨维恒, 郭贵春. 生物学中信息概念的语义分析. 自然辩证法研究, 2013, 29: 20-25.

［14］郭贵春. 科学研究中的意义建构问题. 中国社会科学, 2016(2): 19-36.

矛盾与标注逻辑分析的意义[*]

崔　帅　郭贵春

　　矛盾问题是普遍而不可回避的事实，它不仅存在于现实世界语境下的推理中，如常识推理、信念确证过程等，而且存在于科学理论情境中，如玻尔的原子理论与麦克斯韦方程之间的不协调。虽然两个命题或理论相互矛盾，但是部分矛盾命题或理论仍具有重要的理论意义和研究价值。而人类正是在对矛盾的不断认识中丰富知识体系，因此矛盾在人类思维过程中扮演着重要的角色。如果我们想要进一步认识和模拟人类的认知过程，就必须建构可以表征矛盾的形式系统。通过对经典逻辑系统的分析可知，该逻辑系统之所以不能表征矛盾，是因为矛盾违反了经典逻辑系统中的矛盾律，并导致系统的失效。倘若可以限制矛盾律的使用范围，避免系统的失效，逻辑系统则可用于矛盾的形式表征。而标注逻辑（annotated^① logic ）正是在此基础上建立的一种表征矛盾的逻辑工具，它通过有利证据与不利证据来表征矛盾信息，并依据正、反证据度的分析给出矛盾的合理解释。因此，本文将从标注逻辑的视角出发，分析矛盾的表征和分析方式，以诠释矛盾表征所蕴含的重要意义。

一、矛盾与不一致性概念分析

　　一致性似乎是逻辑系统的基本假设，故而经典逻辑系统并不允许存在不一致性命题，而人类认知以及科学理论的不一致性已经屡见不鲜，这必然会为计算机的知识表征与推理带来巨大的挑战。就目前而言，对于不一致性问

---

* 原文发表于《自然辩证法通讯》2018 年第 8 期。

　　* 原文发表于《自然辩证法通讯》2018 年第 8 期。
　　① Annotated 一词中文解释为"有注释的、带注解的"。而该词的动词 annotate 原义为"to add short notes to a book or piece of writing to explain parts of it"；从英文解释看，将该词翻译为"注释"会缺少"标记"注释的过程，而翻译为"标记"又缺少"注释"的说明。为了清楚地表达两种不同的意思，我们现将 annotated 翻译为"标注的"。

题的解决主要依赖于次协调逻辑，该逻辑的思想是在一定意义上接受矛盾，同时又不引起逻辑系统的失效。那么，对于次协调逻辑系统，在何种意义上可以接受矛盾，以及可以接受何种类型的矛盾，成为我们首先需要澄清的问题。为此，我们首先需要阐明矛盾以及不一致性等概念。

1. 矛盾概念的解释

矛盾概念由来已久，卡尔涅利（Carnielli）和科尼利奥（Coniglio）指出亚里士多德曾将矛盾的本质分为三类：①本体论的，同一属性不可能同时属于和不属于同一物体；②认识论的，同一主体不可能同时支持或不支持同一件事；③语言学的，矛盾陈述不可能同时为真。如果我们想要证明矛盾本质的本体论解释正确，我们必须证明并不存在具有如此特征的对象，但是当前并没有任何迹象来证明。同样，对于矛盾的语言学解释而言，矛盾陈述的真值连接于现实概念，因而现实决定了陈述的真假；这相当于将矛盾的语言学解释与本体论解释联系起来，两种解释将保持同样的真值结果，而由矛盾本体论特征的不可证可知，矛盾本质的语言学解释也是不可证的。[1]相比于上述两种解释，矛盾本质的认识论解释认为人类在许多情形下都存在矛盾信念。确实如此，如果我们观察一些推理环境会发现，人类经常会同时相信一个命题以及它的矛盾形式，甚至有时会同时存在两类命题的证据。这并不表明命题与其矛盾命题同时为真，而是说我们需要同时分析两类命题，从中推理出最合理的结论。因而，从认识论视角看，矛盾问题的产生是由于同一命题的矛盾信息的存在，而我们无法排除这些矛盾信息中无效的信息，这是人类认识世界必然经历的过程。因此，我们并不试图从本体论与语言学的视角去证明矛盾是否存在，只是聚焦于矛盾的认识论解释，从共存的矛盾证据中分析矛盾，为矛盾提供合理的解释。

2. 矛盾与次协调思想

就逻辑系统而言，协调性是其重要的概念，它是指一个演绎系统不能同时推导出矛盾的公式 A 与¬A。如果一个逻辑系统不协调，那就意味着逻辑系统的推理过程以及推理结果都将被质疑，相应地，这个系统也会失效。如果一个逻辑系统的定理集合包含所有的命题，这个系统将是平凡化（不足道）的系统。而导致一个逻辑系统不协调且平凡化的原因在于司各脱法则的有效性。基于司各脱法则，逻辑系统中的矛盾会直接致使系统推理出任何事情。直观上讲，这个规则是荒谬的，因为显而易见不能保证从一对矛盾命题所推导的结论的正确性，而且没有一位理性的主体会认为一切命题都是真的。从蕴含的意义分析，司各脱法则违反了"可推导"和"蕴含"的意义，所以其不仅是假的，而且语义或概念上也是错误的。[2]因此，司各脱法则被认为是违反人类直觉的推理规则。由此可见，正是司各脱法则的有效性导致经典逻辑系统在处理矛盾时产生了不协调性和平凡化。为了可以合理地解决矛盾问题，我们必须设计一个不协调但非平凡化的逻辑系统。次协调逻辑正是一类具有该特征的逻辑系统，这类逻辑系统通过放弃司各脱法则的有效性，以保证逻辑系统可以容纳矛盾，但是又不会从矛盾推导出一切命题都为真。因此，次协调思想是通过限制矛盾对逻辑系统的作用范围，实现矛盾的表征与分析。

3. 次协调思想与不一致性

许多逻辑学家认为经典逻辑存在两种不同的一致性概念，分别是简单一致性和绝对一致性。简单一致性相当于非矛盾性概念，而绝对一致性等同于非平凡化概念。由于经典逻辑中的司各脱法则有效，因而经典逻辑概念中的简单一致性与绝对一致性是等价的。[1]而次协调逻辑中的简单一致性与绝对一致性则并不相同，因为次协调逻辑可以放弃简单一致性原则，也就是存在一些矛盾，但是该逻辑系统要保持绝对一致性，即非平凡化。这从侧面反映了次协调逻辑应该相应地存在两种不一致性概念，即简单不一致性和绝对不一致性。简单不一致性是指对于语句集合中的一些命题 A，语句集合可以包含命题 A 与¬A 作为其中的元素；而绝对不一致性是指语句集合包含所有命题。[3]从两种不一致性概念可以看出，简单不一致性表达的是允许命题集合中包含矛盾信息，但是这些矛盾信息并不会造成逻辑系统的失效；而绝对不一致性概念则表明命题集合是平凡化的集合。因此，次协调逻辑可以在一定程度上满足简单不一致性，但绝不允许绝对不一致性，否则会造成逻辑系统的失效。

对于简单不一致性的表征，次协调逻辑也存在两种表征方式，强次协调性方法和弱次协调性方法。强次协调性，也就是双面真理论，全盘否认了矛盾律……而弱次协调性方法主要是否认司各脱法则，并没有讨论矛盾律的有效性。[4]可见，强次协调性主张存在真矛盾，这在哲学上是颇受争议也颇具挑战性的观点，迄今，这种观点依然没有被完全接受。相比之下，弱次协调性方法并不关注矛盾的真值，而聚焦于分析不一致信息，但是并不主张不一致信息都是正确的，只是依据信息不断地修改理论或信念。虽然我们认为强次协调性方法并不是错误的，但是弱次协调性方法也许更适用于不一致性问题的处理，因为弱次协调性方法的核心在于分析矛盾而不是证明矛盾。

综上所述，计算机的许多算法都是基于经典逻辑建构的，因而不一致信息的分析成为计算机面临的重要问题，故而我们需要一种新的工具用于解决矛盾问题。而矛盾问题最理想的分析方法便是次协调方法，该方法通过否定司各脱法则的有效性，以保证逻辑系统的非平凡化，进而表征简单不一致性问题。基于矛盾本质的概念分析阐明了我们并不从本体论和语言学视角认识矛盾的真值，而是从认识论视角分析矛盾信息和证据，以得到合理的理论或信念。从这一点讲，弱次协调性方法更适用于解决矛盾问题，因此本文的主要目的便是从弱次协调性方法分析简单不一致性问题。

二、矛盾表征的标注逻辑分析

从矛盾的认识论解释中，我们确信矛盾通常包含了决定性信息。如果我们忽视这些矛盾，那么会对人类认识世界以及知识表征造成不可估量的损失。为此，寻找一种表征矛盾且并不影响矛盾信息储存的语言至关重要。鉴于此，标注逻辑也许是矛盾表征最为合理的框架，该逻辑存储对象的所有信息，并依据可信度概念刻画信息的有效性，进而通过不同可信度信息的分析，给出对象最为合理的解释。标注逻辑的基本框架主要包括四值逻辑、注释格结构以及赋值函数等，下面我们将对这些基本概念分别进行阐释。

1. 四值逻辑

标注逻辑通常将命题的真值情况分为四类，而这种真值结构正是参考了四值逻辑结构，因此我们首先阐释四值逻辑结构。最为熟知的四值逻辑是贝尔纳普（Belnap）的四值逻辑，该逻辑的建构动机是期望数据库中较小的不一致性并不应该导致不相关的结论。[5] 该逻辑中命题的真值存在四种状态，T 表示命题为真，F 表示命题为假，None 表示命题既不为真也不为假，Both 表示命题既真也假；其中真值 None 是对不确定性知识的描述，可以表征不完备的命题，而 Both 是对矛盾的描述，可以表征不一致的命题。由此可见，四值逻辑的真值结构可以用于表征不完备和不一致的信息。基于此，贝尔纳普通过两种不同的方式构建了不同的格结构 A4 和 L4，而 A4 结构是将 Both 和 None 分别表示格的顶端和底端，T、F 表示不可比较的点，L4 结构则将 T、F 分别表示格的顶端和底端，Both 和 None 表示不可比较的点。[5] 两种格结构的前者可以用于处理原子表达式，而后者用于处理复合表达式[6]，因而两种格结构共同实现了逻辑表达式的不一致分析。此外，这两种格中存在一个偏序算子≤，用于表示两个命题间的近似关系。基于四值逻辑的简单分析可知，该逻辑通过对真值的增加，拓展了命题真值的表征范围，可以将不完备和不一致信息容纳其中。同时，格结构中偏序算子的构建又对同一个命题的不同信息进行了排序，有效地区分了不同信息之间的相互关系。

2. 注释格结构

基于四值逻辑的特征，逻辑学家建立了标注逻辑，并构建了该逻辑重要的逻辑结构——注释格结构[7]，|τ|是注释常量集合，注释常量集合包含的元素有 4 个，T 表示不一致，t 表示真，f 表示假，⊥ 表示不确定；这四种注释常量又形成了一个四顶点格（图 1）[6]，格的 T⊥ 方向表示知识量排序，ft 方向表示真值排序，格的内部结构反映了命题的表征范围，不同的区域表示了命题不同的真值状态。因此，标注逻辑对命题的表达通常包含两部分，一部分是命题变量 P，另一部分是注释量 μ，其形式为 Pμ，而 Pμ 的直观意义解释为"我们对命题 P 的信任度为 μ 或者是支持命题 P 的证据度为 μ"，这表明标注逻辑对命题的真值描述是以命题的可信度或证据度为标准的。命题注释量的取值范围为［0，1］，区间中不同的值意味着支持命题的证据的概率程度。注释格结构中的偏序关系与四值逻辑中的偏序关系类似，它是对同一命题的证据度进行排序，排序中的最大值意味着可以为命题提供的最大证据度。由此可见，注释格结构是基于该结构表征的信息完整性排序真值，以便替代真与假[5]，并凭借偏序算子来对比不同的信息关系，以获取最可靠的信息。同时，该方法中的真值并不表示命题的真假，而是表明我们可以获取的支持命题为真的证据程度。当数据库中支持命题的信息在不断增加时，命题的真值也相应地增大。因此，标注逻辑对矛盾的表征并不是对命题的肯定与否定形式同时进行表征，而是对命题支持或反对信息的表征，并依据信息不断地更新命题的可信度，进而获取命题最有效的解释。

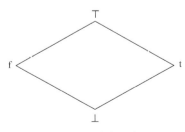

图 1　四顶点格结构

3. 赋值函数

赋值函数是对每一个表达式的真值判定，而标注逻辑中的赋值函数与其他逻辑存在些许不同。该逻辑的赋值过程包含两个过程，首先是对每一个表达式进行解释，其次才是赋值过程。解释（I）是一个函数，该函数是对命题变量进行赋值，从函数的映射关系来看，该解释将命题的真值映射到由注释常量构成的值域空间（如图 1）。因此解释函数是对每一个命题赋予注释量，用以标注每一个命题的证据度。对于每一个解释，相应地存在一个赋值函数。[6]赋值函数是一个一元函数。标注逻辑中的赋值函数是对表达式在每一个解释 I 下的真值判定，其反映的是该解释为命题提供的证据程度。当赋值函数被应用于矛盾的表征时，它通过对矛盾在不同解释中的真值判定来描述该解释是否可以合理地分析命题，并最终凭借命题在不同解释下的综合分析挑选出命题最为可信的解释。

4. 否定连词分析

标注逻辑结构中存在两种不同意义的否定，分别是弱否定和强否定。弱否定也被称为认知否定，该否定相当于经典逻辑中的否定连词，但是它的连接对象是注释原子表达式，通常被用于描述注释格中元素之间的映射关系，描述的结果为：$\neg(T)=T$, $\neg(t)=f$, $\neg(f)=t$, $\neg(\perp)=\perp$。进一步而言，认知否定并不改变注释的知识量，其改变的只是命题的证据度。[8]我们以命题 Pt 为例来分析，当认知否定作用于 Pt 时，$\neg Pt=P\neg(t)=Pf$，整个过程中命题 Pt 唯一的变化便是描述命题 P 的证据度。值得注意的是，在该分析过程中，认知否定通过对注释量的映射实现了否定的消去。而标注逻辑中的强否定是基于弱否定构建的。[8]在强否定的构造中，由于 F 是复合表达式，所以认知否定在此并不表示注释之间的映射关系，其只是用于构建矛盾。基于此，强否定被解释为，如果复合表达式 F 成立，则意味着表达式集合中存在矛盾。因此，强否定的构建主要被用于否定表达式 F 的存在，以避免矛盾的出现。标注逻辑中两种不同的否定连词，表示了两种不同的用途，一种用于映射注释，分析命题证据度的变化，另一种用于消除表达式中的矛盾。无论是弱否定还是强否定，都与经典逻辑的否定连词的意义存在较大的差异，甚至可以说标注逻辑中的否定连词表示的并不是传统的否定意义。

综上所述，四值逻辑的提出为矛盾表征带来了新的研究思路，并激励逻辑学家构建了标注逻辑。该逻辑通过注释格结构表征矛盾的信息，并依据注释概念描述不同信息对命题的支持程度，进而依据赋值函数、偏序算子对不同的信息进行排序，以选取最有效的命题证据。此外，标注逻辑基于不同的否定连词表示了注释之间的映射关系以及确保表达式集合的协调性。

三、矛盾表征的二值注释分析

我们在上文中已经具体分析了标注逻辑的基本结构及其结构特征，但是并没有详细地阐明标注逻辑的功能机制，因此，我们需要进一步解释标注逻辑分析矛盾的机制原理。基于标注逻辑基本结构的分析，我们确知注释是该逻辑结构的核心概念，它刻画矛盾信息的可信度。事实上，矛盾命题的有效分析过程不应只停留于有利信息的单方面分析，而应该是从命题的正、反两方面信息整体分析命题，单一的可信度并不足以清晰地分析矛盾信息，因此我们需要利用正、反面注释取代单一注释，以更完美地表征和分析矛盾信息。

1. 注释与证据的关系

证据通常是指用以支持或反对某种观点的信息，因而证据概念是知识获取过程中重要的依据，它为知识的确证过程提供了依据。据此可知，如果想要证明某一命题是正确的，就必须提供充分的证据用以支持该命题。那么，在此过程中，我们将不可避免地面临命题的支持和反对证据。面对这些矛盾信息，我们需要分析不一致信息的策略，这种需求在一定程度上推动了从矛盾信息的正、反两方面分析潜在结论的论证系统的产生。[9]事实上，某一类次协调形式系统是有能力将矛盾思想表达为矛盾证据的，并且该逻辑中 A 为真的证据被理解为相信 A 为真的理由，而 A 为假的证据意味着相信 A 为假的理由。[10]可见，该类次协调系统是基于矛盾信息中信念的支持证据和反对证据的分析，为信念的确证提供辩护的。需要说明的是，该逻辑中的反面证据并不是指正面证据的缺失，而是能够证明信念为假的证据。

按照标注逻辑基本结构的解释，标注逻辑与该类次协调逻辑存在同样的理论基础。标注逻辑中的注释概念就是对证据概念的描写，格结构中的注释值则体现了不一致信息为信念的确证提供的证据度。从这一方面而言，标注逻辑亦是一种将矛盾思想视作矛盾证据的方法。不同的是，标注逻辑的基本结构假设了支持信念的注释量，而忽视了反对信念的注释量。因此，构建表征有利证据和不利证据两种注释概念是客观分析矛盾的关键所在。

2. 二值注释格结构

为了更有效地分析矛盾信息，逻辑学家在单值注释格结构基础上构建了二值注释格结构（图2），该结构是通过有序对来表征命题 P 的注释量。有序对（μ，λ）中的第一个元素 μ 表示有利证据支持命题 P 的程度，第二个元素则表示不利证据反对或否认命题 P 的程度。从直观意义上讲，注释（μ，λ）意味着命题 P 的有利证据度是 μ，不利证据度是 λ。[11] 二值注释格结构的四个顶点则分别表征了命题的四种状态分别意味着命题是真、假、不一致的和不确定的；二值注释格结构中不同的值表明命题存在不同程度的证据。该结构也存在否定算子，该算子在功能上等同于认知否定，也是对命题注释的一种映射；不同的是，该映射只是互换了注释中有利证据度和不利证据度的位置与意义，即¬（μ，λ）=（λ，μ）。

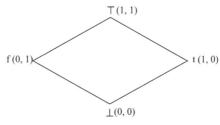

图 2　二值注释格结构

虽然二值注释格结构为命题解释提供了两种对立的注释量，但是对于同一种解释 I，同一命题的两个注释量并不必然地满足条件 μ+λ≤1。[6] 该特征与概率推理是相矛盾的，之所以会不同于概率推理，是因为对于命题的两种截然不同的观点来源于不同的专家，而这些专家都彼此独立地为自己的立场提供了相关证据。这意味着二值注释格结构的提出为每一个命题的解释提供了两种视角，一些专家会依据有利证据对命题持有强烈的支持信念，而另一些专家会依据不利证据对同一命题持有强烈的反对信念。在这种情形下，标注逻辑首先尝试保存两种不同的信念，而并不试图直接采取特殊方式否定其中的某种观点。在此基础上，标注逻辑依据命题的确定度和矛盾度分析命题的意义。

3. 确定度与矛盾度

确定度是标注逻辑对输入信息的确定性程度的刻画，确定度的取值范围是［-1，1］，当确定度的值分别为-1 和 1 时，其表示矛盾信息分析的最终逻辑状态分别为假和真。[7] 从几何形式上分析，确定度反映了有利证据和不利证据距线段 T⊥ 的距离差，距离差越大，其暗含输入信息为命题提供了越充分的有利证据；而距离差越小，其暗含输入信息为命题提供了越充分的不利证据；当距离为零时，其表示输入信息中的正、反面证据并不能证明命题是否有效以及在何种程度上有效。而矛盾度则是标注逻辑对输入信息的矛盾程度的刻画，矛盾度的取值范围也是 [−1，1]，当矛盾度的值为−1 和 1 时，其表示矛盾信息分析的最终逻辑状态分别是不确定的和不一致的。从几何形式上分析，矛盾度指的是距线段 tf 的距离，反映的是有利证据和不利证据之间的不一致性程度，矛盾度越小则表示输入信息中存在越少的矛盾信息。当矛盾度为 0 时，其暗含了输入信息中分析命题的证据并不矛盾。

标注逻辑中的确定度是对信息的充分性进行描述，确定度值的大小并不反映信息之间的矛盾关系，而矛盾度则是对矛盾信息的刻画。因此，确定度和矛盾度分别考察了矛盾信息的确定性程度与不一致性程度，并且二者共同实现了四种不同逻辑状态的表征。但是从整体意义上分析，这两个概念只是分析了矛盾信息中命题的有效证据，并没有试图为命题提供充分的论证过程。而二值标注逻辑分析矛盾信息的关键在于依据确定度和矛盾度求解命题最终的确定性间隔和真正的确定度。如果缺失了确定性间隔和真正的确定度，我们将无法判定命题的有效证据度，因此确定性间隔和真正的确定度是二值标注逻辑分析矛盾信息的重要因素。

4. 确定性间隔和真正的确定度

由于确定度反映的是信息的充分性，那么我们有理由相信在不改变矛盾度的基础上尽可能地增加有效信息，用以增大确定度。而通过二值注释格结构可知，当矛盾度不变时，我们可以分别推断出真假区域中不受矛盾度影响的最大确定度。该确定度也被称作确定性间隔（φ）。[7] 确定性间隔值是支持或反驳命题的最大值，它表明了如何引入证据以改变确定性和命题的关系，即可以通过增加不利证据、减少有利证据获取命题状态趋向于假的最大确定度负值，也可以通过增加有利证据、减少不利证据获取命题状态趋向于真的最大确定性正值。在这个过程中，确定性间隔保证了证据的变化并不会引起矛盾度的变化。然而，从确定性间隔的等式分析，我们确知矛盾度会影响确定性间隔，确定性间隔会随着矛盾度的增大而减小。此外，确定性间隔中正、负符号的添加主要是为了表示矛盾度的属性，当符号为正时，这表明矛盾度倾向于不一致状态；当符号为负时，这表明矛盾度倾向于不确定状态。次协调系统对矛盾信息分析的最终目标就是消除矛盾信息的不一致性影响，因此标注逻辑作为次协调系统，它的任务就是要获取不受矛盾影响的真正的确定度。由格结构的几何结构可知，当矛盾度增大时，真正的确定度会减小。

确定性间隔的构建就是为了在矛盾度为常量时尽可能地扩充证据，最大限度地支持或反驳命题。而真正的确定度却是一个不受矛盾影响的值，因而真正的确定度描述的是矛盾信息实质上为命题辩护提供的证据度。可见，确定性间隔为真正的确定度提供了证据的变化趋势，以便于提高命题真正的确定度；而真正的确定度又逆向地反映了证据变化的有效性，也就是，如果随着证据的增加真正的确定度减小，那么标志着新证据并没有以确定性间隔所蕴含的变化趋势发展，这象征着证据的扩充趋势存在误差。从这层意义上讲，真正的确定度又为证据的变化提供了监督。如此，依据二值注释格结构对矛盾信息的表征，依托确定性间隔对证据变化趋势的约束，以及基于真正的确定度对证据变化的监督，标注逻辑有效地分析了矛盾信息的有效证据度。

5. 真正的证据度和标准化矛盾度

虽然我们获得了真正的确定度，但是它的值域为 [-1，1]。为了直观地反映命题的证据充分性程度，真正的确定度需要以特殊的关系转化为真正的证据度。[7] 基于对转换关系的分析，证实了真正的证据度处于（0.5，1] 区间时，其意味着证据支持命题，当证据度为 1 时，其标志着命题为真；当真正的证据度为 [0，0.5）时，其意味着证据并不支持命题，当证据度为 0 时，其标志着命题为假。然而，对于真正的证据度最棘手的问题在于证据度为 0.5 时，证据度并不能解释矛盾信息中证据与命题的关系。为此，我们需要一个表征证据间矛盾关系的量，也就是标准化矛盾度。[7] 该矛盾度的值域为 [0，1]。从形式上分析，标准化矛盾度以 0.5 为界，直观地描绘了矛盾信息中证据之间的关系。如当标准化矛盾度介于 [0，0.5）时，其意味着证据之间的关系是不确定的；而当标准化矛盾度介于（0.5，1] 时，其意味着证据之间的关系是不一致的。从形式化分析可知，证据度为 0.5 的点是由插入点形成的两条弧线，这两条弧线分别与真、假状态距离为 1。而通过这些插入点的矛盾度，我们可以推理出标准化矛盾度，进而凭借标准化矛盾度的值判断信息中证据之间的关系。凭借真正的证据度与标准化矛盾度的共同作用，我们可以准确地分析矛盾信息中证据的本质特征，进而判定证据与命题之间的关系，最终实现矛盾信息的表征与分析。

综上所述，标注逻辑的基本结构表明了该逻辑是以矛盾信息中命题的有利证据和不利证据来分析命题，并依据确定度和矛盾度来衡量命题的证据充分性程度以及信息之间的矛盾程度。在此基础上，该逻辑尝试以确定性间隔和真正的确定度来约束信息中有效证据的扩充趋势，最大限度地为命题论证提供辩护。最终，依据真正的证据度以及标准化矛盾度来判定命题最终的逻辑状态，实现矛盾信息的合理表征和准确分析，尽可能地为命题提供充分的解释。

四、矛盾表征的意义分析

经典逻辑是知识表征与推理的有力工具，但是它自身的二值特征以及非矛盾性特征限制了经典逻辑的表征能力。而不一致信息作为现实世界重要的知识来源，不可回避地成为计算机研究的重要方向。为此，表征不一致信息的次协调逻辑应运而生。通过对标注逻辑的诠释可知，该次协调系统凭借对矛盾信息的分析，从中提炼命题的有效信息，摒弃无效信息，以获取最大的命题证据度，用于解释命题的意义，从而实现矛盾信息的表征。因此，标注逻辑的构建促进了计算机对矛盾信息的表征，拓展了人工智能的研究领域，呈现出重要的研究价值和意义。具体而言，其主要体现在以下几个方面。

其一，基于标注逻辑的矛盾分析与表征为矛盾信息的处理带来了新的研究方法。矛盾问题一直制约着人工智能的发展，是逻辑学家迫切需要解决的问题。而次协调思想的提出可谓为该问题的研究带来了重大变革，因为该思想通过否定矛盾律以允许知识库中矛盾的存在，同时该思想又通过对司各脱法则的回避来保证矛盾的存在并不会致使知识的爆炸性扩张，这暗含了次协调思想可以用于矛盾问题的分析。而标注逻辑的分析表明该逻辑是一种独特的次协调逻辑，它依据对真值的扩张，形成了以四值逻辑为基础的新的逻辑，并且这四值分别表征了知识库中信息可能所处的四种极端逻辑状态。此外，该逻辑还基于四值构建了注释格结构，并通过格结构中不同的点表示命题从矛盾信息中获取的不同确定度与矛盾度。在此基础上，标注逻辑凭借真正的确定度与确定性间隔的指引，合理地扩充命题的有效证据，并最终依托真正的证据度来刻画命题的有效性程度。由此可见，标注逻辑的本质即是通过命题的有利证据与不利证据之间的比较，从中提取出命题相关的不受影响的证据，用以分析命题。标注逻辑从不一致信息中推理相关于命题的一致性信息的过程，也暗含了该过程是一种消除矛盾的过程，因而其更适用于矛盾问题的解决。

其二，标注逻辑为大数据中的矛盾数据提供了分析方式。目前而言，我们已经处于大数据时代是一个不争的事实。在大数据时代，由于大数据获取方式的便捷性以及不规范性，计算机存储的数据中必然存在矛盾数据。如果我们去除这些数据，那么数据分析的结果会失去准确性；倘若我们保留这些数据，这势必会引发矛盾数据的分析问题。而标注逻辑作为一种分析矛盾问题的方法，它通过求解矛盾信息中真正的证据度来刻画矛盾信息的有效性。因而当标注逻辑被用于矛盾数据的分析时，该逻辑亦可以凭借对有利数据与不利数据的分析，求解出真正有效的数据量，并据此给出准确的数据分析结果。此外，基于标注逻辑对矛盾数据的分析也增加了计算机数据库的数据类型，在客观分析数据的同时也丰富了计算机的表征能力与分析能力。

其三，标注逻辑还可用于模糊性问题的分析。模糊性问题广泛存在于自然语言中，而其中一类便是谓词模糊问题。而之所以会引发谓词模糊问题，是因为自然语言中的一部分谓词是程度谓词，因而对容忍度的微小变化并不敏感，故而造成并不能判断模糊谓词的边界情形。鉴于此，解决模糊性问题最理想的方法便是将模糊知识转化为精确知识，因此我们需要一种能够区别边界情形的工具。标注逻辑恰好适用于谓词模糊问题的分析，因为该逻辑是对命题真正证据度的反映，因此标注逻辑可以分析模糊谓词边界情形的证据，推理出边界情形中不同的点与正、负外延之间的关系，进而通过概率或证据度确切地描述边界情形所处的逻辑状态，消除谓词的模糊性问题。

其四，标注逻辑对矛盾的分析过程推动了人工智能的发展。该逻辑对人工智能的推动作用主要体现在两方面。首先是标注逻辑与人工神经网络的结合促进了神经计算的研究。神经计算是依据生物神经网络的工作机制，建立人工神经网络模型，并通过神经元之间特殊的算法模拟人类在刺激情形下整合信息的过程。但是人工神经网络中神经元之间信息整合算法基本都局限于经典逻辑框架内，因而只限于对确定性信息的整合。为了扩展神经计算的研究领域，人工智能学者可以在标注逻辑的基础上构建神经元之间的工作机制，用以模拟人类对不确定性知识以及矛盾的处理。其次是基于标注逻辑对自动化控制的研究。自动化控制是当前工、农业普遍应用的技术，但是以经典逻辑为基础的自动化控制限制了自动化的发展。基于标注逻辑构建的次协调自动化控制器则扩展了经典逻辑的二值逻辑状态，促使自动化控制将注释格结构中不同的值表示不同的逻辑状态，用于对应不同的操作，以完成复杂的任务。无论是神经计算研究还是自动化控制研究都表明，标注逻辑的应用推动了人工智能的进步，丰富了计算机的研究领域。

其五，矛盾的表征与分析将人类理性思维的研究推向了可计算化的新模式。狭义地讲，可计算化是指通过模型化和形式化方法解决问题的过程。在人工智能的发展过程中，我们可以清楚地看到，计算机利用不同的形式工具将人类对现实世界的认识模型化与形式化。从一定意义上讲，这种模型化和形式化都在某种程度上意味着人类理性思维的研究将走向可计算化的趋势。虽然这是一个充满挑战的研究方向，但是却是人工智能学者不懈追求的目标。而矛盾信息作为人类理性认知重要的来源，在很大程度上限制了人工智能的发展；因为，面对矛盾信息，经典逻辑框架内构建的算法不仅不能表征这些信息，而且还会引发逻辑系统的失效和推理结果的偏差。而标注逻辑的提出，可以说为矛盾信息的可计算化提供了技术支撑；而且这种可计算化，不只是简单地形式化表征矛盾信息，也可以通过矛盾信息的分析为命题的判断和信念的确证提供证据。此外，标注逻辑中证据度的多值性也可用于人类理性认知的多状态描述。虽然矛盾的表征与分析并不意味着人类理性思维一定可以被计算机所表征，但是它为困扰人工智能发展的矛盾问题提供了有效的形式工具和演算方法。这极大地扩展了计算机对人类理性思维的研究域，在一定程度上，促使人类理性思维的研究方式向可计算化转变。

综上所述，矛盾问题是经典逻辑表征的局限所在，但是从矛盾与不一致性关系的分析可知，并不是所有的矛盾问题都不可以被表征，矛盾中的简单不一致性问题是可以被表征与分析的，只是其只能被次协调逻辑表征。而标注逻辑作为一种特殊的次协调逻辑，它通过对矛盾信息中有利证据与不利证据的分析，将矛盾信息最终提炼为命题真正的证据度，用于分析和解释命题的意义。标注逻辑对矛盾信息独特的分析方法，也意味着它必然存在独特的应用价值和意义。该逻辑不仅提供了分析矛盾的方法，同时也促进了大数据分析问题、谓词模糊问题的解决，在此基础上，标注逻辑还推动了人工智能的发展和人类理性思维的可计算化研究。由此可见，标注逻辑对矛盾的表征和分析标志着这种独特的研究方法将为逻辑乃至人工智能的发展提供与众不同的研究视角与研究动力。

［1］Carnielli W, Coniglio M E. Paraconsistent Logic: Consistency, Contradiction and Negation. Dordrecht: Springer, 2016.

［2］Woods J. Paradox and Paraconsistency: Conflict Resolution in the Abstract Sciences. Cambridge: Cambridge University Press, 2003: 7.

［3］Bremer M. An Introduction to Paraconsistent Logics. Frankfurt: Peter Lang, 2005: 13.

［4］Dutta S, Chakraborty M K. Negation and paraconsistent logics. Logica Universalis, 2011, 5(1): 165-176.

［5］Sim K M. Bilattices and reasoning in artificial intelligence: concepts and foundations. Artificial Intelligence Review, 2001, 15(3): 219-240.

［6］Abe J M, Akama S, Nakamatsu K. Introduction to Annotated Logics. New York: Springer, 2015.

［7］da Silva Filho J I, Lambert-Torres G, Abe J M. Uncertainty Treatment Using Paraconsistent Logic: Introducing Paraconsistent Artificial Neural Networks. Amsterdam: IOS Press, 2010.

［8］Nakamatsu K, Abe J M, Akama S. Paraconsistent annotated logic program EVALPSN and its applications//Abe J M. Paraconsistent Intelligent-Based Systems: New Trends in the Applications of Paraconsistency. New York: Springer, 2015.

［9］Bertossi L, Hunter A, Schaub T. Inconsistency Tolerance. Berlin: Springer, 2004.

［10］Fitting M. Paraconsistent logic, evidence, and justification. Studia Logica, 2017, 105: 1150.

［11］da Silva Filho J I. Treatment of uncertainties with algorithms of the paraconsistent annotated logic. Journal of Intelligent Learning Systems and Applications, 2012, 4: 144-153.

数学结构主义的本体论*

刘　杰　科林·麦克拉迪

　　自柏拉图以来，对"数学对象是否存在"的讨论几乎贯穿着整个数学哲学史。该论题的魅力之所以经久不衰，根本原因在于数学对象的抽象性。数学对象与一般日常接触的物理对象不同，0、1、2、{∅}等数学对象外在于时空，人们无法通过感知经验与之建立因果链条。柏拉图将数学对象视为一种抽象物，是独立于物理实例或范例的存在，独立于人类思想而存在。该观点始于其所谓的共相论，尽管之后他改变了这种观点，认为数学是"中介"，即那些共相的完美范例，但其诸多后继者则认为它仍是关于共相的，数学对象都应以柏拉图的方式得到分析，从而逐渐形成了各种版本的柏拉图主义，如集合论柏拉图主义、新弗雷格主义等。然而所有柏拉图主义者无法规避的认识论问题是：人类如何能够获得独立于人类思想而存在的数学对象的知识？这一难题促使一批数学家和哲学家尝试从数学本身出发，反思数学的本质，理解数学对象的本性。

　　20世纪30年代由布尔巴基学派引发的数学结构主义，正是这种方案的践行者。他们主张数学的本质在于结构，数学的本性不是抽象、孤立的个体对象，而是数学对象间的结构关系。需要指出的是，布尔巴基学派并非旨在构建哲学体系，对数学本体做出解释，而只是为其数学基础提供一种技术框架。事实上，即使只是后者，该学派的最初目标也并未实现。科里（Corry）就曾指出，在《数学基础》以及其他数学中并未广泛使用该理论[1]。原因在于：其一，结构主义方案的一般化程度不足，无法呈现当前甚至20世纪50年代的数学。尽管该方案看似可以作为普遍的基础，但当人们真正用它来表示度量空间、代数空间等时，其一般化程度都不足以满足实际需求。其二，对于其一般化程度可以满足的抽象代数而言，应用该理论反而会使原先清晰的概念

---

　　* 原文发表于《自然辩证法通讯》2018年第7期。

和特征变得模糊，事实上，在真正的数学研究中，几乎没有数学家使用甚至学习过布尔巴基的结构理论。尽管如此，布尔巴基学派的数学观念深刻影响着全世界的数学家。该学派将结构关系作为实践研究方法的强调，更启发一批哲学家与数学家从结构主义出发反思数学的基础以及数学的本质。基于对结构之本质的不同理解，主要出现了三种进路：先物结构主义、模态结构主义与范畴结构主义。

一、数学本体之先物抽象

在坚持"数学本质即结构"的同时，夏皮罗（Shapiro）、瑞兹尼克（Resnik）等学者进一步得出数学对象即"结构中位置"[2-6]的本体论论断。他们主张数学断言都是客观真理，数词即单称词。每一个数学对象都根据相同结构中与其他对象间的关系得到唯一确定，如夏皮罗所述，自然数的本质是它与其他自然数之间的关系……比如数 2 在自然数结构中不大于也不小于第二个位置；6 是第六个位置。[2]这种观点坚持数学对象的客观存在，具有柏拉图主义的典型特征，因此夏皮罗称其为先物结构主义[3]。

一般来讲，这种本体论立场具有两个优势。其一，与其他结构主义一样，将数学本质视为结构，从而能有效回应贝纳塞拉夫（Benacerraf）提出的"多种化归"（multiple reduction）问题[7]。其二，忠诚于数学实践，数学对象的客观存在确保了数学论述中对单称词的指称，能为实践中数学家们所关注的对象之间的结构关系提供更为坚实的基础。但该种本体论解释存在一些严重的问题。将数学对象视作结构中的"位置"，进而对"系统"与"结构"加以区分，以系统作为结构的例示，这种对结构的进一步切割与其结构主义的基本立场不相一致。

1. 先物结构、位置与关系

在本体论上，先物结构主义是典型的柏拉图主义支持者。夏皮罗称之为"本体实在论"[8]。这种观点主张自然数存在，自然数形成一个处于通常算术关系下的系统，该系统的结构是自然数系统。但与传统柏拉图主义不同的是，先物结构主义关注结构而不是个体对象。先物结构类似于先物共相，因而它是众中之一（one-over-many）的先物抽象。相同的结构可以在多个系统中得到例示，而结构独立于任何可能在非数学领域中出现的例示存在。与性质这种更为常见的共相不同，结构不是个体对象的形式，而是系统的形式，系统是由具有特定关联的对象组成的集（collection）。

在进一步阐明先物结构的存在性时，夏皮罗强调，这取决于结构中的位置以及位置在结构中的联系。位置与结构之间没有形而上学的优先性，它们对于先物结构都是不可或缺的，都是确保先物结构存在的必要条件。先物结构中的位置类似于办公室，即"位置是办公室"。[8] 比如，一个三序数结构，是具有线性序数关系并由三个对象构成的系统的形式。该结构具有三个位置，每一个位置都由例示该结构的某系统中的一个对象填补。结构中的位置不是共相的绑定物，而是共相的组成部分。

每一个先物结构都包含某些结构和某些关系，且它们之间的依赖关系是构成性的。一个结构是由其位置和关系构成的，就好比任何机构都是由它的公司和办公室之间的联系构成的一样，这种结构不是分体论的。当然，这并不是说结构只是其位置的综合，因为位置必须通过结构的关系彼此相关联。

然而，在数学实践中数学家们从不对系统与结构做出区分。对于数学结构是什么以及结构与系统的区分究竟是什么，夏皮罗也并未真正阐明。夏皮罗所说的数学系统似乎就是唯一一个系统，即 ZF 集合，但自然数、实数等系统真的就应该是集合吗？如果不是，这些系统又是什么？它们如何与结构相区分？如果是，真有数学家曾使用过这些系统吗？事实上，几乎没有数学家学过也几乎没有数学课本提及 ZF 集合论。三序数结构中三个序数所占据的是系统中的位置，反映的是系统间的关系，即该系统明确了三个序数之间的次序关系，这种关系非夏皮罗所主张的先物结构的位置确定的，因此如何将它们分别与形而上学意义上的位置（夏皮罗的数学对象）建立联系，仍是未知的。他的确指出，形而上学的观点是，一个结构由它的位置以及它的关系构成。位置与关系都不先于对方而存在。[8] 也就是说，位置与关系即使在形而上学意义上也没有差别，那么是不是结构主义可以不去预设位置呢？位置之于夏皮罗来讲，只是有助于解释所谓例示了某结构之系统中的对象，而事实上那些正是数学家真正在讨论并使用着的对象，它们因不具有柏拉图意义的普遍性而不能被视为统一的数学对象。因此，夏皮罗有必要说明，系统和结构之间的本质区别究竟是什么？"办公室"与"某个公司或单位的办公室"是否一样？夏皮罗的可能回应或许是，前者是形而上学意义上的先物抽象，后者是前者的具体例示。但进一步的问题是，前者与后者之间的区分由谁来裁定？如何加以划分？显然，如何阐明先物结构中位置的不可分辨性成为回答上述问题的关键。

2. 不可分辨物与同一性

遗憾的是，先物结构主义者对结构中位置不可分辨性的说明本身也备受怀疑。如上所述，先物结构主义对抽象结构存在性的主张，依赖于其对结构中位置不可分辨性的说明。正如夏皮罗本人所言，奎因的观点是，对于给定的理论、语言、框架，都存在识别对象的确定标准。没有理由认为，结构主义是一个例外。[2]莱特格布（Leitgeb）与拉迪曼（Ladyman）等学者指出，上述论断表明结构中位置的同一性关系要求一种非平凡定义，即要求一种很强的不可分辨物同一性原则。[9]对于同一结构中的任意对象 x，y，如果 x 与 y 共享相对于该结构的所有结构性质，则 $x=y$。

该原则表明每一个数学对象根据其结构性质①都应得到唯一的特性描述。如作为素数的性质是一个算术结构性质，因为它根据乘法和加法是可定义的。而树上的鸟有几只所表达的数量则不是结构性质。

夏皮罗承认，如果我们要发展一种结构理论，那么结构间必定存在一种确定的同一性关系……当探讨数学对象——给定结构中的位置时，同一性必须是确定的[4]，但同时强调，同一性的确定性并不是要求以非平凡的方式给出结构同一性，也就是说，不要求数学对象以非平凡的方式得到个体化，形而上学的原则与直觉反之也不适于说明日常的数学实践。日常数学实践预设了在某种意义上不能被定义的同一性关系。

夏皮罗指出，在数学实践中我们是通过给出公理定义一个结构，这些隐定义通常都使用了适用于该结构的非逻辑术语以及一个同一性符号。同一性符号不只是另一个非逻辑项，而更像是对于合取或者对于全称量词的符号。正如在具有同一性的一阶逻辑中，我们认为或预设 $a=b$ 在一个解释下成立，当且仅当 a 和 b 指示相同的对象。[8]因此，在预设同一性关系时，先物结构主义与数学实践做出的假设一样。

可以说，夏皮罗依据数学实践的要求以及对数学实践的忠诚限制，是对其无法提供不可分辨物辨识标准的有力回应。无论是数学家还是哲学家，没有人会对遵循数学实践这一准则质疑。然而，从先物结构主义的哲学立场来看，其论证是不一致的。一方面，夏皮罗主张抽象结构的客观存在性，主张抽象结构中位置的确定性，这要求他阐明，在指称数学对象——结构中的位置时，能够辨识该对象，成功达成对其的指称，并说明我们如何能获得对其

---

① 一个性质为"结构的"，即它可根据一个给定结构中的关系得到定义。

的认知。比如，有能力辨识复数结构中"i"的位置。而另一方面，他基于对数学实践的忠诚，否认存在任何能够以非平凡方式辨认"i"的机制，那么数学对象——结构中的位置的同一性来自数学实践的预设。如果后者成立，那么先物结构主义的论证就是以数学实践的预设为基础，这显然与夏皮罗先物的本体论不相一致。正如赫尔曼（Hellman）的评论，就夏皮罗的方法而言，在没有从"结构关系"（实际上是结构本身）的结构主义观点实质性脱离出来的情况下，把"对象"看作"被关系项"的纯粹结构主义观点站不住脚。[10]其根本原因在于，先物结构主义无法说明数学家们如何以纯粹结构的方式真正成功地处理结构。

事实上，结构主义的初衷正是遵循真正的数学实践，任何基于哲学上的考虑而设置的本体承诺并不值得坚守。换言之，在无需对数学本体做出任何先物承诺的情况下，结构主义仍可以符合真正数学实践的方式得到呈现。因此，可行的出路是：要么放弃对数学实践的忠诚，显然没有人愿意选择这样做，要么放弃先物结构主义的本体论立场，进一步反思数学结构的本质，为数学实践提供新的解释，如赫尔曼的模态结构主义，或者从数学本身出发，阐释结构主义的真义所在，如范畴结构主义进路。

二、数学本体之模态中立

在普特南模态思想[11]的影响下，赫尔曼将模态逻辑与结构主义相结合，试图对算术、分析、代数与几何等数学理论进行重解，通过模态结构主义重塑数学。他强调，我们应避免对结构或位置进行逐个量化，而应将结构主义建立在某个域以及该域上恰当关系（这些关系满足由公理系统给出的隐定义条件）的二阶逻辑可能性上。[12]反对任何形式的本体论化归，以消除对任何数学对象的指称，因此其模态结构主义亦被称为消除结构主义（eliminative structuralism）。

1. 模态中立与二阶逻辑

模态结构主义的理论框架是建立在模态逻辑与二阶逻辑之上的。在赫尔曼看来，通过一个表示二阶逻辑可能性的初始模态算子、数学结构中含有模态算子的量词以及对二阶逻辑概括原则的限制，可以避免对可能对象、类或这种关系的承诺。一旦背景二阶逻辑得到确定，就可以在所讨论的特定数学理论上加入模态存在性假设，这对于超出三阶或四阶数论的理论同样适用。

因此，赫尔曼的模态结构主义用"模态中立主义"（modal neutralism）而不是"模态唯名论"（modal nominalism）来定位更为准确。他始终强调，对象的本质与数学是完全无关的，对象有待抽象，而不是抽象对象。[12]

但是，二阶逻辑本身的合法性很大程度上依赖于集合论的发展。在二阶逻辑的语义学中，连续统假设、良序公理是否二阶有效等问题实质上都是集合论问题。奎因就曾指出，二阶逻辑实际上披着"集合论"的外衣，其中涉及"集合"的讨论，在论题上没有中立性，而逻辑应该在论题上保持中立，即它的有效性不应依赖于某些特殊的数学对象，如集合的预设性质。显然，二阶逻辑在论题上的特殊性与模态结构主义的"模态中立"宗旨是相冲突的。秉承普特南的思想，模态结构主义的最初动机是用数学可能性替代数学存在性的概念，回避对数学实体的本体论承诺，进一步用"在一个模型中满足"概念来阐明"数学可能性"，使数学完全可以在没有任何特殊基础的情况下得以保留与发展。然而，对二阶逻辑的依赖导致模态结构主义无法做到脱离对数学的集合论化归。

2. 模态重解的动机与可行性

赫尔曼的模态结构主义试图用模态理论来重解全体数学，并说明模态结构主义数学与原有数学的等价性，用同等方式对待集合与全域、分析与实数域、算术与自然数系。其动机并不是要代替 ZF 集合论基础，而是要试图在不依赖ZF集合论的情况下，直接用模态结构主义来阐释所有的数学理论。比如，普特南指出，并不是说费马大定理对于现实的自然数是真的，而是说，对于以自然数彼此联系的方式彼此关联的每一个可能的对象系统，费马大定理必然成立。[13]奎因对此策略表示反对，在其关于本体论的经典论文中提出，模态逻辑搭建了一个"可能性的贫民窟"，使之成为无序元素的温床。[14]因此，模态逻辑只是混淆了本体论论题，没有真正回避本体承诺，而只是把它变得更为复杂。

赫尔曼对于模态结构主义有另外的动机。他坚信专注于可能性而不是现实的对象，将推进数学的创造性：数学是通过（或多或少）严格推演的方式对结构可能性的自由探索。[12]但在数学实践中，产生创新性工作的真实情况并非如此。比如，康托尔在取得关于超限数理论这一伟大成就时就不只是认为它们是可能的。相反，他坚信数学是现实或存在的……因此它们以特定方式影响我们的心灵实体。[15]纵观数学的历史发展，数学创造性的途径历来都是通过特定的数学需要和成就而来，它应该一直都是这样，而不仅仅是思想的可能性。

事实上，对于任何一种基础的过度依赖，都会阻碍数学实践中创造性成果的产生。正如麦克莱恩（MacLane）给出的忠告，任何确定的基础都会阻碍从新形式的发现可能得来的创新性。[16]这不仅适用于任何的确定基础主义，对于模态结构主义亦是如此。数学家不可能只是通过称目前的想法是可能的而非现实的来发现新的思想，也不会认为任何这种可能系统或结构是现实的。在真正的数学实践中，没有数学家会去怀疑他所处理的数学对象不是现实的，尽管这些对象与中等大小的物理对象截然不同。模态结构主义对数学的模态重解除了将把原本清晰的数学理论复杂化，对数学实践本身并没有任何新的贡献。因此，要澄清结构主义的本质，揭示数学对象的本性就应从真正的数学实践中来，也就是说，我们应考察数学家们是如何在数学内部开展研究的。正如麦蒂（Maddy）所言：所有第二哲学家的动机都是方法论的，即那些产生好科学的东西……她不是"像当地人"那样谈论科学的语言；她就是当地人。[17]

三、数学本体之范畴实在

在著名代数学家诺特（Noether）结构化方法的影响下，麦克莱恩与艾伦伯格（Eilenberg）等给出自然同构（natural isomorphism）[18]、函子（functor）[19]与范畴（category）[20]的数学概念，在他们看来，在元数学的意义上，我们的理论提供了可用于所有数学分支的一般概念，因此有助于推进将不同数学学科进行统一处理的趋势。[20]在其后几十年间，以上述概念为基础，他们确立了数学的结构理论，成为代数、几何、拓扑等结构数学的标准数学框架。需要指出的是，麦克莱恩与艾伦伯格的结构理论产生于数学实践本身，而不是出于哲学的考量。直至艾伦伯格的研究生劳威尔（Lawvere）用范畴论来描述自然数以及函数几何等基本数学，范畴结构主义作为一种结构主义进路才进入哲学视域。

范畴结构主义的核心思想是：数学结构完全是由它们彼此之间的结构关系（具体而言，是通过结构之间的映射或态射）得到定义的。目前有两种范畴结构主义，即初等集合范畴论（elementary theory of the category of sets，ETCS），以及作为一种数学基础的范畴之范畴（category of categories as a foundation for mathematics，CCAF）。这两种范畴结构主义都深受劳威尔的影响。ETCS 作为数学的公理化基础，是由劳威尔给出的。这一版本的范畴结构主义称所有数学都是处理集合的且集合是在结构的、范畴的形式下得到公理化的。只要数学没有使用很多不同种类的结构，ETCS 作为初等数论、代数、微积分，包括最前沿的微分方程理论的基础是非常充分的。CCAF 则使用了劳威尔后来给出的公理。这种版本的范畴结构主义承认存在许多不同的范畴，更直接地适用于不同代数或几何结构的深入论题。麦克莱恩主张 ETCS，而劳威尔自己则支持 CCAF。这两个版本的范畴结构主义都认为，任何数学基础都不可能满足未来所有的数学发展，但现有基础就是目前最好的基础。范畴结构主义最初出现并不是以哲学为目的的，并没有附带任何一种特定的哲学本体论，但我们仍可以通过对范畴本质的反思，呈现其基本的本体论态度。

1. 范畴的实在性

与其他结构主义进路一致的是，范畴结构主义也主张数学的本质是结构，但进一步主张结构的本质是范畴。劳威尔认为 ETCS 和 CCAF 以及其他的范畴都是实在的，不像模态结构主义那样仅认为它们是可能的。集合的范畴、范畴的范畴，甚至是人们还未想到的范畴等都是实在的。[21]

结构主义数学家戴德金（Dedekind）主张，我们在数学中通过构想得到新的对象：我们不可否认地具有创造能力，不只是在物质事物（电报与铁路等），更特殊的是在思想事物上。[22] 其后结构主义者通常都赞同，我们通过构想这些对象来创造它们的结构，但在描述我们如何操作时有不同的方式。麦克莱恩在德国研究数学时，深受希尔伯特（Hilbert）哲学与盖格（Geiger）现象学的影响，他把形式与结构作为同义词，并做出这样的总结：基于思想……实在世界根据多种不同的数学形式得到理解。[16] 但对他而言，这些思想不是像柏拉图的理念那样，它们通常是不完美的，甚至数学思想在最初引入的时候可以是含糊和晦涩难懂的。因此，他认为数学是正确的，但不是真的。这意味着数学不做出本体论承诺。[16]

不做出本体论承诺，并不意味着他否认数学的实在性，麦克莱恩坚信数学不是心理学或主观性的，而是客观正确的，并且能正确地应用于物理测量。但回避本体论承诺而选择对数学陈述进行"正确"与"真"的区分，这实际上是把情况变得更为复杂。由于他承认正确的数学能够具有真的物理应用，那么他有必要说明在正确与真之间的真正区别是什么。

劳威尔主张正确的数学就是真的。他赞同黑格尔与马克思的哲学，坚持认为，所有知识都是辩证地得到发展的。数学与经验科学不是一回事，与哲学也不是一回事，但却是与它们共同发展而来的。回顾过去数学的真实发展过程，他总结道，通过对集合与映射思想的持续考察，数学家们发现了许多事情；特别是，他们发现人们可以推演得到一些陈述，并称之为公理，且经验表明这些陈述足以推演绝大部分其他的（关于集合与函数的）真陈述。[23] 在他看来，这些关于集合与函数的陈述对于真正的集合与函数是真的。因为数学真理与实在和所有的真理与实在一样：永远不会仅仅是经验的或是柏拉图式的，它们通过科学的进步辩证地被发现。[24]

麦克莱恩与劳威尔都承认数学对象的实在性，认为即使在逻辑学家为数学对象创造任何形式的基础之前，它们也都是存在的。二者的分歧在于，麦克莱恩把集合作为空间和代数结构以及其他结构的基础，认为数学应该全部围绕集合范畴得到组织；而劳威尔则认为许多其他的范畴结构与集合范畴结构一样基础。因此，集合、集合范畴与范畴之范畴对于范畴结构主义哪一个更为基本，成为探究范畴结构主义本体论特征的关键点。

2. 集合、集合范畴与范畴之范畴

历史地看，远在戴德金和康托尔等数学家确立集合论基础之前，数学家们就已发现大量代数和几何理论。在关于实数的 ZF 集合论定义给出很久之前，黎曼就已发展了大量的拓扑、复分析以及弯曲空间的微分几何学。诚然，我们不会仅因为一些数学成果的出现在时间上先于 ZF 集合论，就将其作为否认 ZF 集合论基础地位的理由。事实上，相较于 ZF 集合论，范畴论的确立时间更晚。在数学实践中，也没有数学家会否认 ZF 集合论是数学强有力的组织工具。但需要明确的是，集合范畴并不比其他范畴更为基本。[25] 劳威尔在还是一名学生时就发现，数学研究中使用了许多不同的范畴，那些范畴太大以至于不能作为 ZF 集合来处理。基于这些历史与逻辑原因，我们认为将 CCAF 作为范畴结构主义的恰当理论框架是合理的。

贝纳塞拉夫在其著名论文《数不可能是什么》中，将矛头直指集合论的多重基础问题。在 ZF 集合论中，同一自然数，比如 2，可化归为两种形式，策梅罗集合形式、冯·诺依曼集合形式，究竟哪一个才表示了真正的自然数呢？自然数的集合论处理会导致一些矛盾的结果。可以说，这正是开启当前数学哲学中结构主义的主要动因。但如前所述，先物结构主义、模态结构主

义都支持二阶逻辑，因而对集合论有着直接或间接的依赖，范畴结构主义则强调在元数学的意义上范畴是比集合更为基本的概念。下面我们不妨以自然数结构为例，阐明范畴论如何在不引入任何特殊集合的前提下，给出自然数的结构。

与 ZF 集合论解释相反，劳威尔首先在 ETCS 中定义自然数。[①]数学实践中，数学家们都是用这种方式定义某集合 S 中的序列的，而几乎没人使用 ZFC 中的冯·诺依曼数或策梅罗数。该定义表明了如何根据自然数集合 N 与其他集合之间的函数定义自然数的集合 N。ETCS 公理足以成为大部分算术、分析与几何的基础。[26-27]但需指出的是，所有集合的范畴不是 ETCS 的现实对象。

当前某些数学分支已在使用和探讨集合范畴 Set 或拓扑空间范畴 Top 这类大范畴。如集合范畴，记为 Set，将集合作为对象，函数作为箭头；拓扑空间范畴，记作 Top，把拓扑空间作为对象，连续函数作为箭头；群范畴，记为 Grp，把群作为对象，把群同态作为箭头。目前这些不同范畴已成为组织不同种类结构的方便途径。

范畴论不局限于刻画某特定数学领域的内部结构，更重要的是，通过范畴间的函子它可以把不同种类的结构关联起来。进一步地，函子间可复合。基于此，Set、Grp、Top 以及其他的一般范畴是某更大范畴的对象，该更大范畴具有函子作为箭头。如果仅止步于把 ZFC 或 ETCS 作为终极数学基础，就会导致无法说明为什么不存在所有集合的集合，也不存在所有集合的范畴 Set 以及所有 Grp 或所有 Top 这类范畴。尽管目前出现许多集合论方法如用格罗滕迪克域[28-29]来替换这些范畴，但实际情况是几乎没有数学家愿意如此深入地思考集合论。

在没有给出任何逻辑基础的情况下，数学家们仍在探讨上述大范畴以及函子的相关工作。对于数学而言，真正重要的其实是范畴之间的函子网络。基于这一发现，劳威尔给出了逻辑上正确的相关公理，这些公理直接用范畴论术语描述上述模式，因此被称为 CCAF 公理，即作为一种基础的范畴之范畴。[30]CCAF 并不依赖集合论或任何特定理论来定义范畴或函子，无须预设任何对象的集合或箭头的集合，而只通过描述范畴之间的函子网络来揭示范畴之间的纯结构关系。

具体来看，CCAF 公理分别给出了单元范畴与由两个对象构成的范畴公理。

---

① 实际上是戴德金关于自然数归纳函数定义的定理。

在此基础上，其他 CCAF 公理断言其他范畴的存在。特别是，我们通常使用这样一条公理，该公理表明一个范畴存在，该范畴的对象与箭头满足 ETCS 公理。我们可称该范畴 Set。用这种方式 CCAF 可使用范畴集合论的所有结论，同时具有远大于集合的范畴，比如 Grp 与 Top。需要指出，不存在最大范畴，任何范畴仍可作为另一个范畴的对象，因此所有范畴的范畴并不存在，不能将其作为 CCAF 的一个对象。

对于函数 $x: 1 \to A$ 能否真正成为集合 A 中的一个元素，一个函子 $f: 2 \to A$ 能否真正成为 A 中的一个箭头，仍存有争议。一些哲学家认为集合的元素必须出现在函数之前，范畴的箭头必须出现在函子之前。但结构主义的根本宗旨是，我们并不试图说明事物究竟是什么，而只是说明事物如何彼此关联。ETCS 与 CCAF 的定义将对象与函子彼此关联起来，就像元素与函数在集合论基础中彼此关联的方式一样。但与 ZFC 情况不同的是，ETCS 与 CCAF 公理的焦点完全放在结构关系上。反映数学家们如何真正在其工作中关注结构关系，正是劳威尔给出上述公理的主要动因。

正如阿沃第（Awodey）对范畴的描述，范畴为给定的数学结构提供了一种表征和描述的方式，即在具有所讨论的结构的数学对象之间映射的保存方面。范畴可以理解为包含具有某种结构的对象以及保有该结构的对象间的映射。[31]

3. 同一性、同构与相对于范畴的同构

结构主义的根本宗旨是强调数学的本质在于结构，数学对象就是数学结构，认识数学对象的方式就是揭示其结构特征。揭示数学结构之间保持结构的过程，以及何为同构是所有结构主义所共同关注的核心。对于任何结构主义者而言，同构完全揭示并体现了数学的基本信息，因而无需探究特定数学对象的同一性。在这个意义上，将同构等同于同一，进而对结构主义提出的批判并不合理。

范畴论对同构的一般定义可概述为：一个不起任何作用的态射，两个解除彼此作用的态射。该定义由艾伦伯格与麦克莱恩给出：在任何范畴中，每一个对象 A 具有一个单位态射 $1_A: A \to A$，由以下性质得到定义：它与任何一个从 A 或到 A 的态射复合，只是留下那个态射。

范畴论对同构的定义统一了许多传统的同构定义，如模型论中模型的基本嵌入被看成是态射。需注意的是，同构定义尽管是一般性的，但同构都是

相对于某个范畴而言的，这一点在数学实践中非常重要。不妨考虑下述三个著名论断：

（1）椭圆曲线都是环面。

（2）环面都彼此同构。

（3）椭圆曲线不是都彼此同构。

上述论断在数学上都正确，但其中蕴含了显然的矛盾。出现矛盾的原因在于，人们混淆了不同范畴中的同构，因此可将上述陈述修改如下：

（2'）环面都彼此拓扑同构（在拓扑空间范畴中同构）。

（3'）椭圆曲线不是都彼此分析同构（在复流形范畴中同构）。

魏尔斯特拉斯（Weierstrass）对椭圆曲线进行了分类。其分类依赖于黎曼的发现，而黎曼的发现表明这些曲线在拓扑上都是等价的。尽管黎曼与魏尔斯特拉斯认识到拓扑中的同构与分析中的同构存在差别，远在范畴论出现之前，但这些差别至今仍必须严格、谨慎处理。事实上，我们不应仅仅在拓扑与分析中对同构进行区分，而应在不同数学分支中都使用与之相关的同构，显然范畴论是满足这一需求的。

仅依据单位态射与两个态射的复合而给出的范畴论同构定义可适用于任何数学。但在不同的范畴中，同构是各范畴中的同构，更不能把不同范畴中的同构视为是同一的。比如对于自同构①来说，许多数学结构具有不同一的自同构。也就是说，它们具有到自身的同构，不同于其单位态射。[32-33]但这对结构主义能构成挑战吗？回答是否定的。

总之，同构是特定范畴中的同构。在某一范畴中两个对象同构，在其他一些范畴中则可能不同构。两个对象可以既在一个范畴中又在另一个范畴中，是否意味着对象是独立于范畴而存在的？回答是否定的。从本体论上来理解，数学对象即结构，而结构就是数学家们真正讨论的"事物"或"主题"——范畴中的对象。具体而言，数学对象就是数、集合、群以及范畴空间等。这些不都是范畴，但它们都是范畴中的对象。范畴本身也是数学对象，因为范畴是范畴之范畴中的对象。换言之，所有结构都是范畴中的结构，每一个范畴都是一个结构，但并不是所有结构都是一个范畴。

在某些范畴中，同构可能就是同一性，而不同范畴之间的同构可能是同

---

① 我们称一个结构 S 的自同构为任何到 S 自身的同构。库里(Kouri)对同构的哲学争论进行了专门讨论。

一性也可能不是，这取决于我们在哪个范畴中对其进行探讨。但不管所探讨的主题是什么，我们所关注的数学结构是能够对其进行抽象，并通过能反映其间关联的映射或箭头所呈现出来的范畴。有时这是一个高度抽象化的过程，但反过来，正是由于范畴之范畴作为最根本的出发点，适用于任何特定的主题，从而得到不同的范畴。因此，在这个意义上，我们可以把范畴之范畴作为一种现实的数学基础。范畴是现实存在的，给出一个范畴，我们同时就有范畴的对象与箭头，这都是现实可达的。

参考文献

［1］Corry L. Nicolas Bourbaki and the concept of mathematical structure. Synthese, 1992, 92: 315-348.

［2］Shapiro S. Philosophy of Mathematics: Structure and Ontology. Oxford: Oxford University Press, 1997.

［3］Shapiro S. Mathematical structuralism. Philosophia Mathematica, 1996, 4(2): 81-82.

［4］Shapiro S. Structure and Identity//MacBride F. Modality and Identity. Oxford: Oxford University Press, 2006.

［5］Resnik M. Mathematics as a science of patterns: ontology and reference. Nous, 1981, 15: 529-550.

［6］Resnik M. Mathematics as a Science of Patterns. Oxford: Oxford University Press, 1997.

［7］Benacerraf P. What numbers could not be. Philosophical Review, 1965, 74: 47-73.

［8］Shapiro S. Identity, indiscernibility, and ante rem structuralism: the tale of i and -i. Philosophia Mathematica, 2008, 16(3): 285-309.

［9］Leitgeb H, Ladyman J. Criteria of identity and structuralist ontology. Philosophia Mathematica, 2008, 16(3): 388-396.

［10］Hellman G. Three varieties of mathematical structuralism. Philosophia Mathematica, 2001, 9(3): 184-211.

［11］Putnam H. Mathematics without foundations. The Journal of Philosophy, 1967, 64(1): 5-22.

［12］Hellman G. Mathematics without Numbers. Oxford: Oxford University Press, 1989.

［13］Putnam H. Time and physical geometry. The Journal of Philosophy, 1967, 64: 240-247.

[14] Quine W V. On what there is. Review of Metaphysics, 1948, 2: 21-38.

[15] Cantor G. Gesammelte Abhandlungen Mathematischen und Philosophischen Inhalts. Berlin: Springer, 1932.

[16] MacLane S. Mathematics: Form and Function. New York: Springer, 1986.

[17] Maddy P. Second Philosophy: A Naturalistic Method. Oxford: Oxford University Press, 2007.

[18] Eilenberg S, MacLane S. Natural isomorphisms in group theory. PNAS, 1942, 28(12): 537-543.

[19] Eilenberg S, MacLane S. Group extensions and homology. Annals of Mathematics, 1942, 43: 757-831.

[20] Eilenberg S, MacLane S. General theory of natural equivalences. Transactions of the American Mathematical Society, 1945, 58: 231-294.

[21] McLarty C. Exploring categorical structuralism. Philosophia Mathematica, 2004, 12: 37-53.

[22]Dedekind R. Gesammelte Mathematische Werke. Braunschweig: Vieweg, 1930-1932.

[23] Lawvere F W, Rosebrugh R. Sets for Mathematics. Cambridge: Cambridge University Press, 2003.

[24] Lawvere F W. An elementary theory of the category of sets. Lecture notes of the Department of Mathematics, University of Chicago, 1965.

[25] McLarty C. The uses and abuses of the history of topos theory. The British Journal for the Philosophy of Science, 1990, 41(3): 351-375.

[26] Lawvere F W. An elementary theory of the category of sets. PNAS, 1964, 52: 1506-1511.

[27] Leinster T. Rethinking set theory. American Mathematical Monthly, 2014, 121(5): 403-415.

[28] McLarty C. How Grothendieck simplified algebraic geometry. Notices of the American Mathematical Society, 2016, 63(3): 256-265.

[29] McLarty C. What does it take to prove Fermat's last theorem? Grothendieck and the logic of number theory. Bulletin of Symbolic Logic, 2010, 16(3): 359-377.

[30] Lawvere F W. The category of categories as a foundation for mathematics//Eilenberg S, Harrison D K, MacLane S, et al. Proceedings of the Conference on Categorical Algebra. Berlin: Springer, 1966.

[31] Awodey S. Structure in mathematics and logic: a categorical perspective. Philosophia Mathematica, 1996, 4(3): 209-237.

［32］McKean H P, Moll V. Elliptic Curves: Function Theory, Geometry, Arithmetic. Cambridge: Cambridge University Press, 1997.

［33］Kouri T. A reply to Heathcote's: on the exhaustion of mathematical entities by structures. Axiomathes, 2015, 25(3): 345-357.

自然主义与数学本体论问题[*]

高 坤

一、引言

20世纪60年代以来，自然主义逐渐成为英美哲学界的主流思潮，越来越多的哲学家愿意将自己称作"自然主义者"，宣称在自然主义的框架下进行哲学思考。这在数学哲学领域尤其明显：当代自然主义的教父奎因同时也是对当代数学哲学产生深刻影响的人。虽然"自然主义"这一术语在哲学史上可以追溯到很早的时代，并在很多十分不同的哲学领域中被使用，如形而上学、伦理学、神学等，因而有着多重而混乱的内涵，但当代的数学哲学家们却几乎一致地将他们的自然主义与奎因所规定的版本相联系。后者将自然主义刻画为：摒弃第一哲学……承认是在科学本身中，而不是在某种在先的哲学中，实在被辨认和描述。[1]从这样的原则出发，奎因认为我们应当且只应当接受被我们最好的科学理论所承诺的那些对象为客观实在之物，而诸如自然数、集合、函数、拓扑空间之类的数学对象对于我们的科学理论是不可或缺的，所以它们是客观实在的，数学是关于它们的客观真理。这就是奎因关于数学对象实在性的"不可或缺性论证"[①]，这一论证开启了当代数学哲学中实在论与反实在论之间的持久争论，而争论的焦点之一就是不可或缺性论证本身的可靠性。

人们一般认为，不可或缺性论证包含四个前提——自然主义、奎因的本体论承诺标准[②]、确证整体论[③]和数学的不可或缺性，而如果它们中的任何一

---

* 原文发表于《自然辩证法通讯》2018年第9期。

① 奎因自己并没有使用这个名字，另外普特南也是该论证的一个主要阐述者，因此它经常被称为"奎因-普特南不可或缺性论证"。

② 它告诉我们什么样的实体算是被科学承诺的：一个实体被承诺当且仅当它出现在一个存在性科学断言的存在量词的辖域里，"存在即约束变元的值"。

③ 这是奎因哲学的一个核心思想，它断言科学确证的基本单位不是单个语句而是整个理论。

个被破坏，不可或缺性论证的可靠性就会被动摇。当然，正如前面所言，大多数数学哲学家都倾向于自然主义，因而对不可或缺性论证的怀疑主要集中在另外三个前提上。例如，阿佐尼（Azzouni）就对奎因的本体论承诺标准提出了异议，认为应当区分两种不同形式的量词，只承认其中一种形式具有本体论承诺，而量化数学对象的量词不在其内[2]；麦蒂则从自然科学实践和纯数学实践两方面对确证整体论进行了有力的反驳，认为科学确证的整体论模型与实践不符[3]；至于数学对科学的不可或缺性，则有各种唯名论数学应运而生，如菲尔德（Field）的虚构主义[4]、赤哈拉（Chihara）的模态构造主义[5]等，它们以不同的方式试图构造一种合乎科学应用而又不指称数学对象的数学。当然，除了各种质疑的声音，在奎因之后不可或缺性论证也有其辩护者，比如柯立文（Colyvan）就是一个代表性的例子[6]。

这里，我不打算对关于不可或缺性论证的争论作详细讨论（叶峰对此争论有一个精彩的详细评析[7]），而仅仅指出它所导致的那样一种关于数学之本性的经验主义哲学，即将数学对象视作与原子、电子之类的理论实体相似，将数学真理视作具有经验内容的经验真理，将数学证成（justification）依附于经验科学之证成的哲学，在绝大部分当代自然主义数学哲学家看来是令人极为不满意的。特别地，这种不满促使一些哲学家重新考量奎因的自然主义原则（但当然不是摒弃自然主义），试图通过重新解释和阐发它的隐蔽含义对数学的本体论问题做出新的裁决。其中有些人认为不借助数学对自然科学的不可或缺性也能从自然主义导出数学实在论的结果，如伯吉斯（Burgess）和罗森（Rosen）[8]；有些人认为自然主义能自然地引出数学唯名论，如叶峰[9]；还有些人则采取了折中的立场，认为在自然主义框架下数学本体论问题是不可判定的，甚至是无意义的，如麦蒂[10]。我认为这三种后奎因自然主义的数学本体论立场都不合理，特别地，本文将对伯吉斯和罗森的数学-自然主义论证、叶峰的物理主义论证进行分析和驳斥，表明它们并不能构成解决数学本体论问题的捷径。至于麦蒂的折中立场，因为比较复杂而不是一个相对单一的论证，我另有专文考察[11-12]，本文不予讨论。

二、数学-自然主义论证

伯吉斯和罗森用以支持数学实在论或者说反驳数学唯名论的论证从如下

七个前提①[8]开始：

（1）标准数学包含大量"存在性定理"，这些定理显得是在断定数学对象的存在，也就是说，仅当这些对象存在时它们才是真的。

（2）专业数学家和科学家们在如下意义上接受这些存在性定理：他们不仅在言语上无保留地表达对它们的同意，还在理论和实践活动中依赖它们。

（3）存在性定理不仅是事实上被数学家们接受，还在符合数学标准的意义上是可接受的。

（4）存在性定理确实断定它们显得断定的东西。

（5）在前提（2）中所说意义上接受一个断言就表示相信该断言所说的东西，相信它是真的。

（6）存在性定理不仅根据数学标准是可接受的，根据更一般的科学标准也是可接受的，没有经验科学的论证拒斥标准数学定理。

（7）不存在这样的哲学论证，其力量足以推翻数学和科学的可接受性标准或凌驾于其上。

由（1）（2）（4）（5）可以推出一个过渡性结论：

（8）有能力的数学家和科学家相信存在大于1000的素数、秩不同的抽象群、各种数学物理方程的解等等。因此如果唯名论是真的，专家意见就是系统性地错误的。

由（8）和（3）、（6）、（7）一起推出最终的反唯名论结论：

（9）我们有很强的理由相信素数等数学对象的存在，从而有很强的理由不相信唯名论。

伯吉斯和罗森的这个论证有一个明显的弱点，尤其表现在其居间结论(8)中。(8)断言如果唯名论是真的，专业数学家们和科学家们的意见就是系统性地错误的，也就是说，专业数学家和科学家们都是数学反唯名论者或数学实在论者。然而这恐怕并不与事实相符。数学家们和科学家们在他们的数学和科学工作中确实经常断定自然数、函数之类的数学对象的存在，但他们往往没有意识到他们是在断定一些抽象的、独立于心灵和物理时空的东西存在。他们确实断定大于1000的素数、秩为2的抽象群、希尔伯特空间等存在，但并没有断定它们是实在论者所说的那种抽象对象。实际上，对于数学对象究

---

① 伯吉斯和罗森并没有使用这一名称，只是强调自己的论证是本着彻底的自然主义精神。下面对该论证的表述在作者原来表述的基础上做了一定简省。

竟是什么、有怎样的本体论性质，他们往往很少有认真思考过（除非这个数学家或科学家同时是个哲学家，或至少读过一些数学哲学的著作）。他们在他们的本职工作中所关心的不过是数学对象的数学性质和它们在经验科学中的应用前景，而一旦他们接触了一些哲学的熏染而开始思考数学本体论问题，他们往往会表现出对抽象对象的巨大怀疑而非毫无疑虑地成为一个柏拉图主义者。比如典型地，他们常常把数学称作一门"形式科学"，或"心灵的自由创造"等等。这里，问题的焦点在于实践中的数学家和科学家们对抽象对象的实际态度究竟如何，其回答当然最终依赖于大型的社会调查，但根据我的经验和一些历史上著名的数学家的公开言论（比如高斯等反对实无穷的数学家）来看，数学家和科学家们显然至少不是像伯吉斯和罗森所暗示的那样一边倒地持数学实在论态度。下面，我用一个具体的案例来说明这一点。

赫什（Hersh）是美国的一位数学教授，其专业研究领域为偏微分方程。作为一名数学家，他原本像他的同行们一样在自己的领域里做着高度专门的数学研究，所用的方法和技术也是他自学生时代以来习得的那些数学的东西。然而在其职业生涯的某个时期，因为讲授一门叫"数学基础"的课程，赫什却开始着迷于思考数学这项奇怪的人类活动的意义和目的等哲学问题，用他自己的话说，他不再仅仅是"做数学"，还试图去"谈论数学"。但令赫什感到困扰的是，很快他就发现，他没有关于何谓数学知识和数学实在的确定意见，而当他就这些问题与其他数学家沟通的时候，他发现自己的处境是十分典型的：他们也没有确定的意见。[13] 从赫什的以上经历，我们已经可以看到，职业数学家们通常是没有对数学哲学问题的清楚意识的，而一旦他们意识到这些问题，他们通常也给不出确定的意见，绝非像伯吉斯和罗森所预设的那样都是数学实在论者。

不过，这里的故事还没有结束，因为这位觉醒了的数学家赫什并没有满足于那种不确定的尴尬处境，继续做一名正常的和颇有建树的偏微分方程专家，而是开始围绕数学哲学的问题进行大量的阅读、思考和研究，力图得到一个能令自己满意的答案。因此我们不禁要问，赫什最终的结论是什么？他会成为一个数学实在论者，从而在弱化的意义上仍然支持伯吉斯和罗森的论断吗？要回答这些问题我们只需要看一下赫什的数学哲学探究的如下几条结论[13]：

（1）数学不是一个虚构，它是一个实在。

（2）数学的主要构成物不是从作为未定义项组合的无意义语句出发进行

的句法推演。数学是有意义、可理解和可交流的。

（3）数学不是在外面，在一个与人类意识或物质世界相分离的抽象领域里。它在这里，在我们的个体心灵和共享的意识里。

（4）一个数学实体就是一个概念，一个共享的思想。

毫无疑问，（1）和（2）确实表现出了数学实在论的倾向，明确地反对虚构主义和形式主义。但（3）和（4）又声明数学实体不是数学柏拉图主义者所宣称的第三领域里的抽象对象，而是心灵中的概念。这明显是反实在论的。因此，经过一番漫长探究后的赫什，在我们所关心的数学哲学问题上仍然不是一个数学实在论者，至少不是伯吉斯和罗森意义上的数学实在论者。

当然，也许伯吉斯和罗森并不是认为数学家和科学家们直接持本体论实在论立场，而是说他们的专业意见蕴含着这种立场，因为一方面他们确实都相信他们的数学知识是真理，在理论证明和实践应用中依赖于它们［数学-自然主义论证的前提（2）和（5）］；另一方面，只要稍稍反思一下就能知道，这些数学真理所断定存在的对象应该是所谓的抽象对象。也就是说，专业数学家和科学家们都是数学真值实在论者，从真值实在论很容易导出本体论实在论，而像赫什那样的立场则是自相矛盾的。但这样一来，唯名论就不再如伯吉斯和罗森所认为的那样是对数学家和科学家们的专业意见本身的否定，因为后者并非有意识地断定本体论实在论，而只是没有预见他们的专业意见的某种可能的逻辑或哲学的后果。相反，唯名论是要帮助职业数学家和科学家们认识到自己的信念中可能包含的矛盾（既认为数学是真理，又对抽象对象有直觉上的排斥），并最终解决这个矛盾，以获得对数学之本性的更彻底和更融贯的理解。毕竟，如果我们有恰当的理由反对抽象对象，从而否认数学是字面的真理（literal truth），同时又能说明在这种情况下为什么我们还可以在数学和科学实践中像通常所做的那样使用它们，那么还有什么理由让我们坚持实在论立场呢？

不过，根据伯吉斯和罗森的数学-自然主义论证，我们显然没有反对抽象对象的恰当理由。前提（3）和（6）告诉我们，存在性定理符合数学标准和一般科学标准，因而没有数学或科学的恰当理由反对抽象对象。前提（7）则告诉我们没有凌驾于数学和科学标准之上的哲学理由足以使我们反对抽象对象。因此我们就没有理由反对抽象对象。这里清楚地透露出伯吉斯和罗森的自然主义原则：数学和科学标准是最终的证成标准，没有高于或优先于它们的第一哲学的标准来推翻它们。这一原则明显继承了奎因的自然主义原则，但又明显与后者有所区别。奎因的自然主义将科学方法作为最高的证成方法，但在他那里科学方法并不包含纯数学的方法，虽然应用数学就其经验应用而言是"科学的"，最终证据却只能是经验的证据，证成方法只能是经验科学的方法。而在伯吉斯和罗森这里，数学标准是和科学标准并列的证成标准，并且对于数学对象而言，它甚至是更根本、更有力的标准，因为根据前提（6）数学存在性定理之符合科学标准只是在没有被其拒斥的消极意义上，而根据数学标准，存在性定理是被"证明"了的。事实上，在伯吉斯和罗森看来，科学不仅仅是自然科学，也包括数学科学。他们强调，对非哲学家们来说，数学不仅是科学还是科学的典范，是我们在认知事业上最坚实的成果，不应该被驱逐出科学部落之外。那样做意味着不公正的划分……贬低某些科学部门（数学的），赋予另一些（经验的）部门以特权。[14]

伯吉斯和罗森的这样一种立场同时也决定了他们对不可或缺性论证的独特态度。在他们看来，不可或缺性论证对唯名论做出了一个重大让步，认为只有原则上（而非实践上）的不可或缺性，并且是对经验（而非数学的）科学的不可或缺性，才能拒斥唯名论，而这种让步是一种不恰当的妥协。对一个彻底的自然主义者来说，抽象对象对数学（及其他）科学是约定俗成的和方便的这个事实本身就足以保证它们的存在。[14]不仅如此，即使忽略数学自身的标准而单从自然科学的标准来说，在伯吉斯和罗森看来，不可或缺性论证也是有缺陷的。因为即使证明了某些唯名论重构足够自然科学使用，我们也没有放弃抽象对象的理由。唯名论者通常提供的那个理由——经济原则，对抽象本体论并不适用，因为经验科学家们在科学实践中从不考虑抽象对象的经济性，他们总是根据方便性和有效性原则来选择数学假设。事实上，经验科学家对抽象本体论的一般态度是冷漠的。[14]总之，根据伯吉斯和罗森的彻底自然主义立场，不可或缺性论证是不恰当和多余的，数学标准本身足以保证数学实在论，而数学标准是自然主义者应该接受的，数学和经验科学一样是自然主义者的理论起点。

我同意伯吉斯和罗森关于经验科学家们对抽象本体论的态度是冷漠的看法，因而同意他们对不可或缺性论证的这方面的负面评价，但目前我不对此做更多的讨论。至于数学对于自然主义者应不应该算作科学，以及如果是，能否由之得出数学实在论的结论，这些问题则需要现在就进行考量。伯吉斯和罗森将数学算作科学的理由十分简单，那就是常识。毋庸置疑，在常识看来，数学不仅是一个知识部门，而且显然比一般科学和哲学要牢固得多。这一点从大学的学科分类中可以看得很清楚，数学在所有综合性大学里都是作为基础科学被讲授的。而如果你对一个非哲学的普通大学生（不必是数学系的）说，数学根本不是一门科学，他一定会睁大眼睛惊讶莫名地看向你。

然而正如我在前面反对伯吉斯和罗森用专业数学家和科学家们的意见来驳斥唯名论一样，我也不认为用常识的科学观可以为数学实在论辩护。因为专业数学家和科学家们虽然几乎一致地认为数学是真理，但却很少有人是自觉的柏拉图主义者（即认为数学是对抽象对象性质的描述），常识虽然把数学认作科学，但却没有把它认作关于抽象对象的科学。只需对历史稍稍一瞥就会发现，从古希腊到近代，人们（包括哲学家，如笛卡儿、牛顿、莱布尼茨等）通常将数学看作是对物理世界的一般数量和几何特征的（也许是理想化的）描述，即使在康德那里，数学也被认为是在表达作为感性之先验形式的时间和空间的性质。19世纪和20世纪非欧几何、抽象群论、拓扑学等抽象数学的巨大发展，使得人们渐渐抛弃了这种古典的想法，但这也并没有使柏拉图主义成为人们对数学的常识，相反，常识更多地采取了一种可以泛称为"形式主义"的态度，模糊地将数学称为一门"形式科学"，以与经验科学相区别。事实上，只是当哲学家们考虑到本体论承诺这个问题时，抽象对象才开始进入人们的头脑，因为如果在纯数学和经验科学的推导中把数学语句当作真语句使用，我们又不想接受一种抽象本体论，那么就必须提供一套语义学，使得数学语句的意义不再依赖于对抽象对象的指称，而如果我们无法提供这样一种语义学，那么似乎就必须接受抽象对象的存在。换句话说，正是因为对抽象对象的不可或缺性的认识，无论是纯数学上的还是经验科学上的不可或缺性，才使人们走向关于数学之本性的柏拉图主义理解。

当然，在奎因那里，抽象对象的不可或缺性仅仅是对经验科学的不可或缺性，广阔的纯数学未在经验科学中得到应用的那些部分受到了不公正的粗暴对待，而伯吉斯和罗森在这里也许只是要强调抽象对象对数学的不可或缺性，而非直接认为常识把数学理解成关于抽象对象的科学。但一旦这样来理解，伯吉斯和罗森的立场就大大削弱了，至少它不能再坚持（8）。它变成这样一种立场：古典数学承诺抽象对象的存在，而古典数学的真理性作为常识和专家意见是不可置疑的，唯名论者如果在保证古典数学真理性的前提下消解古典数学对抽象对象的指称，那么唯名论就是可以接受的。对于这种削弱了的立场，我的态度如下：常识及专业数学家和科学家们的专家意见确实几乎都认为数学是对真理的认识，是一门严格的科学，这可称为常识的"真值实在论直觉"，但正如我一再强调的，常识和专家意见并没有断定数学是关于抽象对象的真理或科学，恰恰相反，对于后者它们有着一种很强的直觉上的排斥，这后一种直觉我称之为"本体论反实在论直觉"，比如我们在赫什的例子中所看到的。而正是这两种直觉的矛盾推动着唯名论者寻求一种对数学的本体论反实在论的理解，如果在坚持本体论反实在论的前提下能维持真值实在论，那固然很好，但如果不能，放弃真值实在论而采取一种强唯名论的立场也并非不可以作为一个可能的选项，因为不能因为真值实在论直觉而彻底剥夺本体论反实在论直觉的权利。

三、物理主义论证

与奎因、伯吉斯和罗森等人不同，叶峰认为从方法论自然主义出发可以得到一个关于数学唯名论的论证——物理主义论证。根据叶峰的观点，自然主义蕴含着关于人类认知主体的物理主义：人类的认知主体是作为物理系统的人类大脑，人类的认知过程最终是物理过程。这意味着我们应该重新审视一些传统的哲学概念以确定它们是否与物理主义相容。例如，我们需要考察当主体是作为一个生物物理系统的大脑时，诸如"抽象实体"、"指称抽象实体"、"假定（或承诺）抽象实体"和"认识关于抽象实体的事实"之类的概念是否还有意义。不难猜想，叶峰自己对这个问题的答案是否定的，即认为这些概念在物理主义下不再有意义。但他对数学唯名论的物理主义论证却并不是通过论证这一点来进行的，因为那样做需要提供对指称或知识的一个物理主义的说明和关于指称或知识的一个能将抽象实体排除在大脑所能指称和认识的实体类之外的必要条件[9]，而后者恰是针对抽象对象的贝纳塞拉夫式论证所面临的难题。也就是说，叶峰想要提供的是一个不依赖于关于指称或知识的特定理论的对唯名论的论证，而如果成功的话，他所得到的就将是一个优越于贝纳塞拉夫式论证的对数学唯名论的论证。

叶峰的物理主义论证基于一个十分简单的观察：在物理主义下，对大脑认知活动（包括数学实践和应用）的一个完整的物理描述，不包含任何关于大脑指称（或承诺）这样或那样的抽象实体的陈述。关于这点，叶峰写道：

考虑这样一个大脑 B，其正在一个物理学实验室里进行数学推理并将数学应用于物理事物。想象有一天科学家们能够描述 B 中的神经元活动的全部细节，以及实验室中其他物理事物的细节。也许现实中人类永远无法做到这一点，但我们可以想象有一个理想的理智体能够做到。同时要注意到，这并不要求给出联结精神谓词和物理谓词的定律。所涉及的仅仅是描述发生在那个实验室里的一个具体的物理事件殊型……这将是对物理世界中与 B 在那一场景中做数学和应用数学相关的一切的一个完整的物理描述。B 在使用数学词项，但在这个完整的物理描述中，我们不会说那些词项……指称或语义地表征哪些抽象对象。实际上，我们在这个完整的物理描述中不使用任何语义概念。我们只是描述那些神经回路系统的结构，它们如何与大脑中的其他神经回路系统互动，它们如何控制身体与实验室中的仪器互动，以及这些仪器又如何进一步与实验室中的其他物理事物（如原子、电子等）互动。[9]

正如叶峰自己意识到的，有人可能会认为上述观察是一个平凡的事实，因为关于大脑的物理描述当然不会包含非物理的语义概念，"指称抽象实体"是一个精神性质，很自然地不会出现在对大脑的物理描述中。但叶峰强调，只有当认知主体是非物质的心灵或先验自我之类的非物理事物时，语义概念或精神谓词才可能出现在对这个主体的认知活动的描述中，而关于认知主体的物理主义则保证，对大脑认知活动的物理描述就是对人类主体的认知活动的完整描述，正是物理主义使得语义概念或精神谓词在对主体认知活动的描述中成为多余的东西。而一旦接受了关于认知主体的物理主义，叶峰承认，上述观察就是很明显的了。不过虽然明显，很多自诩为物理主义者的哲学家如奎因却没有充分地意识到它，否则他们就不会认为数学实在论可以与物理主义相容。由此似乎可以推断，根据叶峰的理论，上述观察能直接导出数学唯名论的结果，即因为对大脑的认知活动的完整描述中不包含关于大脑指称抽象实体的陈述，所以抽象实体不存在（N_1）。然而只需稍稍反思，就会发现 N_1 是有问题的，因为在对大脑认知活动的描述中也不包含关于大脑指称原子、电子等物理实体的陈述，也就是说，我们可以模仿 N_1 得到一个关于物理实体的类似论断：

因为对大脑的认知活动的完整描述中不包含关于大脑指称物理实体的陈述，所以物理实体不存在（P_1）。

叶峰显然不会接受 P_1，因而特意强调说自己的论证并非 N_1。他试图避免使用"抽象实体"这种术语来定义数学唯名论，不按惯常的做法把后者理解为"自然数、集合等抽象的数学实体不存在"这一论点，而仅仅将其刻画为如下立场：

大脑接受一个数学语句仅仅是一个物理事件，数学语句本身（作为神经回路或墨迹等）也仅仅是与其他物理事物物理地互动着的物理事物，对它们的完整描述就是对大脑与这些语句相关的认知活动的完整描述（N_2）。

可是 N_2 与数学实在论有什么矛盾呢？如果叶峰仅仅是要为 N_2 辩护，而不是为数学哲学家们通常谈论的数学唯名论辩护，那么数学哲学家们根本无须关心这一辩护的成功与否。进一步说，奎因等自然主义者完全可以接受 N_2，同时坚持认为数学实体存在。换句话说，除非 N_2 在某种意义上蕴含着数学实体不存在这一结论，否则 N_2 对通常意义上的数学实在论就没有任何威胁。但如果 N_2 确实蕴含数学实体不存在，那似乎就意味着退回，从而必须应对前述的那个挑战，即为何不否认桌子、原子等物理实体的存在。这一两难处境，在我看来，就是叶峰从关于认知主体的物理主义导出某种数学唯名论的企图所面临的根本问题。

我在这里不考虑第一种可能性，即 N_2 对数学实在论毫无威胁，因为那已经意味着该论证失去其旨趣和数学哲学意义。我只考虑在承认 N_2 与数学实在论矛盾的前提下，是否意味着退回。

叶峰用 N_2 替代 N_1，其目的是避免 P_1，但模仿 N_2 我们立即可以得到一个 P_2：

大脑接受一个物理学语句仅仅是一个物理事件，物理学语句本身（作为神经回路或墨迹等）也仅仅是与其他物理事物物理地互动着的物理事物，对它们的完整描述就是对大脑与这些语句相关的认知活动的完整描述（P_2）。

如果 N_2 意味着数学语句字面上谈及的那些数学实体并不存在，那么基于同样理由，P_2 是否也意味着物理学语句字面上谈及的那些物理实体不存在，从而实际上就等于退回到 N_1 了呢？我认为在某些情况下不是，但在另一些情况下是。设 A（a）是一个物理学语句，a 是它谈及的一个物理实体，在对大脑接受 A（a）的相关认知活动的完整描述中，如果 a 出现了，即 a 是与作为物理事物（神经回路、墨迹等）的语句 A（a）互动着的物理事物之一，那么 a 的存在性就和大脑里的神经元一样不受 P_2 的影响，a 与 A（a）之间的这种物理联系甚至可能恰恰是构成直观上的指称关系的实在内容的一部分；但如果 a 没有出现，即 a 不是与语句 A（a）物理互动的物理事物之一，那么 a 的存在性就和抽象对象处于同样的处境了，后者因其抽象性显然不会与作为物理事物的数学语句发生物理的互动。现在的问题就在于，是否有这样一些物理实体，它们与谈及它们的物理学语句之间并没有任何物理的互动，或者说没有任何能够出现在相关的物理的认知描述中的互动联系，正如数学实体与谈及它们的数学语句之间没有物理互动一样。答案是肯定的，例如考虑光锥之外的物理事物、平行宇宙等物理学上与我们人类在因果上隔绝的东西，难道因为它们与人们的大脑中的神经元之间没有任何现实的物理联系，人们就可以断然否认它们存在的可能性吗？恐怕不能，因此至少在某些情况下，N_2 要面临与 N_1 一样的那个难题。

总结以上的分析我们可以说，为了使 N_2 不退回到 N_1，必须要求一切物理事物都出现在对相关语句的认知描述中，即与那些语句处于某种物理的互动中，而这实际上正是反对数学实在论的贝纳塞拉夫式论证所面临的问题。也就是说，即使我们对刚刚提到的那些具体反例（光锥之外的物理事物、平行宇宙）的合理性仍然存有疑虑，按照上述的分析，叶峰的论证也已经失去了他所宣称的意义，即它没有相对于贝纳塞拉夫式论证的显著优越性。因此，我认为叶峰从关于认知主体的物理主义直接导出数学唯名论的企图是不成功的，他所提供的论证无法构成从自然主义通往唯名论的一条捷径。这也部分地解释了，为什么奎因、伯吉斯、罗森和麦蒂等自然主义者没有意识到这条捷径。

四、结论

由上文我们知道，数学-自然主义论证和物理主义论证所由以出发的前提十分简单，如果成功，它们显然都将是自然主义通往数学本体论问题的极为快捷的路径，至少与不可或缺性论证和菲尔德式的虚构主义相比是如此。然而遗憾的是，正如我们的分析表明的，它们都存在致命缺陷，前者主要是隐含了关于常识和数学专家意见的一些错误假设，后者则在论证过程中忽略了关于物理对象的一些关键的区分。因此，这两条捷径都是走不通的。

从不可或缺性论证到本文所探讨的数学-自然主义论证和物理主义论证，数学哲学家们表现出一种对自然主义地解决数学本体论问题的过度乐观，以为可以通过简洁有力的自然主义论证确立关于数学本体论的真理。这在我看来是极其不合适的，至少与麦蒂和其他一些人认为数学本体论问题原则上不可解的悲观观点一样不合适。较恰当的做法是承担起那些繁难的解释性工作（在自然主义框架下），而不是希冀迅速地解决或逃避问题。这里的解释性工作是指，数学实在论者或唯名论者必须在自己的本体论假定和自然主义原则下系统地说明纯数学和应用数学实践的诸多方面。比如，数学实在论者至少应该做下面这些工作：

（1）提供对纯数学的一个自然化的认识论说明和语义学，如提供一个类似于视觉理论的数学直觉理论以说明数学直觉作为一种人类认知官能的工作机制。

（2）说明数学家们用来为数学公理特别是新公理辩护的那些主观性理由何以能导向关于客观的数学宇宙的知识。

（3）说明数学对象与数学结构的关系，为什么数学定理是结构性的论断，而不关心数学对象的内在个体性质。

（4）说明为什么以先验方法得到的、关于抽象对象的知识能够应用于物理对象。

（5）说明关于无穷结构的知识如何能够应用于有穷、离散的对象。

类似地，唯名论者必须说明数学中真实存在的究竟是什么（既然抽象对象并不存在），它们与物理事物有什么结构性的联系，何以能够用来表达甚至发现关于物理事物的知识，以及一些初等算术和集合论真理所展现出的显明性、必然性，等等。认真对待这些解释任务，才能更好地做一个数学自然主义者，而像本文所拒斥的那些论证那样试图直接从自然主义的原则迅速得到数学本体论结论的做法则是一种盲目的乐观。

参考文献

［1］Quine W V. Things and their place in theories//Quine W V. Theories and Things. Cambridge: Harvard University Press, 1981.

［2］Azzouni J. On "on what there is". Pacific Philosophical Quarterly, 1998, 79: 1-18.

［3］Maddy P. Naturalism in Mathematics. Oxford: Oxford University Press, 1997.

［4］Field H. Science without Numbers: A Defense of Nominalism. Princeton: Princeton University Press, 1980.

［5］Chihara C. Constructibility and Mathematical Existence. Oxford: Oxford University Press, 1990.

［6］Colyvan M. The Indispensability of Mathematics. Oxford: Oxford University Press, 2001.

［7］叶峰. "不可或缺性论证"与反实在论数学哲学. 哲学研究, 2006(8): 74-83.

［8］Rosen G, Burgess J. Nominalism reconsidered//Shapiro S. The Oxford Handbook of

Philosophy of Mathematics and Logic. Oxford: Oxford University Press, 2005.

［9］Ye F. Naturalism and abstract entities. International Studies in the Philosophy of Science, 2010, 24(2): 129-146.

［10］Maddy P. Defending the Axioms: On the Philosophical Foundations of Set Theory. Oxford: Oxford University Press, 2011.

［11］Gao K. A naturalistic look into Maddy's naturalistic philosophy of mathematics. Frontiers of Philosophy in China, 2016, 11(1): 137-151.

［12］高坤. 连续统问题与薄实在论. 逻辑学研究, 2016, 9(2): 32-44.

［13］Hersh R. Experiencing Mathematics: What Do We Do, When We Do Mathematics？. Providence: American Mathematical Society, 2014.

［14］Burgess J, Rosen G. A Subject with No Object: Strategies for Nominalistic Interpretation of Mathematics. Oxford: Oxford University Press, 1997.

物理学的结构与结构实在论辩护[*]

——以经典力学为例

刘　杰　赵　丹

随着结构实在论的发展，关于科学理论是否实在的讨论已经超越了传统科学实在论对理论实体的实在性辩护，走向对理论结构的实在性辩护。结构实在论的基本主张是，物理学的本质在于结构，物理学的结构是客观实在的。以此为前提，一个自然的结论是：解决相同问题、揭示相同现象的等价物理理论之间应当具有相同的结构。一旦理论在物理上具有等价性但却具有不同结构，无疑与结构实在论的理论前提相冲突，对结构实在论构成威胁。因此，当代结构实在论者的主要任务就是：①阐明物理上具有等价性的不同理论是同构的；②揭示物理学结构的本质及其本体论含义，为结构实在论做辩护。

在物理学高度数学化的当下，伴随着当代数学结构主义进路的兴起，关于数学结构的探讨为分析物理学的结构提供了强有力的工具，从物理学的数学表述入手来分析物理学的结构以及为物理学理论做实在论辩护显得自然而且迫切。本文将以经典力学中拉格朗日力学和哈密顿力学的结构分析为例，通过对二者数学结构的分析与对比，阐明具有物理等价性的这两种力学是同构的，以对上述挑战做出回应，并进一步揭示物理学结构与数学结构之间的本质关联，挖掘数学结构与物理学结构的本体论内涵，为结构实在论提供一种范畴结构主义进路。

一、物理学结构的数学化特征

谈到物理学的结构总是离不开它的数学结构，每一种物理学理论在其形成之时就必然地与一种特殊的数学结构相关联，如狭义相对论关联于四维时

---

* 原文发表于《自然辩证法研究》2019 年第 9 期。

空结构的闵可夫斯基几何，广义相对论奠基于曲率大于 0 的黎曼几何结构，量子力学中物理的可观测量和波函数等的关系通过希尔伯特空间的运算来实现，甚至量子场论也在代数量子场论的引领下。可以说，这些数学结构为物理学理论的建构和深化提供了必要的基础。

需要指出，我们讨论物理学的结构不是要对物理学理论作元理论意义上的构造，而是要借助于其数学结构来挖掘物理要素之间的内在关联，揭示不同表象的物理学理论之间的结构关系，进而洞察世界的结构及其本质。关于物理学结构的探讨，涉及的核心概念主要有：位形空间或相空间、方程、物理态和态空间。位形空间（相空间）是一个物理系统可能处于的所有状态的空间；方程刻画了状态随时间的演化；物理态对应于特定时间的状态；态空间刻画了真实状态随时间展开的轨迹。在数学上，一个物理系统典型的位形空间或相空间一般而言是流形，方程描绘了流形上的某种曲线，物理态就是曲线上的点，态空间对应于真实发生的那条曲线。如此一来，关于物理学结构的探讨就化归为关于数学结构的讨论了。在科学实在论的态度之下，物理学应该告诉我们关于世界的本质，这样面临的问题就是，不同的数学结构如何与外在的物理对象相关联？这里我们需要对结构与关于结构的表征加以区分：结构本身是与观察者无关的，是一种抽象的存在，世界真正的结构是内在的、与描述无关的结构，因而应由抽象的、不变的数学结构来揭示；结构的表征通常采用数值的、坐标依赖的代数表示，同一结构可以有不同的表征。由此，我们寻找物理学结构的任务就转变为透过关于结构的不同数学表征，找到用以刻画世界真正结构的抽象的、不变的数学结构。通常而言，对于一个给定的物理学理论可以有不同的数学表征，如经典力学有拉格朗日力学体系和哈密顿力学体系，量子力学存在海森堡的矩阵力学和薛定谔的波动力学表征等。同一物理事实可以由不同的数学表征，不同的数学表征可能对应于不同的数学结构，那么在若干种数学结构中究竟哪种数学结构才是世界的真正结构呢？结构之间的差异在哪里，该如何辨别不同的结构？诺斯（North）认为对称性为衡量结构的大小提供了标准，对称性意味着结构的缺乏；按照本体论最小原理，世界的本真结构应当是最小的可能结构，也就是说，对应于不同的物理学理论表征，存在不同的数学结构，在可能的数学结构中，最小的结构才表征了世界的本质结构。[1] 而我们认为，关于结构的比较需要在某个具体的范畴下来进行，脱离了范畴进行结构的比较是没有意义的。范畴论为关于结构的讨论提供了充分的框架，结构之间只存在同构或不同构的关系，并无大小之分。范畴中的"对象和态射"提供了一般框架和语言，它使我们不必进入所讨论结构的细节，而只关注范畴的"形状"特性。范畴论的目的之一就是揭示同构这种映射的一般性质。

对于某给定类型的数学结构 A 和 B，同构意味着有一个由 A 到 B 的保持结构的映射，而且其逆也是保持结构的映射，这时这两种结构是"本质上相同"的。基于范畴的结构关系探讨意味着不同数学表征之间在某个范畴下可能是同构的，故而它们才能表征相同的物理事实。

二、经典力学两种理论的结构及其关系

众所周知，拉格朗日力学和哈密顿力学作为经典力学的两种表述形式，在求解实际问题时具有理论上的等价性[①]，然而它们的数学结构明显不同，一个是流形上的切丛，一个是余切丛。究竟哪种结构才是经典力学的真正结构，或者说这两种结构是否可以统一为一种更为基本的结构，它才是经典力学的真正结构呢？

1. 拉格朗日力学结构

牛顿出版《自然哲学之数学原理》，标志着第一个成熟的力学体系的建立。拉格朗日借助数学分析将牛顿力学进行了推广和一般化。他在《分析力学》中将用于求解力学问题的不同原理统一为拉格朗日方程，这标志着力学发展到一个新的阶段。[2]拉格朗日用 n 维位形空间中的广义坐标代替了牛顿力学中质点在现实三维空间中的坐标，不仅能够消除约束而且可以简化计算。需要指出，n 维位形空间是数学上的高维空间概念，这大大超出了欧氏几何的框架，直到黎曼几何和黎曼流形的引入，拉格朗日力学中的广义坐标才获得了数学上的深刻解释：分析力学是流形上的力学，是借助抽象数学空间研究现实力学问题的力学理论。

拉格朗日使力学脱离了古典欧氏几何的束缚，但并没有使它永远脱离几何，而是使力学与更高层次的几何——流形几何或现代微分几何相联系在一起。[2]根据现代微分几何，拉格朗日力学中的概念和理论都可通过切丛来表达。在这个意义上，拉格朗日力学是由一个位形空间（流形）和拉格朗日函数（其切丛上的一个函数）给出的。位形空间具有微分流形构造，微分同胚群作用

---

① 虽然在应用的普遍程度、简单性方面并不完全等同，哈密顿力学被认为更普遍、更简单有效。

于其上，拉格朗日力学的基本概念和定理在此群下不变。

2. 哈密顿力学结构

在拉格朗日力学的基础上，哈密顿给出了力学的正则表述。他在 $2n$ 维相空间中通过广义坐标和广义动量两个变量，将拉格朗日力学中的 n 个二阶微分方程改造为 $2n$ 个一阶微分方程。广义坐标和广义动量在哈密顿方程中具有对称的形式，称为正则变量。哈密顿改造后的力学体系，不但求解容易而且其优美成果的取得是与元过程的能量守恒定律密切相关的，因而成为表达基本过程的自然语言。[3]

从现代微分几何来看，哈密顿力学由一个相空间（流形）和哈密顿函数（其余切丛上的一个函数）给出。相空间具有一个辛流形构造，辛微分同胚群作用于其上，哈密顿力学的基本概念和定理在此群下不变。

3. 两种力学结构之间的关系

近年来，经典力学的结构究竟是拉格朗日力学的还是哈密顿力学的，二者之间是否同构、是否可以进行大小比较等一直都是学界热议的论题。诺斯论证了拉格朗日力学的态空间——位形空间具有度规结构，哈密顿力学的态空间——相空间具有辛结构。在她看来，辛结构小于度规结构，哈密顿力学比拉格朗日力学赋予世界更少的结构，因而经典力学结构的本质应该是辛结构，哈密顿力学优先于拉格朗日力学。[1]该观点一经提出就遭到了不同程度的批判。斯万森（Swanson）与哈沃森（Halvorson）质疑诺斯对于物理学理论结构之间大小的比较，认为：首先，诺斯在比较理论结构大小时所用到的对称性标准在概念上和数学上都不够精确；其次，诺斯没有正确辨识相互竞争的理论所使用的对称性模型，而这是诉诸对称性标准的前提，进而表明目前没有恰当的对称性说明足以支持诺斯的结论。[4]柯里尔（Curiel）指出度规结构对于构造拉格朗日力学既不充分也不必要，诺斯采用的数学结构简洁性的原则在概念上是不清晰的，此外对结构实在论的形而上学预设也是不必要的。基于经验与数学本身的标准，柯里尔论证了拉格朗日力学与哈密顿力学的几何结构不同构，经典力学是拉格朗日的而非哈密顿的。[5]巴雷特（Barrett）也推翻诺斯的论证。在他看来，要完成诺斯对两种力学结构的对比，首先要辨识每种理论的结构类型，其次要完成对两种类型结构的比较任务。他的分析表明，拉格朗日力学的结构大于度规结构，哈密顿力学的结构小于辛结构，而辛结构与度规结构并不可比，因而对于拉格朗日力学与哈密顿力学结构的对比是无法实现的。[6]

以上的讨论都围绕结构展开，但其结论各不相同，有的认为结构与结构不可比较，有的则不但对结构进行对比，还将结构作本体论意义上的承诺。何以如此？究其原因在于哲学立场的不同：断言理论结构承诺时采用的解释性原理是什么？能否从理论的数学结构中读出这些承诺？该如何比较不同理论所赋予的结构？出于不同的哲学立场，对于两种力学的结构关系自然会得出不同的结论。我们的讨论将基于结构实在论而展开，但并不对结构的大小进行对比，而是在范畴论的视野下，通过寻求拉格朗日力学和哈密顿力学这两种等价经典力学构造在数学上的同构，来揭示结构的本体论含义。

三、经典力学两种理论的同构

在范畴论的视野下来考察拉格朗日力学结构与哈密顿力学结构的关系，得到二者要么同构，要么不同构，当然这是在特定范畴下而言的。一种可能的情况是，二者在任意范畴下都不同构；另一种可能的情况是，在某个特定的范畴下我们找到了二者的同构，并证明该同构正是经典力学的真正结构。

拉格朗日力学与哈密顿力学对于描述同一物理事实具有等价性，然而如前所述，两种力学的数学结构并不相同，不同的数学结构说明它们的物理学结构也不同，对于同一个物理事实存在两种结构，这显然与结构本体论的立场相违背。经典力学的结构究竟是哪一种呢？拉格朗日力学结构与哈密顿力学结构哪一种更为基本，抑或二者都不是基本结构，能够在二者之外找到一种共同的结构，它才是经典力学的本体结构？一旦我们找到两种力学的同构，第一种情况就得到了排除。

两种力学的等价性可以通过勒让德变换实现。哈密顿力学以最小作用量原理、变分法和拉格朗日力学为基础得到。哈密顿的作用量 H 与拉格朗日的作用量 L 之间只差一个常数，它们可以通过勒让德变换联系起来。具体而言，由于理论是由特定的拉格朗日量或哈密顿量说明的，该理论的模型是从特定拉格朗日量或哈密顿量导出运动方程的一个解，因而通过勒让德变换就在拉格朗日力学与哈密顿力学之间建立了对应关系。

然而，把拉格朗日力学与哈密顿力学联系起来的勒让德变换仅是两种力学结构同构的最低要求。我们还需确定二者的背景态空间是同构的，也即要求勒让德变换是切丛 TQ 与余切丛 T^*Q 之间的全局微分同胚，即二者之间的相关映射是双射,否则其转换无法达成。此外,还要求 TQ 上的拉格朗日集与 $T*Q$ 上的哈密顿集之间的双射是保持结构的,即保持哈密顿量/拉格朗日量的结构特征不变。

两种力学同构的实现——扩张的辛范畴中的辛同胚。

同构是相对于具体范畴而言的,但在微分几何的范畴下,切丛与余切丛上的结构即便是双射,其同构也很难建立。针对这一点,陶察志(Tulczyjew)[7-8]以辛几何为基础,最终在一个扩张的辛范畴下实现了两种力学的同构,即辛同胚,并指出辛同胚保持了二者通过勒让德变换所保持的结构。

陶察志的方案是首先构造一个正则理论,继而说明每一个拉格朗日量/哈密顿量都表示一个几何对象(即一个拉格朗日子流形)①[9],这种几何通过表征拉格朗日量的对象与表征哈密顿量的对象之间的一个辛同胚得到保持,因而他需要通过应用一个到某流形的余切函子使该流形辛化并构造一个切触流形的辛化方法。[10]

拉格朗日力学与哈密顿力学辛同胚的存在,确保了我们可以找到拉格朗日力学和哈密顿力学的共有结构——扩张的辛范畴 $TT*Q$。通过把一个(哈密顿或拉格朗日)力学系统描述为一个在某抽象空间中的子流形,根据该空间的几何(记为 α)以及一个正则同构(记为 β),可以说明该空间上的曲线满足相关的运动方程。因此,$TT*Q$ 不但在数学上保持了两种力学的同构,同时也保留了运动方程等物理学的要素,它正是我们所探寻的经典力学结构。[11]

四、物理学结构的本体论意蕴

从结构实在论出发,以经典力学为例,我们证明了解决相同物理问题、揭示相同物理现象的不同理论之间应该而且能够建立数学上的同构,该同构就是物理学的结构。那么,由此得到的这一结构具有怎样的本体论含义?结构的实在性和组成结构的对象的实在性之间的关系又如何?我们试图借鉴数学的范畴结构主义来对此做出回答,尝试解决结构实在论面临的困境。

---

① 陶察志坚信"拉格朗日信条",即一切都是一个拉格朗日子流形。因此,他的任务就变为把辛几何中的所有重要概念都表达为拉格朗日子流形。所有力学系统都是一个恰当定义空间上的拉格朗日子流形。

1. 结构实在论的困境

由于对结构本体或认识意义的不同把握，结构实在论形成了认识的结构实在论（epistemic structural realism，ESR）、本体的结构实在论（ontic structural realism，OSR）和认识论的结构实在论三个版本。以沃勒尔（Worrall）为代表的 ESR 倡导者主张由数学揭示的物理学结构是实在的，是可知的，结构背后的本真世界也是实在的，但却是不可知的。从不可知的实体到可知的结构，ESR 存在认识上的断裂，如果结构是由实体组成的，是实体之间相互作用、相互联系的结果，如果实体不可知，则对于结构是怎样形成的，是怎样发挥作用的也就不可知。这样不可知的实体便对结构的可知性和结构知识的可靠性形成极大的约束和限制。[12]

解决这一问题的一种方法是从本体论上保留实体，并通过结构的可知性探究对实体的认知途径。这是曹天予提出认识论的结构实在论的初衷。他指出，只有非可观察实体的结构知识，而非数学结构本身（群，等等）作为整体的结构，才能给予我们对非可观察实体尤其是科学理论的基本本体的知识论进路。[13]因而不能把物理学结构消解为数学结构。一个物理结构只能被定义为它的本体论主要组成成分的结构，并且由它的支配成分行为以及把成分组成结构的结构定律来描述。如果没有成分的优先存在，就没有物理结构是可定义的，在这一讨论层面上的成分被正确地看作是没有结构的。[14]然而，这种认识论的结构实在论强调结构中成分的优先存在，本身就是把成分与结构之间的整体性进行了割裂。结构主义或结构实在论的根本宗旨是科学理论的本质在于结构，而不是孤立的实体或对象，认识论的结构实在论无疑是把结构实在论拉回到实体实在论的旧路上，仍会面临来自弗拉森等反实在论者的诘难。此外，它还需说明在认识实体的过程中数学结构何以发挥着不可或缺的重要作用。对物理结构与数学结构加以严格的区分，势必会割裂二者的紧密联系，无法为物理结构提供合理的认知途径。

OSR 的基本主张是，物理学结构就是数学结构，物理学的结构就是本真的物理世界，它是客观存在的。拉迪曼版本的 OSR 废除了对象，仅探讨结构，被称为"无对象观点"。法兰奇（French）版本的 OSR 坚持对象存在，但对象并非个体，被称为"无个体观点"。此外还有如埃斯菲尔德（Esfeld）的"无内在性质观点"，为了强调个体和结构，取消内在性质。然而，这些众多版本的 OSR 为了强调结构和关系的本体论优先地位，对于个体、对象或内在性质的取消使得关系或结构缺乏了关系者。因此面临的怀疑是，如果关系与结构独立于实体、个体及其性质而存在，我们甚至不能谈论关系与结构、同构或同态。[12]

对于经典力学而言，扩张的辛范畴 TT_*Q 是拉格朗日力学和哈密顿力学的共同结构，它是经典力学的理论结构。物理学结构就是数学结构，物理学结构的本体论问题因此可转化为数学结构的本体论问题。数学上的同构确保了我们可以在一个物理理论的不同数学形式之间找到它们的共有结构，这是揭示物理学理论结构的必要前提。在这个意义上，我们赞同 OSR 的观点，即物理的实在仅体现在基于数学的结构关系的实在性，而非特定对象的存在性之上。这里需要澄清的是，关于特定对象与结构中的对象应加以区分。OSR 反对的是特定对象或实体的存在，并不意味着反对结构关系中的对象——关系者的存在。

如何在承认结构实在的基础之上澄清结构关系中的关系者，化解结构关系和关系者截然二分的局面，成为结构实在论进一步发展中的关键问题。物理学结构除了一般化的结构关系之外，是否还应具有关系者，这些关系者给出物理学理论的细节与其间的关系，因而也应是构成物理实在的要素。我们认为，物理学结构是数学结构，但同时结构关系中的关系者也存在。正如泰博（Thébault）指出的，经典力学的本体结构不仅需要理论不同形式之间的相互关联，还需要找到一个恰当推广的物理-数学框架，该框架包括动力学结构的必要层次。[15]经典力学中，辛同构提供了两种力学的共同结构，但态空间、可观察量（位置、动量以及能量等）、时间项及其相互关系等的存在性保证了其动力学结构的完整性，它们构成了经典力学结构关系中的关系者，只有把这些内容纳入基于数学同构所揭示的共有结构之后，才能建立数学结构与物理结构的语义学联系，数学结构才会在物理上得到实现。这样一来，我们的主要任务就是找到一种恰当的本体论说明，既能揭示物理学的结构，同时将物理学结构中的关系者与结构关系协调统一起来，从而为结构实在论做进一步辩护。

2. OSR 的范畴结构主义辩护

结构的实在不仅体现在结构关系上，构成结构的关系者即对象与结构关系不是相互对立，而是统一在一起的，它们都是结构的重要组成要素，在本体论上没有谁优先于谁，而是具有同等的地位。在这个意义上，结构实在论的发展有赖于进一步对结构本身的本体论性探讨。目前范畴结构主义的研究成果为我们提供了很好的启示。范畴结构主义认为结构中的关系者与结构关系同等重要，二者不可分割。给出一个范畴，就给出了对象与箭头，也就是关系者与关系，它们同时存在，没有谁优先于谁，它们都是可认知的。通过这样的方式，范畴结构主义解决了关系者与关系的截然二分问题，将它们组织在同一结构之中。范畴结构主义的优势在于，它不管所探讨的主题是什么，所关注的结构只是能够对对象进行抽象，并通过反映对象间关系的映射或箭头呈现出来的范畴。这是高度抽象化的过程，但反过来，正是以范畴作为出发点，适用于任何特定的主题，从而得到不同的范畴。随着范畴的改变，范畴的对象与箭头也会随之改变。[16]

以范畴论为基本视域来审视物理学的结构，对象是当前范畴下的态空间与可观测量，箭头是当前对象之间或是函子之间的映射关系，即由运动方程所给出的可能的态与可观测量之间的函数关系。在经典力学框架的扩张的辛范畴下，拉格朗日力学和哈密顿力学的结构所具有的同构揭示的正是我们所探寻的经典力学结构。随着范畴的变更，范畴中的对象和箭头也会发生变化，同构关系也随之改变。随着经典力学范畴到量子力学范畴的变更，态空间变换到希尔伯特空间，(p, q) 被厄米算符所表征的可观测量代替，拉格朗日方程或哈密顿方程变更为薛定谔方程，态函数即波函数与可观测量之间的关系经由玻恩规则的概率解释发生了根本性的变革。理论的发展与更替这一动态发展过程，也可以用范畴的变更以及其中对象与箭头的变化来分析。新的范畴下，物理学理论的基本结构能够采用新的同构得到揭示。范畴结构主义对于结构实在论所要着重解决的相继理论之间的结构保持能提供更为恰当的说明。[17-21]

范畴结构主义将关系者与结构关系统一在同一结构下，为物理学的结构提供了坚实的实在基础。此外，范畴结构主义通过范畴以及同构的范畴依赖性为科学理论发展中结构连续性的说明，更为合理地解决了悲观元归纳问题。在这个意义上，范畴结构主义可以成为结构实在论的一种出路。

〈参考文献〉

[1] North J. The "structure" of physics: a case study. The Journal of Philosophy, 2009(2): 57-88.

[2] 武际可. 力学史. 重庆: 重庆出版社, 2000.

[3] 李德明, 陈昌民. 经典力学——理论物理课程改革初探. 大学物理, 2003, 22(3): 38-41.

［4］Swanson N, Halvorson H. On North's "The structure of physics". Manuscript, 2012.

［5］Curiel E. Classical mechanics is Lagrangian; it is not Hamiltonian. The British Journal for the Philosophy of Science, 2014, 65(2): 269-321.

［6］Barrett T W. On the structure of classical mechanics. The British Journal for the Philosophy of Science, 2015, 66(4): 801-828.

［7］Tulczyjew W M. Hamiltonian systems, Lagrangian systems, and the Legendre transformation. Symposia Mathematica, 1974, 14: 247-258.

［8］Tulczyjew W M. The Legendre transformation. Annales de L' I H Section A, 1977, 1: 101-114.

［9］Weistein A. Symplectic geometry. Bulletin of the American Mathematical Society, 1981, 5: 1-13.

［10］Meng G. Tulczyjew's approach for particles in gauge fields. Journal of Physics A, 2015, 48(14): 145-201.

［11］Teh N J, Tsementzis D. Theoretical equivalence in classical mechanics and its relationship to duality. Studies in History and Philosophy of Modern Physics, 2017, 59: 44-54.

［12］张华夏. 科学实在论和结构实在论——它们的内容、意义和问题. 科学技术哲学研究, 2009, 26(6): 1-11.

［13］Cao T Y. Structural realism and the interpretation of quantum field theory. Synthese, 2003, 136: 3-24.

［14］Cao T Y. Can we dissolve physical entities into mathematical structures?. Synthese, 2003, 136: 57-71.

［15］Thébault K. Quantization as a guide to ontic structure. The British Journal for the Philosophy of Science, 2016, 67(1): 89-114.

［16］刘杰, 科林·麦克拉迪. 数学结构主义的本体论. 自然辩证法通讯, 2018, 40(7): 1-11.

［17］Abraham R, Marsden J E. Foundations of Mechanics. Providence: American Mathematical Society, 2008.

［18］阿诺尔德. 经典力学的数学方法. 4 版. 齐民友译. 北京: 高等教育出版社, 2006.

［19］厄尔曼, 巴特菲尔德. 物理学哲学. 程瑞, 赵丹, 王凯宁, 等译. 北京: 北京师范大学出版社, 2015.

［20］王巍. 结构实在论评析. 自然辩证法研究, 2006, 22(11): 34-38, 48.

［21］赵丹. 经典力学核心哲学论题的当代发展. 科学技术哲学研究, 2017, 34(1): 26-30.

试论多维视域下当代生命观的建构[*]

——基于"进化"的思考

王姝彦　郭一裕

对生命现象的关注与思考古已有之，生命的本质与源头直接关涉自然、社会、心智等各大领域的交集，生命问题历来也是科学探索与哲学考察的重要论域。长期以来，来自不同领域的学者基于各自的学科本位、研究实践、观察视角等对生命的性质、特征、构成及机能方面进行了富有成效的探讨，从而也在此过程中导生了旨趣各异的生命观。[1]在当代科学技术突飞猛进以及哲学理性反观、重思传统观念的时代主题之下，传统哲学论题的观念性重构等理论诉求日益彰显，而对生命本质及其相关问题的追问与理解亦在此"科学与哲学互动"语境中愈加得到跨学科、立体性、多元化的深化与拓展。由之，在多维视域下把握生命进化及其当代意涵的基底上，将生命观的研究置于相关哲学思想流变以及最新科学进展框架之下，进而从物质、心灵与认知、社会与文化、科学与技术、伦理与道德等维度对生命观加以多元重塑，也就成为"科技进步与哲学观念当代重构"的题中应有之义。

一、当代生命观建构的理论语境：科学与哲学的互动推展

当代科学技术的迅猛发展对于人类认知与把握世界所产生的深重影响可谓不言而喻。无论是量子力学抑或是生命科学、类脑科学，无论电子时代抑或信息时代、人工智能时代，科学前沿活动所获取的丰硕成果无疑是促使哲学思维下种种观念得以重塑与变革的重要推力。科学进步之于当代哲学的理性重思、反观以及创新具有不可或缺的意义和价值，同时也不断刷新着当前哲学探问的主题、论域和界面，进而在根本意义上关涉如何重塑关于客观自

＊ 原文发表于《科学技术哲学研究》2019 年第 5 期。

然、生命现象以及人类思维的理性认识等深刻论题。可以说，重视科学领域的最前沿发现与最新理论突破以及由之引发的一系列认识论、方法论变革，已成为当代哲学反思探寻其新逻辑框架的一个重要向路，而目前哲学发展与科学进步之间的密切互动较以往任何时期都更为鲜明、错综与层叠。

尽管哲学思维方式与科学思维方式迥然不同，且固守于西方传统哲学的一些哲学家或多或少对日新月异的科学领域表现出一定的消极态度，然而，哲学的历史沿革始终伴随着特定的科学进步，科学世界观的变化始终助推着哲学观念的革新。反之，当代科学的发展历程也与哲学特有的思维方式不无关联。一则，科学家从事研究活动时在主观上秉持一种无伤害原则，其主旨与哲学对人类福祉的关心完全一致，这可以说是科学研究工作的形而上学基础；再则，科学研究的观察实验方法与哲学知识论对经验来源的推崇也是一脉相承，从而使得科学研究的可观察性、可重复性以及可操作性等特征具有了哲学认识论的意义，而这恰恰构成了科学研究的一种认识论前提。

作为哲学研究重心之一的科学哲学，其兴起与推展更成为当代科学探索与哲学反思之间互通的必要纽带。就其时下情状而言，科学哲学已不再局限于一般科学本质与科学合法性论题，而是日益关注具体科学哲学当中引发的独特性论题，进而尤其表现为对于物理世界、生命世界以及心灵世界等核心对象的观念性建构诉求。基于传统哲学论题在科学前沿最新进展语境下的再"发酵"，科学哲学的理论建构也不断得到拓展与深化。基于上述科学与哲学互动语境下的总体特征，当我们聚焦于当代生命科学及其相关领域，自然可以看到，其一系列重大成果从多方面促进了人类对于生命现象的本质追问，这毫无疑问地成为展现科学进步的旗帜之一。同时，对生命现象的科学研究亦从多面相、多维度、多层次对生命观这一重要哲学论题提出了新的挑战与认识，也在更深远的意义上体现了哲学传统观念当代重构的基本诉求与共识。

二、当代生命观建构的实践向路：生命本质阐释的多元拓展

虽然"生命是什么"这一问题，在一定时期曾遭到一些科学家与哲学家的质询与诘问，但总体而论，有关生命种种难题的孜孜以求从未停止。概言之，人类思想史上对于"生命"的探问可谓纷繁复杂，无论是哲学，抑或是生物学、物理学、化学、天文学、地质学等传统基础科学，还是社会学、人类学、考古学等人文社会科学，以及当代由计算机科学、人工智能、心理学、

神经科学等构成的具有高度跨学科性质的认知科学，皆在尝试揭示生命的本质、起源、构成、机能、特征、意义等方面做了大量有益且富有创见的探讨。这些多元化的实践基于其学科范畴、研究传统、理论旨趣、立场方法、技术手段以及社会背景与文化情境的不尽相同，进而汇聚、整合，形成了面相丰富、日趋宏阔的当代生命观图景。

在哲学思想史上，众多哲学家从不同角度和侧面对于生命论题给出了自己的解读和阐发。谈及古希腊时期对于生命本质等问题的追问，较系统的研究莫过于亚里士多德。在其看来，有无"灵魂"（soul）是"有生命物"与"无生命物"之间相区别的本质特征，前者有而后者无，具有"灵魂"也就具有了行使特定功能的特定能力，反之若没有则不具备上述能力。[2]近代科学革命导致科学技术迅猛发展，生命科学也取得了许多突破性进步，更多哲学家开始聚焦于生命及其意义等问题，生命哲学随之崛起，叔本华、尼采、狄尔泰、柏格森等人富有创见的思想使得欧洲生命哲学成为彼时一股鲜明的哲学思潮。这股思潮着眼于生命体验、生命意志、生命生成、生命认知等问题加以推展，不仅极大地拓展了人们对生命的认识，并且对其后现象学、存在主义以及当代心灵哲学与认知科学哲学也产生了深远的影响。当代科学技术的日新月异更是持续性地撼动了既往对于生命的解释，进而导致生命观的不断刷新与重塑。一方面，当代哲学家继续关注有关生命的传统问题。另一方面，科技发展的新生产物又在很大程度上拓宽了哲学家的相关研究域面。例如，计算机科学与生物学前沿交叉促成了人工生命的诞生，人工生命本着对生命本质加以阐释这一要旨，其目标在于倡导一种变革性实验，而这种变革性实验所依赖的基础则是新奇的类生活组织与过程。正因为如此，有关人工生命的研究助推了关于生命的广泛关注。[3]此外，合成生物学的长足发展实现了全新生命体的构造。毋庸置疑，这些新进展无论在本体论层面、认识论层面，还是方法论层面都具有重要的哲学意义，不仅拓新了生命研究的基本模式，打破了原有生命解释的普遍性，为我们深入、系统理解生命提供了全新、有效的方法和途径，而且在很大程度上拓展了生命存在的种种可能形式。此外，伦理学层面的关切、反省与重审也随之迅速铺展而至，在科学精神与人文精神相融的视域下将有关生命研究的最新成果置于道德、法律、文化、社会、生活等维度，从而进一步深化了对生命的哲学理性观照，在最终意义上为反观既有生命解释并在其基础上对生命观加以当代重构提供了不可或缺的经验域面与理论维度。

在科学发展历程中，各学科对于生命的种种研究已有丰富累积，可谓视角多元、方法多样、异论纷呈、观点林立。概言之，其主旨一方面主要聚焦于生命的结构与组成，这类解释从细胞结构到分子组成再到基本元素甚至更微观层面进行分析，辅以不断精进的现代研究方法和手段，取得的成果日渐精细化。另一方面则着重阐释生命的属性及特征。例如，薛定谔将"新陈代谢"看作生命所具有的独特特征，强调生命的本质就在于新陈代谢[4]；迈尔（Mayr）[5]、科什兰（Koshland）[6]都曾通过探讨生命的种种特征来对其进行定义；法默（Farmer）和贝林（Belin）对生命的定义也采用了繁殖、过程、进化、稳定等属性[7]；道金斯（Dawkins）则强调生命的本质就在于"适应复杂性"[8]；贝多（Bedau）在进化论基础上进一步提出了"顺从适应"（supple adaptation）概念[9]。此外，基于不同的科学研究进路，还有学者将生命的本质定位于"自我维持的化学网络系统""协同自我催化系统"，以及"组织复杂性和目的性""自主性-开放式进化"，如此等等。尽管这些基于属性或特征的界定各有其核心与侧重，但总体而言，新陈代谢、生长、发育、自我繁殖、遗传、变异、自我调节适应、对外界环境刺激做出反应及进化等能力已作为生命与非生命相区别的重要表征而得到广泛讨论。

当代的生命研究显然已不再仅仅是遵循哲学或科学的单一径路，而是在整体上呈现出纷繁交错、高效互动、融合更新的发展态势与特征。其一，基于当前哲学发展与科学进步之间在整体上的密切互动情境，有关生命哲学与科学考察也愈加彼此高度关联、互为助力。一方面，对生命的哲学探究已远离传统的扶手椅式思辨，转而密切关注并寻求生命有关科学前沿的经验证据支持；另一方面，对生命的科学探索及其最新理论突破越来越需要寻求在哲学层面所能给出的本体论确证、认识论辩护以及方法论支撑。其二，当前的生命研究已经形成鲜明的跨学科研究范式。这种研究范式辅以多元的方法论借鉴与融合，使得对于生命本质的认识，无论在深度上还是在广度上，无论在微观层面、宏观层面还是宇观层面，都取得了前所未有的突破。多学科、多层次、多维度、多视域的综合交叉研究无疑可为当代生命观的立体化架构奠定丰富的理论资源基础。其三，当代有关生命的探讨与认知之间的关联愈加紧密。既往对于生命的探讨不乏涉及生命与认知之间的关系，例如传统的欧洲生命哲学思想中，很多流派在生命本质与精神本质关系问题上都存在一定的理论预设。当代跨学科研究范式下认知科学的崛起，更加使得这一问题凸显出来，生命与认知之间的高度关联性在相关理论建构中愈渐鲜明。一方面，从生命本性的角度来理解认知是认知科学中存在的一个重要进路[10]，脱离生命视角对认知的把握必然形同"无本之木"；另一方面，认知活动已被看作是生命活动的一个子集，撇开认知活动对生命的阐释无疑是残缺不全的。在此意义上，"心灵与认知"维度之于当代生命观体系的构建显然不容忽视。

总之，在试图建立科学与哲学相互连接与共生的融合性视域下，在生物学、化学、物理学等传统自然科学的丰富奠基下，在以计算机科学、人工智能、认知心理学等为引领的新兴科学的大力助推下，在哲学以及社会科学的深度观照下，当前有关生命的整体研究与认识已经发生了质的变化，这种变化既不仅仅体现为对生命传统问题的拓展、延伸与重构，也不仅仅体现在生命相关新论域、新论题的形成与发展，而是更加体现在其多学科交叉、多方法交融的跨学科研究方式上。这不仅有助于各种生命认知新模式的问世，而且在更深意义上蕴含着特定的生命观新维度与生命观新结构。

三、当代生命观建构的思想基底：进化域面的多维延展

在对生命现象进行研究的过程中，"进化"始终是其核心概念之一，既往对于生命起源、本质及特征的种种阐释及其相应生命观的生成也总是镶嵌于特定的进化理论语境之中。可以说，生命认识的每一次进步、生命观的每一次变革都与进化概念的多面相科学重构具有密切的相关性。进化概念在物质基础上再至心灵与认知、社会与文化、科学与技术、伦理与道德等维度的延展与变化也在一定程度上使得这些维度在理解生命这一主旨下有机地融合起来，进而成为生命观蕴意在各个相关科学域面合理推展的思想基底，同时也集中反映了生命观念以及生物学哲学观念的整体进步。在此意义上，"进化"之于"当代生命观"的意义，无疑典型地例示了"科学进步"之于"哲学观念当代重构"的意义。

可以说，"进化"概念作为解读生命的一个重要视角，首先有其解释向度上的重要意义。生物学哲学领域内，有关生物学解释的特征及其与正统科学解释之间区别的论述已不鲜见，而这也正是在重新审视生命相关基本问题时无法回避的一个前提性拷问。如我们所知，科学解释的正统理论以完全形式化的逻辑重建纲领为核心，以"科学解释是由普遍律所做的推理"为基础，其标准的解释形式要求是一种严格的演绎公理体系，而以生命现象为分析对象的生物学解释显然不具备此特征，其解释过程对于一些理论术语如"目的"

等的使用在实质上是一种以进化为基点的"远端"解释。在生命这一层面，除了特定的物-化规律，目的性规律也具有重要作用。作为自然选择的结果，生命活动的特征并不仅由生命体的近端性质所决定，更由进化过程中生命体与环境之间逐渐形成的一种整体性关系性质所决定。换言之，对于生命体来说，基于自然选择的远端环境相较其近端关系具有更强的解释效力。如果不考虑生命体远端的程序目的性取向，而只依据其近端的直接因果关系来阐释其活动，则无法把握生命现象内在的整体性特征。在此意义上，欲对生命现象进行全面的把握，进化视角及其基础上的远端解释无疑不可或缺。

此外，"进化"概念的多域面延伸也为多维度理解生命本质并在其基础上重新审视生命观提供了一贯性的思想脉络。具体而言：首先，不容置疑的是，对于生命进化而言，自然选择始终是其核心概念之一，尽管自然选择的单位（基因、个体还是群体、物种）问题在生物学哲学中一直存在纷争，但基因层次作为进化的一个重要物质维度，对于阐释生命活动及其机制、特征等所具有的重要意义是显而易见的。其次，不可否认，生命进化显然并不只是基因层面的事务，其全过程不可避免地卷涉于特定的社会与文化因素之中，基因-文化协同进化的概念已受到广泛关注与讨论。再者，在协同进化情境下，基因进化与文化进化之间应当存在某种形式的关联和结合，而从基因到文化的"传递"或"转译"过程中，心灵与认知使二者的关联与结合成为可能。这里的基因-文化转译指的是个体认知及其对文化基因的选择可被转换为一种文化模式，而认知受后成法则所制约，进而由基因所决定。[11]正是在此意义上，基因、心灵与文化便有机地融于协同进化过程之中。另外，当代科学技术的长足进步以更加迅猛的速度改变着生命发展或进化的方式、方向与路径，因而科学与技术之维对于生命认识的影响可谓至关重要；当然，科学技术对于生命意涵的不断变革与刷新，在另一面也产生了一定的消极影响，进而导致诸多伦理与道德问题，而伦理规范与道德制约也在一定程度上避免了生命科技的无限度使用与发展，从而在一定范围内调节、规约着相关的生命认知。

综上，生命进化过程已然融入物质、心灵与认知、社会与文化、科学与技术、伦理与道德等维度的合力，在进化基底上，不同视域下对于生命现象的探讨可以有机衔接、交叉、互渗、相融。由之，生命观的当代重塑至少应涵括上述各维度的相关前沿进展，进而生成以下生命认识的多元架构。

其一，基因进化与当代生命观的物质维度。基因的本质直接关涉生命的遗传与进化等问题。基因作为生命的分子基质有何实在性意义？基因科技的日益突破，是否意味着基因在对生命本质的认知中愈加关键？基因与体内外环境之间的相互作用对于生命活动及过程有何重要影响？基因的决定论和非决定论之间的争论，在很大程度上决定了人们看待生命的倾向性。

其二，群体进化、文化进化与当代生命观的社会维度。新达尔文主义革命源于群体遗传学方法的革新，对于生命的认识焦点逐步由个体扩展至群体，并将环境生态因素纳入，最终在 20 世纪后半叶形成现代综合进化论体系。同时，社会生物学的新综合、群体层面表现出的利他协作，将我们对包括人类在内的生命个体与群体的认识推向新的维度，从生命的社会性视角构筑了关于协同进化的认知。

其三，心灵进化、智能进化与当代生命观的认知维度。如前所述，通过心灵这一认知桥梁，生命实现从基因到文化所有形式的发育过程成为可能。作为生命高级形式所具有的特征，心灵的本质以及智能的产生与属性始终是科学家与哲学家要阐明的现象。当代认知科学、人工智能等领域的迅猛发展，为重新理解心灵与智能的本质提供了学科之间相互作用交叉的一个系统性框架，从而对当代生命现象的研究提出了新的课题。

其四，人工生命、合成生物与当代生命观的科技维度。当代人工生命与合成生物学研究的兴起在一定程度上拓展了生命的可能界限，提供了探索生命的崭新手段，而且提出了诸多关于生命的新知与见解，在一定意义上促动了生命观的进一步重塑。因此，在对人工生命、合成生物的类型及其思想旨趣进行勾勒的基础上，阐明其实践给生命认识所带来的反思与挑战，就成为当代生命观建构在科技视域下的一项理论要旨。

其五，道德进化与当代生命观的伦理维度。一方面，神经科学等学科的进步给我们重新思考道德的起源、演化提供了更多的科学依据，同时也对传统关于道德本质的认识提出了新的挑战，进而拓展了生命观的道德研究维度。另一方面，从伦理视角对生命观的审视也促使我们进一步对生命给予更多的人文关怀，并在此基础上重新认识生存、复制等生命相关问题，从而构成理解生命的一种必要的伦理观照。

四、结语

总之，如果说当代科学哲学在整体上所展现的融合更新与互促发展态势构成了当代生命观建构的外在动因，那么哲学、科学内部对于生命细致多元的探索及其取得的丰硕成果则不可避免地对生命观的当代重塑提出了内在诉求，此外，生命与进化的本质关联，以及进化作为一种理论视角，可将有关生命认识的种种维度有机融合起来，这在深层意义上为生命观多维体系的合理搭建提供了必要的逻辑起点与推展进路。不言而喻，生命本质关涉许多哲学难题，其种种论题在当代科学与哲学中的日渐深化不仅深度影响着当代生命研究的整体趋向，也必将在本体论、认识论、方法论、价值论等层面持续性地触动既有的生命观意蕴。一言以蔽之，生命观的当代建构已不再是一种简单的生物学事务，而是一个有着稳定的主旨内核、深厚的理论积淀、模糊的学科边界以及开放的融合视域的广博性研究领域。

参考文献

［1］王姝彦. 人工生命视域下的生命观再审视. 科学技术哲学研究, 2015(4): 17-21.

［2］方卫, 王晓阳. 认知科学关于生命本质研究中的三个关键困难. 自然辩证法通讯, 2016, 38(4): 54-60.

［3］Matthen M, Stephens C. Philosophy of Biology. Amsterdam: Elsevier, 2007.

［4］Schrödinger E. What Is Life?. Cambridge: Cambridge University Press, 1992.

［5］Mayr E. The Growth of Biological Thought. Cambridge: Harvard University Press, 1982.

［6］Koshland D. The seven pillars of life. Science, 2002, 295(5563): 2215-2216.

［7］Boden M A. The Philosophy of Artificial Life. Oxford: Oxford University Press, 1996.

［8］Dawkins R. Universal Darwinism//Bendall D S. Evolution from Molecules to Man. Cambridge: Cambridge University Press, 1983.

［9］Bedau M. Four puzzles about life. Artificial Life, 1998, 4(2): 125-140.

［10］李恒威, 肖云龙. 自创生: 生命与认知. 上海交通大学学报(哲学社会科学版), 2015(2): 5-16.

［11］Lumsden C J, Wilson E O. Genes, Mind, and Culture: The Coevolutionary Process. Cambridge: Harvard University Press, 1981.

生物学中的非还原解释[*]

—— 额外信息论证

方 卫

一、引言

在生物学哲学中一直有着还原论与反还原论的争论，而近年来围绕着"解释还原论"（explanatory reductionism）的争论，日益吸引着学术界的注意①。尽管文献中关于解释还原论存在各种不同的说法，但它们的基本思路仍然有迹可循②：解释还原论的支持者一般认为，一个相对高层面的（a higher-level）现象（或事实、状态、过程、事件）总是可以被一个相对低层面的（a lower-level）现象所解释，而且，真正有解释力的陈述总是基于相对低层面的现象③。

解释还原论可以看作是理论还原论的弱化版本，它在批判地继承了"还原"这一中心主旨的基础上，对理论还原论又有所推进。具体来说，对理论还原论的推进表现为如下几方面。其一，解释还原关注的不再是作为整体的某个科学理论（如群体遗传学），而是某些局部性的知识，如一个个具体的描述、经验概括、定律、机制甚至是单个的观察报告。因此，解释还原论不再要求一个理论被另一个理论演绎地推导出来。这样一来，解释还原论自然不再要求被还原的局部性知识满足所谓的"可推导性条件"（即一个理论可以借助桥接定律或对称规则将另一个理论整体地推导出来）和"可联结性条件"（即被还原理论的谓词可以与还原理论的谓词系统地联结在一起，或被后者的谓

---

* 原文发表于《科学技术哲学研究》2019 年第 6 期。

① 据萨卡的分类，解释还原论是认识论还原论的一种，区别于本体论还原论和理论还原论。[1]

② 凯瑟（Kaiser）进一步区分了解释还原论的两个亚种：①对于同一个现象的两个解释之间的关系，一个是高层面的解释，一个是低层面的解释；②单一的解释，即给定一个高层面的现象（或事实、状态、过程、事件），总可以找到一个相对低层面的现象来对之进行解释。[2]由于文献中大部分学者在谈论解释还原时都是指第二种类型，故本文将主要探讨第二种解释还原论。

③ 层面的高低都是相对的，如细胞层面相对于分子来说是高层面，但相对于组织来说又是低层面。

词系统地定义）。[1]其二，解释还原论者主张，生物学中的还原往往是以一种"零敲碎打"的方式进行的，而非像传统的理论还原所要求的那样是成系统的。例如，传统的理论还原号称可以将热力学整体地还原为统计力学，而某些生物学家也曾尝试将孟德尔遗传学整体地还原为分子遗传学，尽管这种尝试被普遍认为是行不通的。解释还原论主张的这种"零敲碎打"的方式的好处在于，我们可以说解释还原是一项正在进行中的未竟事业，而且也没有任何先验的理由来拒斥其最终完成的可能性。其三，理论还原论者往往更加富有雄心壮志，他们试图将生物学还原到物理学，而解释还原论者则温和得多，他们所要求的还原仅仅是在生物学的内部，如将孟德尔经典遗传学中的某些现象还原为分子生物学中的某些现象。

然而，尽管解释还原论对理论还原论的不足之处多有修正，其本身的合理性仍然是值得拷问的。本文将论证，对于解释某些生物学现象来说，仅仅提供其微观层面的信息并不能很好地解释该现象。要很好地解释该现象，我们有时候必须诉诸空间的、结构的、拓扑的、几何的或数学方面的信息，而这些信息往往不能简单地归结到被解释现象的微观层面去。[3-6]换言之，被解释现象的微观层面的信息对于解释该现象来说或许是必要的，但不是充分的——要补全充分的信息，我们必须求助于上文提到的那些非微观信息。

二、案例研究：生态学中的几何解释①

我们首先来考察一个生态学中的解释案例，这个案例中几何信息扮演了极其重要的角色②。假设我们有两个细菌群落，A 菌落的所有个体都是最适应的，而 B 菌落的大多数个体都非常接近于适应。这两个菌落的个体分布是很不一样的：A 呈现为一个山峰形，而 B 呈现为平地形。现在我们把这两个菌落放在一起培养，让它们相互竞争，看哪一个菌落最终会胜出。研究表明，当二者的基因突变率都很高时，平地形的菌落总是会胜出。那么问题来了，在同等条件下，为何平地形菌落总是能胜出？更具体地说，二者拥有着不同的几何学特征：锐利性（sharpness）和平展性（flatness）。鉴于二者不同的几何学特征，对上文问题的一个可能的解释是：之所以当突变率很高时平地形菌落总是能胜出，是因为平地形具有几何学特征"平展性"而山峰形具有几

---

① 本文将生态学理解为广义生物学的一部分。
② 该案例来源于于内曼（Huneman）。[7]

何学特征"锐利性"；而之所以这些几何学特征是重要的，是因为对于平地形而言，一个随机突变有很高的概率发生在平原上，而对于山峰形而言，一个随机突变有很高的概率发生在适合度峰值的陡坡处，使其适应性降低（值得注意的是，这里所说的"锐利性"、"平展性"和"平原"都是在比喻意义上用的，目的只是为了用直观和形象的语言来表达抽象的几何属性；另外，这些属性也只有在针对细菌群落时才有意义，它们表达的是细菌群落的总体属性，因而不能用来描述任何个体的细菌）。[7]

换言之，对于平地形而言，由于其大部分个体都分布在广阔的"平原"上，而平原上任何一个个体发生突变后停留在平原上的概率仍然很高（因为广阔的平原占据了大部分可能性空间），所以总的来说平原上的个体有很高的概率保持其适应性不变；而山峰形则没有这么幸运，因为个体一旦发生随机突变，就有很大的风险（或可能）从最大适应性的"山峰上"跌落下来，从而降低整个菌落的适应性。因此，仅仅依赖于两个细菌群落的几何学特征以及初级的概率知识，我们便很好地解释了为何一个群落在竞争中总是胜出而另一个总是落败；而且，所获得的解释还有另一层认识论价值：预测。就是说，只要给定两个细菌群落，且它们分别呈现出锐利性和平展性，那么当突变率很高时，我们总是能够成功地预测哪一个菌落会在竞争中胜出（当然，这里必须预设"其他情况均同"）。

由此，我们便得到了一个基于几何学特征的解释，这个解释并没有在细菌的微观因素层面（如分子）进行，尽管它提到了基因的随机突变①。与之对比，一个解释还原论者所要求的解释应该主要是在细菌的微观层面展开的，如细菌的某些基因是如何调控的，它们的大分子（如蛋白质）是如何相互作用的，某些外部环境的信号（如葡萄糖浓度）又是如何刺激细菌做出生化反应的，等等。然而，我们所看到的解释并没有深入细菌的分子层面，因而，我们认为它是一个非还原的解释。不过，解释还原论者或许还有话要说。

三、反驳一：几何解释不算真正的解释

还原论者可能会采取釜底抽薪的策略。他们可能反驳道：几何解释压根

---

① 值得注意的是，在于内曼的原文中，他将平展性和锐利性看作是两个拓扑学特征。然而，正如坡科威尔（Pocheville）所指出的，这两个属性并非（独立的）拓扑学属性，因为存在着将一者变换为另一者的连续变换——也就是说，二者实际上是同一个拓扑学属性。不过，尽管二者并非不同的拓扑学属性，但它们仍然是两个不同的几何学属性，而且与解释为何那两个细菌群落表现出不同的行为相关。

就算不上是一个科学解释！这是因为，几何解释并没有提供给我们所关心的因果机制，而这些因果机制必须要追溯到微观层面才可能会找到。不过，该反驳似乎犯了"循环论证"的错误，其论证思路如下：微观层面的解释是因果机制解释，而只有因果机制解释才能算得上是真正的解释，因此，非因果的几何解释不是真正的解释。然而，只有预先假设了因果机制解释才是真正的解释，其结论才可能推导得出来。但问题正在于，难道只有因果机制解释才能算得上是真正的解释？这在当今世界科学哲学界仍然是一个具有广泛争议的问题，限于篇幅，本文不可能涉足其中并提出自己的解决方案①。

我们在这里可以做的是，找到争论双方都认同的共同基础，然后以此展开对话。而伍德沃德（Woodward）关于科学解释的介入主义方案，似乎被学界广泛认同。据伍德沃德的介入主义方案，一个解释项之所以有解释力，是因为它可以帮助我们找到对被解释项造成影响的相关因素，并在解释项的相关因素与被解释项之间建立某种依赖关系。[13] 例如，胡克定律之所以有解释力，是因为它告诉我们，当我们将一个弹簧拉伸 x 的距离时，我们就知道弹力 F 将如何变化，并且，我们也知道拉伸距离与弹力之间的依赖关系是相对稳定的。总之，伍德沃德的理论的核心要点是依赖关系和依赖关系的相对稳定性。注意，这个稳定性只是相对的，它只存在于一定范围内，超过这个范围稳定性可能会被破坏。回到胡克定律：给定一个弹簧，可以拉伸的距离 x 是有界限的，超过这个界限，弹簧可能因为损坏而不再具有弹力，因而依赖关系也就被破坏了。尽管上述案例涉及因果关系，但伍德沃德的方案的魅力就在于，它也可以应用到非因果的情况——正如他自己在论述生物学中的哈迪－温伯格方程时所说的，只要我们可以展示基因频率会如何随着等位基因的初始频率不同而不同，那么它也是一个科学解释。[14]

基于这样的认识，我们来看看我们的几何解释是否也能满足伍德沃德的方案。首先，我们也可以对细菌群落做介入操作，如改变菌落 A 内部的个体特性，从而使菌落 A 表现出平展性而不是锐利性，然后，再将改造后的菌落 A 与原来的菌落 B 放在同一个培养皿中使二者竞争。我们可以预计，当基因突变率很高时，由于二者具有相同的几何属性，二者都不会在竞争中明显胜出——有时候可能是 A 胜出，有时候是 B，或有时候二者打成平手。这样，

---

① 如果想了解相关争论，可以阅读 Baker[8]、Batterman[5]、Colyvan[9]、Lyon[10]、Lange[11]、Pincock[12] 的相关文章。

几何解释就满足了介入主义方案的第一个条件：我们可以找到可能对被解释项造成影响的相关因素（在此例中是几何属性），并且我们也可以预测到（或观察到）可能会造成的实际影响（即哪一个菌落胜出）。

其次，这种解释项的相关因素与被解释项现象之间的依赖关系是相对稳定的。我们看到，几何属性与被解释现象之间的关系具有一定的稳定性，改变某些微观层面的细节并不一定会破坏该稳定性。如此一来，我们的几何解释满足了伍德沃德介入主义方案的所有条件，因而我们也有理由称之为合格的科学解释。

四、反驳二：几何解释可以被还原

不过，解释还原论者不会那么容易束手就擒。一方面，他们可能会承认几何解释的合理地位；但另一方面，他们可能会诘难，即使几何解释够得上科学解释，那也不过是不彻底的科学解释而已。那么，现在的问题是，我们是不是还可以将几何解释继续还原到微观层面的因果机制解释？答案是否定的。这里有两方面的原因。第一，也是最重要的是，几何属性可以相对独立于该现象的微观过程（或状态、事件、活动、机制等），即使这些微观过程在因果上对于该现象的产生来说是相关的，这是几何属性的相对独立性。[7] 换言之，就算我们把该现象的微观过程由 U_1 变到 U_2，该现象的几何属性仍然保持不变。

为了说明这一点，我们来看一个案例。假设菌落 B 有三个子菌落 B_1、B_2 和 B_3，它们共享相同的几何属性 T（即平展性），而它们的微观因果过程则迥异①。例如，由于某种生化机制，B_1 的个体倾向于抱团生长，B_2 的个体倾向于分散生长，而 B_3 的个体则倾向于无序生长（既不抱团也不分散）。另外，假设有一个具有几何属性 T_j（即锐利性）的菌落 A。现在，我们分别将 B_1 和 A，B_2 和 A，以及 B_3 和 A 放在一起培养，让它们相互竞争，然后观察每一组中到底哪一个菌落最终会胜出。

我们可以预测（或者在实际实验中验证），当基因突变率很高时，B_1、B_2 和 B_3 均会在与 A 的竞争中胜出，而对此的解释也与上文的第一个案例相同。这个案例表明，微观层面因果机制的不同不一定会导致最后的宏观结果不同，

① 这个例子同样来源于于内曼[7]。

这也提示，对于某些现象的解释可以在宏观的几何属性层面开展，而不一定要深入该现象的微观层面去。值得一提的是，这么说并不是要否认微观层面的因果相关性；微观层面当然是因果相关的，它们是任何宏观现象之所以发生的基础所在。不过，微观层面的因果作用可以被宏观层面的作用或属性所"屏蔽"（screen）掉——不同的微观基础可以产生相同（或相似的）的宏观现象，因而看起来似乎微观因素并没有在因果上发挥作用①。

否定几何解释可以被还原为微观的因果机制解释的第二个原因，与科学解释的模态力（modal power）有关——如果我们真的把几何解释还原到因果机制解释，那么将面临解释力的极大损失。这是因为，几何解释——作为数学解释的一个类型——具有一种它的竞争对手（即因果机制解释）所没有的模态力：几何解释不仅仅展示某个现象是以何种具体的方式而实际发生的，而且也展示某个实际发生了的现象必然会以这种方式发生。例如，一个因果机制解释可能会说，由于这样或那样的具体微观因素（如与菌落倾向于抱团生长相关的生化因素），菌落 B 实际上真的在与 A 的竞争中胜出了。与之对比，一个几何解释则会说，不管菌落的具体微观因素是什么——比如，不管是与抱团生长相关的生化因素，还是与分散生长相关的生化因素——当基因突变率很高时，一个具有平展性的菌落总是会在与一个具有锐利性的菌落的竞争中胜出。前者告诉我们的信息仅限于实际上发生了什么，而后者告诉我们的信息还包括了模态上更强的"必然会发生什么"。

因而，只要我们所关心的解释不仅仅关涉某些具体的微观因果机制，同时也关涉某种具有一般性的、可以由许多不同的微观过程所产生的现象，那么，将具有一般性的几何解释还原为具有特异性的因果机制解释必然会导致解释力的损失。不过，一般性也是相对的，因为因果机制也有一定的一般性，正如机制的提倡者所言：在相同的条件下，机制总是或大部分时候都是以相同的方式活动的。[16] 诚然，机制也有一般性。然而，机制的一般性与几何属性的一般性比起来还是相去甚远的。因为，正如上文的例子所示，我们可以从不同的机制中抽取出相同的几何属性（如因果机制不同的 B_1、B_2 和 B_3 都享有平展性），而将机制由 U_1 变换到 U_2 并不一定会带来宏观现象的变化。由此，我们说几何解释比因果机制解释具有更高的一般性（对应于上文提到的更大的模态力）。

基于解释的模态力或一般性程度的差异，一个附带的差异是解释的预测

---

① 关于因果屏蔽的讨论，参见萨尔蒙[15]。

力。一个因果机制解释——因其有限的一般性——自然也有一定的预测力，但它的预测力与几何解释的预测力相比还是要差很多的。例如，一个因果机制解释仅仅能预测当某些非常局部和细节的条件满足时，一个系统会如何表现，而一个几何解释则可以直接越过这些局部和细节方面的条件，预测当某些宏观的几何属性满足时该系统会如何表现——要知道，具有不同局部和细节的千差万别的系统有时候也可以满足同样的几何属性。总之，基于上述理由，我们说几何解释是不能被还原为微观的因果机制解释的。这一方面是因为几何解释本身即是合理的、自足的解释，另一方面是因为任何试图还原几何解释的努力都会导致解释力的下降——而不是还原论者通常所期望的解释力提升。

五、调和几何解释与因果机制解释

上文很容易给人们留下一个印象，即非因果的、宏观的几何解释似乎总是要和微观的因果机制解释相冲突，或至少二者之间存在着"有你无我"的竞争关系。然而，事情也并非总是"你死我活"那么绝对；尽管有些时候我们必须在几何解释和因果机制解释之间做出选择，但也有一些时候，二者其实可以肩并肩地协同合作。[6, 17-18]

关于这一点，我们可以看一个实例：生物学中对合作的进化的解释，这个解释既涉及微观的因果机制，也涉及宏观的拓扑学特征①。合作是生物个体之间的一种相互作用关系，这种相互关系一般对于行为的双方都有利。对于该现象的一个假说认为，如果愿意合作的个体与同样愿意合作的个体（而不是想占便宜者）相互作用，那么很有可能这些个体所在的群体进化出合作行为。[19]对于该假说，我们可以找到自然选择理论来为之奠基，而后者正是擅长于揭示个体之间相互作用的因果机制的。因而，我们说我们获得了一个关于合作行为的进化的因果机制解释。

不过，我们还可以从宏观的相互作用网络来解释该现象。我们可以想象，愿意合作的个体构成了一个相互作用的网络结构，而这个网络结构必定具备某种独特的拓扑学属性。我们只需研究该拓扑学特征而无须深入个体间具体的因果作用细节，即可得出与上文相同的结论：愿意合作的个体更有可能聚集在一起，因而导致这些个体所在的群体进化出合作行为。[20-21]

---

① 这个案例也是来自于内曼[7]。

那么，这两个解释是不是在自说自话呢？当然不是，它们之间有着深层的联系：拓扑学解释设定了一个限定条件（或框架），它限制了哪些与合作相关的相互作用是可能的，哪些是不可能的，因而，它提供了一个背景环境，在该环境中自然选择可以产生各种不同的合作性结果。[7]

由此，我们不仅看到了宏观的拓扑学解释（或其他宏观的非因果机制解释）与微观的因果机制解释并不冲突，也看到了二者是以什么方式在相互作用、相辅相成的。

六、结语与展望

解释还原论作为理论还原论的后继者，在很多方面都要优于其前辈。然而，我们也看到，解释还原论仍有夸大其合理性与适用范围之嫌。本文的论证表明，对于很多生物学现象的解释而言，仅仅提供其微观层面的信息并不能很好地解释该现象。要很好地解释该现象，我们有时候必须诉诸几何的或拓扑学方面的信息，而这些信息往往不能简单地归结到被解释现象的微观层面去。而且，尽管本文涉及了几何解释和拓扑学解释的案例，但在实际的科学研究中，无法还原的宏观层面的信息远不止这些，它们应该还包括空间、位置、数学等方面的，而这些方面的信息对于解释某些现象来说都是必不可少的。这就要求我们持续关注科学实践，以具体的科学研究案例为基础，详细地论证哪些方面的信息对于解释来说是必不可少的，以及为何这些信息又不能简单地还原到微观层面去。但愿本文能起到抛砖引玉的作用，启发更多学者去思考这些既富有理论价值又不乏实践意义的问题。

⬡参考文献⬡

[1] Sarkar S. Models of reduction and categories of reductionism. Synthese, 1992, 91: 167-194.

[2] Kaiser M. Reductive Explanation in the Biological Sciences. New York: Springer, 2015.

[3] Keller E. Understanding development. Biology and Philosophy, 1999, 14: 321-330.

[4] Frost-Arnold G. How to be an anti-reductionist about developmental biology: response to Laubichler and Wagner. Biology and Philosophy, 2004, 19: 75-91.

［5］Batterman R. On the explanatory role of mathematics in empirical science. The British Journal for the Philosophy of Science, 2010, 61(1): 1-25.

［6］Huneman P. Diversifying the picture of explanations in biological sciences: ways of combining topology with mechanisms. Synthese, 2018, 195(1): 115-146.

［7］Huneman P. Topological explanations and robustness in biological sciences. Synthese, 2010, 177: 213-245.

［8］Baker A. Mathematical explanation in science. The British Journal for the Philosophy of Science, 2009, 60: 611-633.

［9］Colyvan M. An Introduction to the Philosophy of Mathematics. Cambridge: Cambridge University Press, 2012.

［10］Lyon A. Mathematical explanations of empirical facts, and mathematical realism. Australasian Journal of Philosophy, 2012, 90: 559-578.

［11］Lange M. What makes a scientific explanation distinctively mathematical?. The British Journal for the Philosophy of Science, 2013, 64: 485-511.

［12］Pincock C. Abstract explanations in science. The British Journal for the Philosophy of Science, 2015, 66(4): 857-882.

［13］Woodward J. Making Things Happen: A Theory of Causal Explanation. Oxford: Oxford University Press, 2003.

［14］Woodward J. Law and explanation in biology: invariance is the kind of stability that matters. Philosophy of Science, 2001, 68: 1-20.

［15］Salmon W. Statistical Explanation and Statistical Relevance. Pittsburgh: University of Pittsburgh Press, 1971.

［16］Machamer P, Darden L, Craver C. Thinking about mechanisms. Philosophy of Science, 2000, 67: 1-25.

［17］Darrason M. Mechanistic and topological explanations in medicine: the case of medical genetics and network medicine. Synthese, 2018, 195: 147-173.

［18］Andersen H. Complements, not competitors: causal and mathematical explanations. The British Journal for the Philosophy of Science, 2018, 69: 485-508.

［19］West S, Griffin A, Gardner A. Social semantics: altruism, cooperation, mutualism, strong reciprocity and group selection. Journal of Evolutionary Biology, 2007, 20(2): 415-432.

［20］Nowak M. Five rules for the evolution of cooperation. Science, 2006, 314(5805): 1560-1563.

［21］van Baalen M, Rand D. The unit of selection in viscous populations and the evolution of altruism. Journal of Theoretical Biology, 1998, 193: 631-648.

进化视域下的道德先天问题*

赵 斌

罗尔斯（Rawls）对道德哲学做了详细的梳理和总结，他认为：道德哲学的传统本身可以看作是一个家族，这种传统的主要流派有自然律法、道德感学派、理性直觉学派和功利主义。[1]休谟、洛克和康德等人的道德哲学作为西方现代伦理的基石，实际上正是西方世俗思想最为纯粹的指导准则，而这一准则在达尔文的学说出现后受到极大挑战。达尔文试图基于包括人类在内的生命进化的连续性，推论出道德也是通过自然选择而形成。这无疑对过去所有用于规范行为的道德规范与价值观基础造成冲击。进化论中的自然选择和适应性与传统道德哲学中的建构性和规范性形成严重对立，前者虽饱受怀疑，但进化论确为道德的研究开辟了一条自然主义的新路径。

一、以进化的视角解读道德先天

19世纪70年代，在比较"人与低等动物"精神力量的大环境下，达尔文发表了一个关于道德进化的解释。他认为：无论何种动物都具有明显的社会本能，包括亲缘情感，与此同时，只要智力能力有了足够的发展，或接近于足够的发展，就将不可避免地获得一种道德感或良心，人，就是这样。[2]达尔文在关于道德的思考中，将社会本能视为一种"先天性"，经过自然选择发展为良心，最后演变为道德。社会本能的解释意味着，在某些情况下，人类和其他动物在生物性上倾向于以亲社会方式去行为，并没有涉及任何高阶认知与道德推理。达尔文的道德进化模型令人印象深刻，他为道德的本质与标准提供了一种区分，即为最大多数人谋取最大的利益，并引导人进行符合这些标准的行为。同时他也暗示，个人可以通过遵守群体所支持的基本道德并维

* 原文发表于《江海学刊》2019年第5期。

护其群体和谐的行为方式，获得相应的利益。但达尔文描述的道德进化模型中包含一些模糊的概念，他将社会本能视为一种"天赋"，也就暗示着人的道德是与生俱来的。同时，达尔文没有把道德感作为一种独立的心理适应，而是将其当作其他进化特征的副产品。在达尔文之后，研究道德进化的学者围绕着道德的起源展开思考，而道德是否先天成为核心问题。

在关于道德进化的讨论中，先天通常被描述为一种出生时就存在的特征，并不是通过学习而得来，决定它的是基因而非环境，即便面对环境变化仍能发育。同时也预示着该特征是通过自然选择过程被留存的，即它是适应的。这种适应论正是道德先天主义者秉持的信念，认为人类的道德观念是一种生物性的适应。但对于该观点学界也存在异议，普林茨（Prinz）是很具代表性的道德非先天论者，他认为道德不是与生俱来的，而是人类其他能力的副产品，不具有主体性，但他认可道德进化的存在。在他看来，道德规范几乎存在于所有有记载的人类社会中。类似于语言、宗教、艺术，道德似乎也是人类的共性之一，同时是唯一一个非人类动物所拥有的前体。[3] 尽管动物间可以交流，有些可以表达安慰、移情、报答，但由于不具备丰富的屈折语和递归语言，无法进行人类式的表达。有足够证据表明道德是一种进化的能力，尽管动物不具有人类意义上的道德体系，但存在相似的前体，人类道德是这种前体的后续型。基于这些，普林茨认为道德是进化的，但绝不是先天的，是其他性状因其适应性被选择之后衍生出的副产品。

而乔伊斯（Joyce）作为先天论者，认为有关道德先天的假说可以通过两种方式得到澄清。第一种，主张人类是天生的道德动物意味着我们天生就是以道德上值得称赞的方式去行为，也就是说，进化过程将我们设计成具有社会性，是具有友好、仁慈、公平等属性的物种。尽管现实中存在反例，但按照该观点，这些相反行为是"反常"的，或者说两种行为都是先天的，但前者占据主要地位，抑或道德的方面是与生俱来的，但阴暗的反面要素也会表现出来。第二种，自然选择将人类设计成为以道德的形式思考的物种，也就是说，生物学意义上的自然选择赋予了人类使用道德概念的能力。[4] 第一种方式重在阐释，认为道德先天指动物与生俱来的道德品质；第二种说法承认变化，强调动物具有道德评判能力，即人类被自然选择塑造成为对于不同类型事物具有不同道德态度的物种，或者说，人类拥有发现道德上值得赞许或感到被冒犯的事物的倾向，其内涵是由偶然性的环境或社会因素决定的，所有这些可能性位于一个连续体的两端之间，并在其中相应位置表现出稳定性。

由此观之，对先天概念的不同解读带来的混乱是明显的，通过进化来探讨道德起源和道德先天问题或许是行之有效的路径，即依据当下特征，应通过引用曾赋予我们祖先生殖优势的某些基因来解释道德的来源，而不是引用某种获得性遗传的心理过程。并且，如果可以在遗传以及自然选择方面建立一种自洽的解释，那么就可以以自然主义的方式对道德先天进行定义。特别是，在道德先天论与非先天论的对比中，若是能确定某种"道德基因"的存在，便能树立判定性依据。

二、利他研究路径中的道德雏形

随着社会生物学的建立，出现了利用基因选择理论来解决道德问题的尝试，同时，基因作为选择单元很快就被学者们所接受。例如，G. 米勒（G. Miller）认为性选择在道德的进化中发挥了重要作用，因为早期人类倾向于选择善良的人作为伴侣，从而促使表达该偏好的基因与善良特征的基因遗传给他们的后代。[5] 与 G. 米勒相似，进化理论家们倾向于通过利他主义的研究寻找"道德基因"，并把人类以及其他动物所共有的利他性行为作为研究对象，其结论暗示这是一种适应性遗传的过程。首先要明确的是，利他主义与道德间存在联系，但显然不能等同，虽然在生物的利他行为中可以找到一些人类道德行为的雏形，可是这里引入利他主义的考察是为了更好地探讨道德的基本特征，至少它可以为我们研究道德的核心要素提供路径。

遗传的主要媒介即基因。基因在有性生殖过程中会发生重组，它们因而会以不同的频率以及形式存在于人群中，在决定有机体特性方面发挥决定性作用。基因选择论者将基因作为遗传与选择的主要单元[6]，社会生物学研究受到来自利他主义的影响，从而形成一种达尔文主义式的观点。众所周知，基因具有两个功能：自我复制，通过指导蛋白质合成监督主体结构构造过程（包括大脑，以及生理和潜在的心理机制）。新达尔文主义者开始逐渐通过基因（染色体）选择来理解进化，而不是个体方面的优胜劣汰，这为利他性问题的解决打开了一扇门，并形成核心问题：为了其他个体牺牲自己的生存率和繁殖成功率，这种利他性基因是如何进化的？

由此，进化理论家们积极地将目光聚焦于动物与人类所共同具备的利他性行为上，来寻找道德起源的证据，其中具有影响力的理论为汉密尔顿（Hamilton）的亲缘选择，汉密尔顿通过分析亲缘关系指数，来解释近亲利他现象。个体通过帮助拥有血缘关系的近亲从而协助其基因扩散，进而引起该利他特征的进化，也就是说个体既可以通过自助行为直接繁衍他们的基因，也可以通过帮助那些拥有自身基因拷贝的近亲间接地传播其基因。[7]这也就是汉密尔顿提出的内含适合度，区别于强调个体自身存活率与繁殖成功率的适合度。汉密尔顿认为，父母对后代的投入可被视为最常见和最普遍的基因繁殖策略，这可以协助和他们拥有共同基因的直系后代。我们可以想象一下，在一个由基因指导行为的动物群体内，存在一种规范决定了是否去执行利他行为。一些动物的等位基因表达为自私行为，而另一种等位基因则表达为利他行为；前者繁衍自己基因的途径就是利己，而后者则同时拥有两种繁衍途径：既帮助自己生存和繁殖，又协助拥有和它们相同基因的其他同类生存并繁衍其等位基因。尽管后者产生的行为可能是利他的，但它们在基因本质上还是出于自私。

持这种观点的代表性人物道金斯主张自然选择最基本的单元是基因，且是自私的。动物为了更有效地达到其自私的目的，在某些特殊的情况下，也会滋生出一种有限的利他主义。[8]《自私的基因》问世后，自然选择在基因层面上发挥作用的观点开始广泛传播，同时也受到怀疑，被贴上基因决定论的标签，以致一切以基因作为选择单元的进化理论都面临指责。为此，社会生物学家们开始对其理论进行补充说明与修改。代表人物威尔逊（Wilson）等提出"基因-文化协同进化"的概念，认为遗传与文化变化之间存在着协同关系。同时，威尔逊认为，通过 20 世纪 70 年代强有力的理论和实验研究，社会生物学的中心问题已由利他主义的进化问题转变为遗传进化与文化进化的关系问题。[9]这也意味着进化理论家们开始重新审视进化与道德的关系。

管窥利他主义中基因选择的思想可以发现，以此路径解决道德先天问题的结果令人失望。首先，围绕利他性的研究路径自然而然地将道德的演化和生物进化相结合，但这种默认的一致性往往依赖过多的预设前提。其次，道德的内涵拥有庞大的内容，生物性的道德（利他）行为多以博弈论的推理加以论证，以"道德基因"这样的遗传概念直接运用于解释道德的起源，在本体论意义上却鲜有证据。

认知科学、心理学以及神经科学的研究表明，任何生物要达到心理层面上的无私需要相当复杂的认知机制，但这并不意味着该生物因此具备做出道德判断的能力，一个拥有复杂认知系统的物种成员，出于爱和利他的倾向对它的同伴产生友善行为，不能因此就把这些情感称为道德。生物有强烈的意愿期望它们所珍视的种族其他成员蓬勃发展，但是将这些欲望作为道德上正确或必要的行动是难以想象的。因此需要再次明确，生物的利他性中或许能找到某些人类道德行为的雏形，但我们引入利他主义的目的是探索道德的起源路径，以便描述道德的发生，利他行为与道德存在联系，但显然不能将两者等同。

因此，关于道德先天问题，关键不在于进化过程中道德何时形成，而是何时拥有了道德感以及道德判断能力。道德感作为人类与非道德生物的重要区分，或许会比利他主义的研究带给我们更直观、更具说服力的关于道德先天性的解读。

三、道德感、道德判断的先天性

达尔文将人类和低等动物在心理方面做了比较：在人和低等动物的种种差别之中，最重要且其程度远远超出其他的差别是道德感或者良心。[3]利他性的研究提供了关于人类和其他物种共同具备的非理性、无意识的道德雏形的说明，而针对人类特有的道德感的研究，或许能揭示人类道德中理性和意识性的方面，可以更进一步解读人类道德先天问题。

心理学家海特（Haidt）曾提出一种关于人如何做出道德判断的模型，为道德起源问题提供了框架，即人的道德判断有两个不同性质的来源，一个是道德直觉，另一个是道德推理。海特对道德直觉的定义是：有关人的性格或行动的评价性感觉（喜欢或不喜欢，好或坏）在意识当中或者意识边缘的突然呈现，主体无法察觉到其间经历的搜索、权衡论证或推导结论的步骤。而道德推理在直觉之后出现，作为对已发生的道德判断进行的推理论证。[10]海特提供的模型为道德总结了两个来源，先天与后天各占一隅，先天的是直觉，后天的则是社会文化环境的规范。在海特看来，道德是由源于先天的各种性情进化而来，人天生就有体验各种特定道德直觉的能力，道德的发展主要依靠内生直觉的成熟以及文化的塑造。

显而易见，海特的道德直觉观点是依据休谟的道德感概念发展而来的。休谟将道德的来源归于一种情感或激情，正如威尔逊所评述的：直觉主义者的致命弱点在于，虽然必须把大脑当作暗箱进行处理，但其观点还得依靠大脑的情感判断。虽然很少有人会反对"正义就是公平"是一种精神脱离肉体的理想状态，但就人类来说，这个概念是无法解释或无法预测的。所以，当严格执行其概念后，它未曾考虑到最终的生态或遗传后果。[11]确实，即使海特通过大量的调查实验想要证实道德感来源于这种先天的直觉，但是这种研究结论并不能完全得到认同，至少还需要一些遗传学方面的证据来增加说服力。

进化心理学则希望通过现代心理学和进化生物学的结合，用进化的观点对人的心理起源和本质进行深入研究。进化理论家们试图去破译一些心理机制的设计，在这个过程中他们关注到这些心理机制的一个重要特征，即它们是进化的产物。如果当代人类调节道德的心理机制是由数百万年前的机制进化而来的，那么进化理论家们应该关注的就是其他动物可能拥有的这些机制的原型，然后研究在其他动物（特别是其他灵长目动物）中这些原型如何运行，这或许可以帮我们了解早期人类道德心理机制是如何形成的。我们可以大胆假设其他动物拥有这些原始形式的心理机制，但当我们审视达尔文对道德感的进化解释时，面临一个棘手的问题，即道德感和道德判断是不是人类所独有的特征。德瓦尔（de Waal）通过对黑猩猩行为的长期研究认为，黑猩猩不能做出道德判断，某些物种成员们可以就它们当中哪种行为可接受或应禁止达成心照不宣的共识，但这种原则背后缺少语言的支持使得其无法被概念化，更不用说就其进行辩论了。传达意向和情感是一回事，澄清什么是对的或错的以及为什么则完全是另一回事。动物是非道德的哲学家。[12]这一研究结论被许多进化理论家接受，众多道德进化领域的学者都使用德瓦尔的研究结论作为其理论的论据。

乔伊斯将道德感视作道德判断的能力，认为道德判断的能力是天生的，他的观点可概括为：语言的出现为道德概念和某些道德情绪的出现施加了先天的限制。就道德感的进化何以可能而言，道德判断可以确保运用它们的主体在个体以及群间层面通过这种方式促进其生殖收益。此外，已经得到经验验证的假说表明，通过"情绪修饰"，自然选择逐步打造了人类的道德感，更准确地说，针对外部世界的"情绪投射"行为是我们进行道德判断能力的核心。[4]关于道德感是否先天，乔伊斯将语言能力视为衡量的标准，把道德和语言进行类比，认为人天生有语言的能力，但使用怎样的语言是由社会环境所决定的。因此任何道德的内容和轮廓都是受到文化的高度影响的。近期的一些研究表明，情绪在道德判断中发挥着核心作用，并认为如果自然选择在塑成人类道德的过程中发挥着直接作用，那么对于大脑情绪架构的不断修正则是其主要手段。同时，这些研究也表明，道德处理与长期规划能力在神经学方面的关联能够为一些适应性假说提供支持。[4] 当然，乔伊斯清楚地认识到，关于道德先天问题的理性答案应该从遗传和神经系统方面寻找，但显而易见，当前的科学尚不能支持该研究。因此，对于是否存在实体意义上的"道德基因"，乔伊斯持悲观态度，认为不存在道德的基因，正如同不存在有关呼吸的基因。大脑中也没有专门负责进行道德判断的区块，即便是在最乐观条件下，道德也是复杂且混沌的事物，而道德感无疑涉及许多不同的心理与神经机制。[4] 要充分认识道德乃至道德感是相当困难的。

克雷布斯（Krebs）对这些复杂的心理与神经机制的一致性与差异性进行考察，对它们的组成部分或子问题进行了区分。要回答道德感是如何起源的，就意味着要对某一现象进行说明，但现实的障碍是，人们拥有许多不同类型的道德体验。尽管人类道德感的所有方面或所有道德感拥有共通之处，但在四种系统性方式上仍存在差异：第一种，某些方面由可评估的感觉构成，例如骄傲、内疚和感激，与之相对的其余方面则是由一系列可评估的思想构成，如"应该尊重他人的权利"；第二种，某些方面是正面的，其他方面则是负面的；第三种，某些方面从属于自我，例如道德责任感和罪恶感，其余方面则关于他者，诸如感恩和道德义愤等；第四种，人做出道德决策之前的思想和感觉，如关于应该做什么和不应该做什么的道德责任感和观念，以及与之相对的，人做出道德决策之后的思想和感觉，诸如骄傲、悔恨以及关于人们所作所为的积极的和消极的判断。[13] 在克雷布斯看来，所谓人类拥有道德更确切地说是拥有一套道德感。在早期人类祖先的环境中，这些道德的机制受到选择，它们诱导早期人类以增加所在群体整体适合度的方式去行为。他将道德感区分为许多不同方面，并对其原初形式的起源进行了推测。在他看来，责任感源于引起人们亲社会行为的情绪性或激发性状态；权力意识源于一种暗含社会规范的意识，该规范约定了群体中成员该如何获取他们的福利，以及借由对群体做出的贡献他们应当获得什么；道德心源于对由他人所施加的社会性约束的情绪性反应；而诸如感激或义愤等道德情操源于对他人所展现出的亲社会或反社会行为的情绪性反应；正义感则源于在合作交流过程中用以对抗欺诈行为的手段。[13] 尽管这些关于道德感起源的解释避免了陷入故事性解释的泥潭，但距离形成完善的理论还为时尚早。

不论怎样，自然选择与适应为解释道德问题提供了很好的突破口，特别是作为适应性特征的道德符合了实证研究的需求。博姆（Boehm）认为导致人类道德的适应性问题源于"对于支配性地位的竞争性倾向"以及由此导致的社会冲突。因而道德是人类针对这些问题的发明，并且其严重依赖于祖先的倾向。以此为雏形，道德共同体逐步塑成。道德主要基于社会压力、惩罚以及能唤醒群体中多数个体使用其能力针对群体中个别个体采取敌对行为的其他类型的直接性社会操作。[14]在该观点看来，道德最为显著的心理学源头就是顺从。博姆对人类道德起源的推论可以解读为：早期人类拥有先天的判断能力，同时有顺从权威的倾向，这导致了社会阶层的出现，而随着人类的进化，低等级的成员抑制强大成员支配行为的方法逐渐成熟，通过共享规则的治理，促成更加平等。像其他动物一样，人类因遗传获得的冲动和欲望诱使他们去做那些他们认为错误的事情。而以道德的方式去行为，人们就必须抵制这些诱惑，这就是达尔文所谓的自制，这是道德的一个重要方面。和非道德生物一样，人类通过自制能得到一些回报，延续满足感，同时限制了自私的欲望。而在早期人类掌握这些能力后，他们开始参与多种形式的合作，并开始以道德的方式行为。[15]

如上所述，进化心理学家们以进化的视角对道德先天问题进行探讨，从不同的角度得出各自的结论。这些学者们都默认基因和宿主在表观遗传和环境事件中相互作用，引导心理机制建立，从而产生了诸如道德行为、道德判断、道德感等现象。进化心理学家们承认，"遗传漂变"导致的基因分布的随机改变能增加某些特征在种群中的频率，同时，他们也承认自然选择过程只能作用于已进化成型的结构上的突变与变异，从中筛选出更为适应的形式，使之得以保留并在频率分布上不断扩张，但同时也会受到相应的限制。例如巴斯（Buss）主张环境中包含一些限制，阻碍自然选择产生最佳的适应，所有的适应都会有成本有代价，而自然选择更倾向于那些好处大于代价的机制。[16]这一机制说明虽然简单，但避免了被认为是描述性的故事，符合对道德进行自然主义解释的尝试。

四、关于道德先天问题的工具主义与多元论路径

无论是利他主义的还是进化心理学的路径，从进化视角对道德进行说明的所有学者都希望以自然主义的方法，把道德从形而上学和神学中彻底解放出来。实在论意义上的"道德基因"可能难以立足。即便是先天论者也清楚地认识到：就算道德是先天的，也并不能得出存在"道德基因"的结论。[17]同时，这种先天性以及与"人类本质"相关的概念，将一如既往地伴随着其

所蕴含的引人生疑的有关人类本质的形而上学预设。例如，尽管人类的双足特征是先天的并且是人类本质的一部分，但并不能说其是人类的必有特征，关于道德先天问题也可以做同样理解。正如巴斯所认为的，如同不存在能完成修建房子所需所有工作的万能工具，同样也不存在能完成所有必要生存和繁殖活动的通用手段。[16] 以工具主义的视角把"道德基因"看作是一种概念工具或一种隐喻，该假设在特定的语境下存在其合理性，至少它可以帮助我们理解现今存在的一些特征是如何进化而来的。从人类的进化事实出发，以生物学为基础去重新审视道德，可以帮助我们解决一系列困扰已久的哲学问题，为人类道德行为或道德判断寻找新的理论基础。从 45 000 年前到现代文明社会，社会性行为还在继续帮助人类不断塑造着人类的基因库，正如人类祖先一样，人们通常青睐于有良好声誉的人，倾向于惩罚搭便车者（不付成本而坐享他人之利者）。不同于原始社会，在如今巨大且高度组织性的、具有复杂政治分层的现代社会中，更为多样化的道德问题持续出现，说明我们文化系统内的法律和规范也处在持续的演化过程之中。

当然，目前科学界尚未发现任何特定功能性的人类行为基因，因此我们只能基于一些与道德相关的生物性要素展开研究，并将之视为自然选择的一个层级。尽管道德进化领域并不研究基因和细胞的其他组成部分在发育过程中的相互作用，但我们必须认识到，只通过基因是不能构建任何表型的。关于基因和表型之间的关系，进化理论家们也并不认同基因在变化的环境中直接、机械地发挥着指导作用，大多数基因并不是以这种方式运作，因为基因包含的设计机制被用于适应环境中相关的变化，相较于其他那些无法适应的基因，在自然选择过程中能趋向于更好地经营自身。此外，环境因素的变化在发育的关键阶段也可能会导致产生具有显著差异的特征或表型，即便基因完全相同的主体间也可能会存在明显的区别。

所以，有关道德是否先天，在事实上并不是一个非是即否的问题，在人类目前所处的复杂道德系统中，既有建构性的规范内容，也有适应性的特征。而适应性的部分建立于进化理论基础之上，其前提是人类早期祖先和动物拥有共同的心理特征。所有正常的人都有能力做出道德决策并使用它们来引导自己的行为，但这些自然倾向只在有利的条件下才能被激活，这也是社会规范形成的前提。人类早期的祖先也一样，任何人都必须从社会中获得利益，甚至是比祖先更多的利益，道德规范作为社会文化内核的体现，可能有助于促成个体与群体利益的最大化。可以设想，在理想条件下，道德规范和基因繁殖之间没有必然的矛盾。总之，人类的道德很难通过自然主义的方式被精准定义，有关道德先天问题的解答必须考虑多元的因素，包括利他主义、社会契约、权利和义务、公正、权威、惩罚、抵制诱惑等等。道德是一个内容复杂的综合性命题，以进化的视角解读道德先天问题不单单需要生物学的力量，还需要重新整合哲学、心理学、伦理学、认知科学、考古学、人类学等领域的知识，建立一种新的道德研究路径。

参考文献

［1］Rawls J. Lectures on the History of Moral Philosophy. Cambridge: Harvard University Press, 2000.

［2］达尔文. 人类的由来. 潘光旦, 胡寿文译. 北京: 商务印书馆, 1983.

［3］Prinz J. Against moral nativism//Murphy D, Bishop M. Stich and His Critics. Malden: Wiley-Blackwell, 2009.

［4］Joyce R. The Evolution of Morality. Cambridge: The MIT Press, 2006.

［5］Miller G F. Sexual selection for moral virtues. The Quarterly Review of Biology, 2007, 82(2): 97-125.

［6］Williams G C. Adaptation and Natural Selection: A Critique of Some Current Evolutionary Thought. Princeton: Princeton University Press, 1966.

［7］Hamilton W D. The genetical evolution of social behavior I & II. Journal of Theoretical Biology, 1964, 7(1): 1-52.

［8］道金斯. 自私的基因. 卢允中, 张岱云, 王兵译. 长春: 吉林人民出版社, 1998.

［9］拉姆斯登, 威尔逊. 普罗米修斯之火. 李昆峰译. 北京: 生活·读书·新知三联书店, 1990.

［10］Haidt J. The Righteous Mind: Why Good People Are Divided by Politics and Religion. New York: Pantheon, 2012.

［11］威尔逊. 社会生物学: 新的综合. 毛盛贤, 等译. 北京: 北京理工大学出版社, 2008.

［12］de Waal F. Good Natured: The Origins of Right and Wrong in Humans and Other Animals. Cambridge: Harvard University Press, 1996.

［13］Krebs D L. The Origins of Morality: An Evolutionary Account. Oxford: Oxford University Press, 2011.

［14］Boehm C. Conflict and the evolution of social control. Journal of Consciousness

Studies, 2000, 7: 79-101.

［15］Boehm C. Moral Origins: The Evolution of Virtue, Altruism, and Shame. New York: Basic Books, 2012.

［16］Buss D. Evolutionary Psychology: The New Science of the Mind. 4th ed. Boston: Pearson Education, 2014.

［17］Joyce R. Is human morality innate?//Carruthers P, Laurence S, Stich S. The Innate Mind, Volume 2: Culture and Cognition. Oxford: Oxford University Press, 2006.

进化认识论的实在论辩护[*]

赵　斌

进化认识论（evolutionary epistemology）是自然化哲学的一个分支，将知识学习视为一种现象，并且主张知识的获取过程应当置于进化理论内部来考察。近些年，相关研究的基本观点得到了扩展，认为不仅认知过程需要通过进化理论来进行研究，生命体所展示的其他行为，包括文化、语言、记忆、视觉等——这些都被视为认知过程——也需要通过进化理论来加以阐明。可以说，进化认识论提供了一种真正意义上统一的科学方法论，学者们不但可以通过它研究生命演化，同时也可以通过它研究认知、科学、文化以及生命体所表现出来的其他现象。在该研究框架中，认知者与外在世界的关系始终是引发巨大分歧的焦点，也形成了围绕实在论的争论。

一、达尔文主义的认识论

进化认识论的思想体系可追溯至休谟、笛卡儿、康德、奎因，认为：包括我们所拥有的用以计算的数学系统、我们用于表达世界的语言系统，以及从我们的观察中抽取出的因果关系等，都可以通过心理学或认知神经科学的研究而获得推进。随着进化生物学研究的兴起与不断发展，今天的进化认识论者们主张，所有生物个体或群体所获得、产生或传播的认知性、交际性、社会文化性知识都可以通过进化而被认识。洛伦茨（Lorenz）较早提出通过进化理论来重新建立康德综合的先验命题，主张个体发生学意义上的先验属于种系发生学意义上的后验。在物种的进化过程中，通过发育铭记与固化特定行为模式，从而逐步将之转变为个体先天行为。洛伦茨认为，生命进化就是一个认识过程。在认识论层面上，人类所经验的是关于实在的真实图像，只

---

　　* 原文发表于《自然辩证法通讯》2019 年第 10 期。

要它能够满足人类的实践目的，哪怕仅仅是一个极度简单的图像。[1]

心理学家坎贝尔后来的思想显然吸收了这一主张，试图解释个体生物何以先验地拥有某些关于世界的直觉知识，首次提出了进化认识论的概念。出于对一般认知研究的兴趣，特别是人类以及其他动物的知识习得过程，坎贝尔想要建立一种"归纳的经验科学"。这个目标可区分为两个方向：其一，研究表现为生物进化结果的不同认知机制，如模仿学习或心理表征能力，如何通过自然选择的方式进化而来；其二，自然选择的应用何以不局限于生命科学，从而扩展至认知、认识论领域。[2]显然，第一项目标在近些年探索认知生物学基础的自然化哲学大潮中成为广泛认可的目标。如果说，经验主义将知识理解为认识者与由归纳而知的事物之间的关系，那么理性主义则将知识定义为认识者与由演绎而知的事物之间的关系。甚至在知识社会学中，知识被理解为不同认识者之间的关系。但进化认识论之所以独一无二是因为，在其中知识被理解为生物与其环境间的关系。[3]坎贝尔强调即便是在生物学方面，进化也是一个认识过程，这种基于自然选择的知识增长范式可以对学习、思维乃至科学等认识活动进行说明。特别是在生物与世界的关系方面，早期的进化认识论不同于实用主义的认识论或工具主义，具有深深的实在论烙印。

目前，存在两种被广泛接受的进化认识论类型，即认知机制的进化认识论（EEM）与理论的进化认识论（EET）。规范性的 EEM 纲领基于现代综合理论，将认知视为基于自然选择的进化产物，针对认知能力及认知性知识的机制进化，其主要涉及生物体知觉器官与环境关系的层面，试图扩展进化理论从而解释认知结构的发育；而描述性的 EET 纲领则通过类比自然选择过程来研究科学理论以及科学进程问题，特别是试图通过进化模型来分析知识的增长。[4]这一区分在目前看来是比较模糊的，从本文角度简单概括，前者基于进化生物学并将之视为合理性依据，而后者则是类比于生物进化，以基于选择主义的理论变化过程作为其预设起点。为了澄清本文意图，这里参考布朗（Brown）的区分，认为前者关注的是认知者的本质，而后者关注的是理论的变化。但是，他支持鲁斯（Ruse）反对将进化理论用于类比的观点，也就是说，后者只是带有目的论解释性质的一般性进化认识论，而前者才是达尔文主义的认识论，探究知识在物种意义上的深层关联。[5]所以，本文关于实在论以及认知者与世界关系的讨论建立在前者纲领之上，具有深深的达尔文主义认识论的烙印。

二、适应论纲领与假说实在论

对于进化认识论研究来说，首次明确"适应论纲领"概念的是古尔德（Gould）与列万廷（Lewontin），他们认为由于自然选择的强大力量以及其所受的较少限制，通过其操作直接产生的适应性成为生物形式、功能以及行为的原因。[6]该纲领主张任何感知器官都适应于外部世界，使得其拥有者可以应对生存环境；生物所感知到的是（部分）真实的，但可能只是关于外部世界的部分表征。适应论纲领并不追求严格的实在论，即知识与世界的绝对对应，而是主张任何生物的知觉服从于环境中的确实存在物，是一种被动适应。传统的进化认识论将生物体理解为未被证伪的构想或理论，并通过世界来进行检验，支持了假说实在论的观点。[1]认识论被理解为演化的知识，与本体论或作为其本体的世界是不同的，这里的核心问题是，体现为生物体形式并不断演化的理论或知识何以能够对应于外部世界。

适应论纲领依赖于自然选择学说，认为是自然选择过程赋予了人类及其他生物认知能力。正如辛普森的精辟论述：无法对所要跳上的树枝形成实在性知觉的猴子注定是只死猴子，因而它也不会成为我们的祖先。[7]成功的进化很可能在工程学意义上并非完美的适应，而只是相比那些竞争者在达成生存繁殖目标方面表现得更佳。这种典型的适应论观点曾为针对人类感官以及智力器官的研究提供了有效路径，解释了能应对环境的功能器官的来源，及其感受性与环境中的谱线波长乃至其他特征间的某些相干性和相互作用机制。因此，基于自然选择机制的适应论纲领提供的是一种假说实在论。

当然，许多人也意识到适应论观点存在问题。正如芒兹（Munz）所说，生物学主张我们的抽象和认知能力都是自然选择的结果，我们的认知器官是适应的，我们的全部知识所构成的理论都是基于为应对环境而提出的非实体性（即意识性的理论）方案的实体性（即有机体）方案。[3,8]这种观点事实上违反了许多我们当今对于进化的认识。

首先，并不是所有被选择的性状都真正受到选择，也就是说，不是所有被选择的性状都是适应的。有人可能据此推断，我们的祖先能够存活是得益于其大脑的尺寸以及由此带来的语言发育，但不能说更进一步的知识能力具有生存价值，或者说，我们的感知器官以及知识能力能够带来不断贴近于真实世界图景的表征。在漫长的进化史中，断言人类理性能力乃至由此而产生的科学是一种适应现象还为时尚早。就好像已经灭绝的爱尔兰麋鹿拥有的巨大鹿角曾促进了该物种的繁殖，但此后越来越巨大的鹿角使得它们不堪重负，在丛林中行动不便导致不适应。从这个意义上说，理性能力同样可能在未来进化适应过程中对我们构成某种负担。正如内格尔（Nagel）认为的，如果我们的客观理性能力源于自然选择，必然招致针对其结论的严重怀疑论，因为这已经超越了我们熟悉的有限范围。人类理性的演化只能被视为各种关于生命演化的自然选择说明中的一种反例。[9]

其次，即便特定的认知或直觉能力受到选择，选择也仅仅是一个追求必要性的过程，而非最优化过程。在新达尔文主义者 G. 米勒看来，人类智力活动区域新皮质主要是通过性选择获得，它不是作为生存装备而是作为求偶装备存在，帮助拥有者达成求偶行为从而确保种族延续（例如孔雀羽毛的进化）。[10]因此，某种程度上我们也可用不利条件原理来解释人类智力能力的由来，即人类演化出的智力能力对于自然中的生存需要来说是过度的，需要付出极大的额外成本。其中的焦点在于，在一个提倡实用性的生存机制中，一个认知性状表征真实世界的能力是否能直接等价于其生存价值。

最后，就算承认我们拥有的大部分认知能力具有生存价值，仍需面对一个事实，即我们这一物种尚未经历足够长的历史（相比于整个生命进化史）以证明我们的认知策略能够继续并长期适应于环境。

这些反驳对适应论纲领及其实在论立场构成了严峻挑战，由此发展出的内在怀疑论甚至对进化认识论中的实在论观点构成了严重威胁。

三、内在怀疑论

选择主义在适应论纲领中根深蒂固。正如胡克（Hooker）提出的，从基于进化的自然主义观点来看，存在一种统一的心灵观，即人类的认知器官同时从理论能力与实践能力两方面演化。没有这些能力以及它们之间紧密的相互作用，我们的认知能力将大打折扣。在不存在其他异常条件的前提下，所有证据倾向于表明，在一个单一框架内应均等对待所有认知能力，不应在认知性和实用性上进行区分。[11]不过，质疑者们认为，即便能够证明理论或知识能力可以促进实践中的生存，并不代表这些知识关联于真实，也就无法导出实在论的立场。人类的各种认知能力在人类历史中起到了促进生存的作用，但并没有证据说明它们会一直起作用，更重要的是，它们不具有提供更为精准的世界图景的演化倾向，而仅仅提供某种对其生存可能足够的方案。正如奥赫（O'Hear）总结的，从进化论的观点来看，我们不过是占据了一个不会立刻毁灭的生态位，从而确保了认知能力的演化。[12] 而实在论的辩护者们可能会转而寻求进化认识论可以间接地支持实在论，因为人类的生存至少可以证明其认知能力在适应上并非致命，所以我们所掌握的理论或知识也是如此，它们提供了一种足够的"真实"。

从生物学的视角来发展认识论依然无法摆脱休谟的知觉之幕（表征与实在）抑或康德的先验问题，以鲁斯为代表的学者关注前者，在其看来，我们所使用的认知策略受到一系列表观遗传规则支配，这些规则受人类发育机制的某些方面限制，源于适应需求，通过某种渠化（channelization）的方式产生并生长成人类的思想和行为。在这里，鲁斯把这一机制所塑造的结果描述为休谟式的倾向，以及奎因所说的"性质的主观空间"，我们的认知能力就是这种表观遗传规则的例子。[13] 而诸如洛伦茨、沃尔默（Vollmer）、里德尔（Riedl）等则关注后者。[14] 在这里，康德的范畴演变为了个体发生意义上的先天，这些范畴的来源正是前人类历史所经历的自然选择，最终导致鲁斯所强调的表观遗传规则被保留下来，也就是所谓的先天演绎体系，或者说是思想的主观倾向性，一种纯粹理性的预成系统。所以，基本上这两个问题紧密相关甚至是一致的。

列万廷准确指出了这里问题的核心，认为适应论纲领的拥护者们没能对生物外部环境中的实在与体内感知器官表征的"实在"进行有效区分[15]，以至于难以帮助理解导致个体内在产物（动物所拥有的感觉器官）的外在自然环境因素到底有多少。将关于我们认知结构的进化解释为先验的最佳解释不过是一种乐观的康德主义。现代进化理论告诉我们，适应并非完美，正如那些退化器官仍然留在我们身上，即便它们只会带来不良效果。同样的情况也必然会发生于我们的心理器官以及它们的运行。进化认识论中揭示的理性作为进化历史的产物可能在适应上是不理想且脆弱的。研究表明，进化理论是非目的论的，就像鲁斯所说的，进化毫无方向且相当缓慢，其中的适应过程是一个追寻必要性而非最优化的、极其缓慢的过程。[13]

进化认识论在起点上试图摆脱传统认识论以孤立的认识者为中心的体系，即人与世界之间的绝对认识鸿沟，认为我们的感觉器官以及认知能力已经对环境形成适应，并成为我们生存与繁殖的方式。不过，在自然选择的解释框架中，生物基于特有的认识机制，其获得外在世界真实信念的能力的适应程度是极难判定的。某些信念虽然是不准确的（被认为不适应），但从实用的角度来看，可能符合简单性的诉求。因为相比于通过自然中的生存竞争获得最为接近于真实的、同时可能耗费巨大时间与能量成本的信念，生物应更倾向于演化出具有空间边界的有效信念，从而过滤掉那些与生存繁殖不相关的数据，突出了自然进化中的经济性原则。也就是说，追求绝对真实的信念或知识对于我们祖先应对环境挑战来说并不必要，反而可能形成负担。

因此从这方面来讲，自然选择根本不会在意信念或知识的真实性，即使信念或知识促进了生存也仅仅是工具意义上的可靠性，并赋予宿主一定程度上的适应。基于这一考量，可能有人会认为进化认识论并不涉及实在论话题（不是反实在论）——正如前面列万廷对适应论纲领实在观的批评，但这种知识观显然不能满足我们对于知识的多样性来源与形式的理解，也无法解释其适应性的来源。

一些学者试图引入外成性遗传因素从不同层面对实在论进行辩护。例如鲁斯试图以表观遗传规则及其在自然选择中的生存价值来论证理论或知识的实在性；胡克则提出"进化的自然主义实在论"，该观点在元层次上坚持科学实在论，认为一旦科学进化与文化进化绑定在一起，科学历史在认识论层面上就会发生系统性的模糊。也就是说，不能保证文化进化免受以下两方面缺陷的困扰：一种系统性保守的科学传统；阻碍思考或反思这一事实的文化环境。因而没人能够在任何科学传统中判定任何理性信念的正确程度，无论其历史有多悠久、重要。[11]芒兹则提出每种生物都是一种关于其环境的理论。生物给出了关于其环境的知识，也可被当作关于其所处环境的定义。由于选择适应过程，生物反映了其环境，因而生物变成了关于其环境特定方面尚未被证否的理论，其生态位变成了暂时正确的假说。生物与理论是同义的，拥有对环境的某种认知，如果符合，那么生物或理论得以存活，反之则证伪。一种生物或理论存活时间越长则越接近于真实。[16]这些观点都试图建立理论或知识与真实世界之间的关联。但都无法给出避免怀疑论的有效路径。

尽管进化理论没能很好地支持实在论，但并不代表其认识论是中立的。多数哲学家在此问题上实际倾向于实用主义而非反实在论，而其他人则偏向于怀疑论的立场。丘奇兰德（Churchland）等典型地偏向于怀疑论，认为基于进化的考察需要一种良性的怀疑论。人类的理性能力是一种启发式层级，即寻找、认识、储存、利用信息。但这些启发法是随机建立的，并且它们是在一个非常狭窄的进化环境中被选择的（从宇宙论层面上讲）。如果说人类理性能力能够完全避免错误的策略和根本上的认知局限，那只能说这是个奇迹。

如果我们所接受的理论没有反映出这些缺陷，那更是双重奇迹。[17] 不过，对于进化认识论所导致的怀疑论问题，汤姆森（Thomson）则主张一种更为温和的怀疑论。通过继承康德意义上关于"世界的表象"和"世界本身"的区分，他认为进化认识论导致怀疑论是不可避免的。一方面，其主张依赖一致性隐喻或关于真实的一致性（对应）理论，如果拒斥该理论就意味着承认某种根植于我们实践中的"自然"的观点，从而走向带有实用主义色彩的内在实在论，但进化理论并不支持这样的结论；另一方面，其怀疑论观点并不涉及关于世界的表象与世界本身之间关联的维度，而是限定于世界的表征，关注我们能够被环境所最低限度容忍的、持续产生理论或知识的能力，即工具层面上的可靠性。但即使在现象世界的层面，进化过程并没有让我们具备提出一种"拯救现象"理论的能力，至多是一系列不完备且彼此不一致的理论集，所有这些观念将永远不会会聚，于是便形成了针对内在实在论的内在怀疑论。[14] 不论初衷为何，内在怀疑论将适应论纲领的实在观推向尴尬的境地。

四、激进建构论与非适应论的实在观

总结前面的论证，进化认识论研究可能形成三种实在论结果：其一，唯物主义实在论，即物理宇宙的存在独立于我们关于它的知识；其二，认知偏差与局限，我们关于世界的知识是通过差异化的人类及其局限的视角所形成的，因此我们关于实在的概念较之真实世界从未完全准确或摆脱偏见；其三，概念架构的实在论，其他生命可能拥有许多对信息进行处理及评估，并产生思想或经验的方式，某种程度上也是我们特有认知能力的替代方案。[18] 第一种结果强调物质世界作为进化的唯一原因，虽然认为独立于心灵的物质世界是唯一的真实，但真实的表象却存在不同形式，一切都遵从于自然选择机制下的必要性而非最优化，因而这种实在论无法提供可操作的论证路线。第二种结果导致假说实在论，但会遭到前者以及怀疑论的强烈阻击，因为自然选择并不关心"真实"而关心生存，进化案例中，认知能力上的适应不良现象是普遍的，我们的感知能力或认知策略对于获取关于世界的知识来说并不十分理想，我们也没有任何理由认为人类的认知能力全面好于其他生物。第三种无疑是目前关于实在论辩护的最好方向，但存在难以摆脱的相对主义色彩，也有人将之归为认知的多元论[19]，若是从偏重人类理性的视角出发，又容易滑向人类中心主义。

进入 21 世纪，得益于进化发育生物学的发展，达尔文主义内部已经有越来越多呼声主张生物并不是环境操控的提线木偶，而是存在适应上的主动性。突破了适应论纲领的旧有框架，出现了激进建构论、非适应论。[20] 按照这两种观点，心灵与生物机体功能是生物与环境的媒介或协调器。前者主张心灵先于生物体所属经验世界的建构，而不需要直接关联于外部世界；而按照后者，知识被理解为生物体之间的关系，某种程度上与社会人类学和社会学导向的科学哲学相似，把知识理解为人类理解者之间的关系。关于知识如何关联于外部世界变为了次要问题，也就是说，实在论问题的重要性被回避或降低。

激进建构论主张一个生物所处的环境在因果上独立于生物体，认为，"环境变化是自治的且与物种自身的变化不相关"的观点是错误的。基于适应的隐喻曾经启发了进化理论的构建，但它后来显然妨碍了对于真实进化过程的理解。而进化的真实过程似乎可以通过某种建构过程来理解。具体来说，生物体一定程度上决定了来自外部环境中的某些要素成为其自身环境或生态位的一部分，同时很大程度上决定了这些不同要素之间的关系。可以说，生物体构造了其周遭环境，这一过程也被称为生态位建构。而且，生物体主动且持续改变着它们的环境，每一种消费活动同时也是一种生产活动。生物体在长期历史中学会了对外部环境条件进行认知，比如有些动物为应对冬天而提前储藏食物。最终，生物体能够通过它们的生物构造过程，将来自外部环境的信号进行修饰，继而转变为其内部信号，使得其机体能够进行相应反应。比如，外部温度升高时，身体能够将这一信号转化为内部脑信号，继而促使释放某些激素来为身体降温。因此，这里的"环境"概念扩展，包括了内部环境，即体内稳态，自我调节过程同样促成了生物体的生存。正因如此，建构论的路径突破了选择主义的框架，是一种生物个体中心的理论。在该体系内，生物体与环境之间的区分被打破，基于这一区分的传统实在论问题，即生物表征外在世界的问题近乎消解，生物的知识能力基于其生态位而非外部世界，生态位中的各种要素是一种共构关系。

而相对于激进建构论，乌克提茨通过区分适应（adaptation）与可适应性（adaptability）提出了非适应论的进化认识论。在个体发生层面，他主张生物体是一种有源系统。首先，认知能力是活跃生物系统的一种功能，而不是仅对外部世界进行响应的机制；其次，认知能力是生物与其环境之间复杂交互作用的结果；最后，认知能力的形成不是一步步累积的线性过程，而是连续试错排除的复杂过程。而在种系发生层面，非适应论的进化认识论基于系统进化论，但绝非反适应论。生物的存在导致世界持续改变，很难形成生物与环境间的一一对应情况。为了延续或改造适应论纲领所主张的对应理论，非适应论路径提出了相干理论，由于生物体内部的自组织、自调节过程，以及一定程度上能够构造或改造其生活环境，不同的生物因其不同的进化方式以及内部机制发展出不同的生活环境，各种生物能够应对外部世界并与之交互。[20]在该观点看来，每种生物都能够通过生存来证明其生活环境的合理性。因此，相干理论实际上是一种围绕实在论的达尔文主义功能观。对于生物按照其内部知觉机制认知为真实的"物体"，只要该生物通过这种认知形式能够生存下去，那么该物体在其生活环境中就是真实的，关于这种认知形式的基因便会得到复制并在基因库中不断被采纳。因而，非适应论声称依然坚持实在论，而非实用主义的认识论或工具主义。

激进建构论、非适应论纲领从不同程度上继续推进了这样一种观点，即生物以及物种会聚为具身性知识，不仅对外在世界进行"再表征"，同时也进行建构，某种程度上取消了恒常的"外部世界"，主张只存在千变万化且连续的生物实体。它们通过将关注点放在生物体中心的视角，回避或削弱了本体论难题，一定程度上维护了内在实在论。

五、应用的进化认识论与实在论问题的未来

历史表明，进化认识论的发展始终追随着进化理论的进步，现今的进化理论面貌已经发生了重大改变，出现了许多对进化认识论研究构成影响的新思想。进化发育生物学：关注生态位的建构、表型可塑性以及表观遗传机制；生态学：将"环境"区分为生物性环境和非生物性环境，研究它们之间的各种交互作用；大进化：研究种群层级之上的宏观进化；网状进化：通过杂交、横向基因转移、共生等而发生的进化。这些学说的发展导致过去所确立的生物体与环境的绝对二分不再适用，同时也揭示了进化可以通过除自然选择之外的其他方式运行或发挥互补作用。基于这些思想，贡提埃（Gontier）等提出了一种扩展的综合性理论——应用的进化认识论。该观点的基础实际上类似认知多元论，它针对具体认识论事态应用进化论框架，从而揭示出认识论与本体论的等价。通过强调生物实体所具有的物种特异性，即"实在"或"真实"对于不同物种来说是不一样的，以及物种的演化性，主张具有多

样生物特异性与物种界限的生物实体随着时间不断被构造，并不存在唯一同质性的"外在"世界。也就是说，在该路径中，对于实在的判定是物种中心的。

在贡提埃看来，应用的进化认识论主要关注五个研究领域：

（1）生物个体的哪些方面或性状能够算作信息或知识；

（2）进化理论如何能够解释这些信息或知识系统的起源和进化；

（3）这些知识系统在何处演化；

（4）这些知识系统如何潜在于各种生物实体的构造之下，而后者又何以能够窥见世界的本体论层面；

（5）进化机制本身能否被视为获取知识的系统。[20-21]

在这一问题框架中，进化的单元和层级无疑是核心。长期以来，自然选择作为进化的唯一机制已经成为对选择单元和层级进行定义的核心标准，即某一层级中的所有单元都是按照该方式进行动态演化的：可连续变异；可传播（可遗传、可复制或可再生）；展现或突现出适应或可适应性的能力；具有可承袭或传播的不同适合度值等特质。可以说，这一标准一直是或多或少排他的，并且，即便不是那些选择单元和层级的本质属性，也会被理解为内在属性。所以关于选择单元和层级的问题本身就是形而上学式的研究。但近些年的进化生物学进展已经越来越清晰地表明，自然选择并不是定义选择单元与层级的唯一标准，而是可以包含其他形式的进化机制。一方面，自然选择尽管是一种十分重要的进化机制，但并不是生命以及导致生命演化的排他性机制，还存在许多互补或选择性的机制，比如杂交、生态位建构等。也就是说，当遭遇无法通过自然选择来解释的生物现象时，我们必将需要一种替代性机制给予必要解释，不能仅仅根据这一模型是非自然选择的就说它是非进化的。另一方面，对于选择单元与层级的定义也不必通过基于自然选择的进化来阐述，进化机制总是作用于特定层级中的单元，即便该单元并不符合复制子或交互子的定义。因此，更准确地说，与其使用选择层级的概念，不如转而使用进化层级的概念。特别是一些学者对于共生起源以及共生生物的研究进一步论证了这种观点，提炼出了进化单元这种新的逻辑骨架。通常共生起源是指，由于先前独立存在的不同实体之间的相互作用而引入新实体的过程。这些相互作用包含了横向融合与新实体的突现，即共生体。这一过程是不可逆和不连续的。[22] 按照这种新的主张，我们除了需要接受单元实在论和多重实现，同样也要接受一种机制的多元论，意味着关于选择单元和层级的定义并不必须涉及复制子、交互子、再生子概念以及类似属性。可以说，共生起源思想从很大程度上改变了我们对于实在的看法，为进化认识论中的实在论问题找到了新的视角。

传统的进化认识论中，生物体是关于环境的具身性理论，其中的机制则是搜寻关于环境的理论的方法或搜索引擎，而人类理论则是演化中的非具身性有机体。进入应用的进化认识论视角，生物不仅仅是具身性的理论，它们本身就是真实的，是具身演化的知识。它们为其他生物提供的生态位以及它们自己建构的生态位并不是理论的拓展，而是一种时空实在或生物实在，并在时空中不断延展着它们的创造者；机制将让位于过程解释，我们会发现不同的过程将会以某种模式和节奏会聚；知识的内容和"共生功能体"创造的结构也在演化，与它们的进化一致；作为结果，"实在"或"真实"并非一元而是多元的，知识与实在是等价的。[23]

总之，应用的进化认识论路径结合了激进建构论与非适应论的一些观点，虽然没有支持传统进化认识论的假说实在论，但也没有像激进建构论和非适应论那样回避或弱化实在论问题，而是继承了生物就是关于世界的理论的基本主张。生物通过其后代演化并复制了知识，并且通过诸如共生以及生态位建构的过程，基于其他生物以及和它们构成的生态位获取并延展了知识。基于这种观点，生命建造了实在；继而其实在论立场主张认识论问题与实在论问题的等价，反对单一生物体与"外在"世界的区分。在这里，进化认识论从认知多元论走向本体论的多元论。在前者看来，各种生物基于其特有的认识机制所获得的知识构成了多样化的世界认识，这些认识之间是替代性的，而本体论层面上的世界却是一元的，甚至是虚设的。在这个意义上，我们过去对于世界的定义转变为不同生命在进化中面临的各种"生存世界"，某种程度上也与达尔文确立其理论时所使用的"生存斗争"表述形成对应，即具有不同生态构造的、与物种认知能力紧密关联的各种生存环境。而在人类视角的进化历史描述中，当认识论与本体论融合，进化认识论中表现为知识演化本体的生物也就成了过程性实体，处于不断复制和延展自身的过程中。虽然应用的进化认识论在立场上容易陷入相对主义的责难，也可能会被指责带有强烈的实用主义特征，指控其不能真正为实在论提供辩护，但应当承认其重新塑造了进化认识论的基本论题，为实在论问题开辟了新讨论平台，进而为进化认识论研究注入了新的研究活力。

参考文献

［1］Lorenz K. Behind the Mirror: A Search for a Natural History of Human Knowledge. New York: Harcourt, Brace & Jovanovich, 1977.

［2］Gontier N. Evolutionary epistemology as a scientific method: a new look upon the units and levels of evolution debate. Theory in Biosciences, 2010, 129: 168.

［3］Munz P. Philosophical Darwinism: On the Origin of Knowledge by Means of Natural Selection. London: Routledge, 1993.

［4］Bradie M. Assessing evolutionary epistemology. Biology & Philosophy, 1986, 1(4): 401-459.

［5］Brown J R. Smoke and Mirrors: How Science Reflects Reality. London: Routledge, 1994.

［6］Gould S J, Lewontin R C. The spandrels of San Marco and the Panglossian paradigm: a critique of the adaptationist programme. Proceedings of the Royal Society B, 1979, 205(1161): 584-585.

［7］Simpson G G. This View of Life: The World of an Evolutionist. New York: Harcourt, Brace & World, 1964.

［8］Hahlweg K, Hooker C. Issues in Evolutionary Epistemology. New York: The State University of New York Press, 1989.

［9］Nagel T. The View from Nowhere. Oxford: Oxford University Press, 1986.

［10］Miller G. The Mating Mind: How Sexual Choice Shaped the Evolution of Human Nature. London: William Heinemann, 2000.

［11］Hooker C. A Realistic Theory of Science. New York: The State University of New York Press, 1987.

［12］O'Hear A. On what makes an epistemology evolutionary. Proceedings of the Aristotelian Society, 1984, Supp.58(1): 212.

［13］Ruse M. Taking Darwin Seriously. Oxford: Blackwell, 1986.

［14］Thomson P. Evolutionary epistemology and scientific realism. Journal of Social and Evolutionary Systems, 1995, 18(2): 175.

［15］Plotkin H C. Learning, Development, and Culture: Essays in Evolutionary Epistemology. New York: Wiley, 1982.

［16］O'Hear A. Beyond Evolution: Human Nature and the Limits of Evolutionary Explanation. Oxford: Oxford University Press, 1997.

［17］Churchland P, Hooker C. Images of Science. Chicago: University of Chicago Press,

1985.

　　［18］Clark A J. Evolutionary epistemology and ontological realism. The Philosophical Quarterly, 1984, 34: 482-490.

　　［19］Stich S P. The Fragmentation of Reason: Preface to a Pragmatic Theory of Cognitive Evaluation. Cambridge: The MIT Press, 1990.

　　［20］Gontier N, Bendegem J P, Aerts D. Evolutionary Epistemology, Language and Culture: A Non-adaptationist, Systems Theoretical Approach. Dordrecht: Springer, 2006.

　　［21］Joyce R. The Routledge Handbook of Evolution and Philosophy. London: Routledge, 2018.

　　［22］Gontier N. Universal symbiogenesis: an alternative to universal selectionist accounts of evolution. Symbiosis, 2007, 44: 174-175.

　　［23］Wuppuluri S, Doria F A. The Map and the Territory: Exploring the Foundations of Science, Thought and Reality. Gewerbestrasse: Springer, 2018.

进化理论中的机遇*

赵 斌

机遇（chance）概念在进化理论中一直充满争论。一方面，从历史上讲，在现代进化论被提出后，进化中的机遇问题不仅仅停留于理论层面，而是演变为开放的形而上学话题。其中，机遇被视为一种消极的概念，暗含一种"乏目的性"的特征，特别是与进化理论说明中普遍的目的论色彩相背离。另一方面，进化理论中关于机遇的含义存在多种解读。在针对进化过程不同层级的说明中，机遇扮演了不同的角色，使得人们对于在不同科学语境中的"机遇"是否拥有相同的含义产生疑问。因此，不论立足于历史因素还是进化理论的多元层级的考虑，都需要对机遇概念进行澄清。

一、当代进化生物学中机遇的内涵

伽永（Gayon）区分了三种机遇概念。第一种是通俗理解上的运气，即发生于计划之外的未预期事物，其中涉及某种目的性或意向性的因果关系。第二种是随机事件。我们可以基于拉普拉斯妖的假定，即由于认识论上的原因我们无法预测诸如掷色子等活动的结果，此时，这一事件对于我们来说就是"随机"的。而对此的经典解决方案便是概率，即随机事件服从于某种概率法则，其归因于某种"随机变量"的数值分布。在这一语境中，因果性问题被忽略了，量子力学便是这种非决定性随机现象的典范。第三种是相对于给定理论系统的偶然性。哲学中通常认为，初始条件相对于由覆盖法则所构成的理论体系来说是"偶然性的"，例如在伽利略的自由落体运动公式中，加速度 g 的值就是偶然性的，也就是说，g 的值只能从经验上来确定，但是在牛顿理论体系中，在知道落体及地球的质量和形状等相关信息的情况下，某一高

---

* 原文发表于《自然辩证法研究》2019 年第 8 期。

度上 g 的值是可被推导的。在这三种定义中，当且仅当我们无法获知足够的初始条件，或我们没有能力对结果进行计算，使得某些要素无法在某一特定理论中被预测，那么它们就仅仅属于偶发的等级。[1]

对于生命科学来说，许多理论都涉及机遇，尤其在关于进化生物学的历史讨论中，有许多与其相关的术语，如偶然性、不可预测性、随机性（randomness）、规则随机性（stochasticity①）、概率性。从亚里士多德时代起，偶然性便被认为是生命系统不可避免的属性，例如生物的生殖过程。达尔文承认偶然性的重要性，同时通过两种方式将机遇置于其理论的核心位置：变异是通过"机遇"发生的；并且种群中发生的任何变异都是在最佳的"机遇"窗口传递给它们的后代。这些机遇性的特征涉及随机性的程度，常被理解为进化过程中某种"固有的不可预测性"。

进化理论确立后的机遇概念存在于五种意义之上。第一，虽然在科学中存在一种形而上学主张，即认为世界本质上是非决定论的。但是这一预设长期未形成正式的讨论，霍尔丹（Haldane）与杜布赞斯基（Dobzhansky）在其学术生涯晚期才从哲学视角触及诸如自由意志与非决定论问题，而赖特（Wright）也是出于个人兴趣而对此问题着迷。唯一不同的是费希尔（Fisher），其将物理学（气体理论以及热力学第二定律）意义上的非决定论作为其理论的重要部分。[2]因此，进化理论中涉及机遇问题时大部分都聚焦于相对宏观的尺度，例如基因分离、小种群的隔离，等等。

第二，机遇这一术语有时也可与随机（random）互换，当互换时通常指随机的易变性。基于均一分布群组的随机取样所获得的结果通常是等概率的，而非均一分布群组的取样所得结果则不然。一方面，在讨论细胞层面减数分裂时的等位基因随机配对或随机取样时，大多数进化理论学家们都倾向于预设其结果是等概率的。在这里，等概率的两个或多个结果的出现表现出随机性。另一方面，在谈到个体层面的随机突变时，则表示的是适合度方面的随机性。有时，当类似突变这样的事件被视为机遇时，那么既可能是基于认识论立场表示其出现时机的不可预测性，也可能是基于本体论立场表示其源于某种非决定论的过程，而这一点也经常导致非决定性属性的争论。

第三，机遇也经常被用作概率的替代术语。进化论者将自然选择视作一

---

① stochasticity 特指蕴含某种概率规则的随机性，与 randomness 通常都译为随机性，但为便于区分，文中称为规则随机性。

种概率性理论，即便某一物种拥有极高的适合度，也不代表其能够成功生存或繁殖，而仅仅是提升其生存繁殖的概率。事实上，一个随机重组基因是适应型的机遇（概率）相当低。

第四，诸如洪水、风暴、火山爆发等重大环境事件也时常被进化理论学家们视为机遇，有时也与随机或偶然事件的表述互用。这类事件通过对生物地理状况、生物生存关系或生态环境演变产生重大影响，进而导致生物、世系、种族产生不可预料的重大改变（通常是不幸的）。这些随机事件以及突变等其他生物性机遇要素虽然都塑造了进化，但彼此之间在原因上不存在关联。换句话说，这些事件通过分割地貌、消除某些资源或隔绝某些生物群体而打乱了当前的演化趋势。

第五，联系近些年在生物学哲学中热议的突变与漂变话题，它们时常被当作导致"反向选择"的"机遇"要素。需要指出的是，关于它们所导致的随机结果的定义，在前面第二点中已经予以说明。这里需要指出的是，对于特定生物特征或环境，自然选择将会具有一种可预测的"方向"（在关于目的论的讨论中也被理解为自然的目的性），而突变与漂变所导致的结果则是相对不可预测的。这种机遇性结果不具有趋于适应或特定结果的"方向"。多数学者认为突变大多是有害的，通常，当提及突变的方向性实际上是预设了适应的突变占比极低，基于自然选择从而显得突变的特征具有某种"可预测"的演化趋向。而提及种群层级上漂变的方向则主要是指其能减少杂合性，作为小规模有限种群相较于被取样的初始种群更易保留较小的变异类型。在这种意义上，漂变也可以有一种"可预测"的结果。不过，一些学者认为它们是与自然选择"相反"的"非方向性"基因频率变化。因此，如何解释漂变引发了诸多争论，难点在于如何从因果上确定存在哪些相关因素以及它们如何发挥作用，从而对完善进化理论说明构成了障碍。

总之，在进化理论中对于机遇概念的理解存在语境依赖，机遇常常被定义为一种与"方向性"因素、过程、趋向相反的术语。在这五种意义中提到的事件都可以被归为机遇，但其与自然选择机制之间的关系问题变成了一个令人困扰的问题。

二、机遇与自然选择的界定

在进化生物学中关于机遇的概念区分存在很大的困难。贝蒂（Beatty）曾对进化理论中机遇与自然选择的区别进行过说明，他反对过去广泛认为的一个生物体的适合度就是其繁殖成功率的观点，因为这样使得随机遗传漂变与自然选择之间的区别变得隐晦。取而代之，他提出了一种倾向性的解释。在其看来，一个生物体在后代数量上的适合度仰仗于其在物理上应对特定环境的能力。基于这种观点，自然选择可以被理解为一种基于这种适合度差异的取样过程，而随机遗传漂变的取样过程则与该差异无关。继而，适合度差异变成了区分的关键。[3]而这一看似清晰的区分显然并不易于操作。虽然通过将自然选择的倾向性与机遇的随机性加以整合可以得到遵从适合度原则的倾向性解释，但是在一些案例中，自然选择显然无法与漂变现象进行区分。按照贝蒂的话来说，即便基于恰当的"自然选择"说明，仍然难以区分"不太可能的自然选择结果"与基于随机遗传漂变的进化。[3]

举个例子，假设有浅色与深色两种蛾子生活于由 40%浅色树木和 60%深色树木所构成的森林中，同时该森林中也生活着对色深敏感的、蛾子的捕食者。我们可以预期，在其他条件不变的情况下，该环境中深色蛾子更适应，因为作为整体的森林能够给了深色蛾子更好的环境保护。但假设在某一代中，发现族群中被捕食者捕食的深色蛾子占比更高。并且证据表明，深色蛾子被捕食时正栖息于浅色树上，而浅色的蛾子正栖息于深色树上。尽管深色树木比例要高于浅色树木，但深色蛾更频繁地附着于浅色树上。通过这个例子便产生一个疑问，基因或基因型频率的变化是和自然选择还是和随机遗传漂变有关？按照之前对于两个概念的区分，这一问题可转化为：该变化是差别化取样的结果还是无差别取样的结果？一方面，很难说对于浅色树上深色蛾的捕食是一种无差别取样；另一方面，也不能说仅由自然选择导致了这一变化。至少是，很难说最适者得到选择。

在这一论证中，自然选择与漂变被认为是在概念上有区分且相互影响的因素，但是如何区分它们显然是一个麻烦的问题。当然，作为贝蒂的论证设计来说，其分析的主要依据是自然选择发生效力的环境相关性，也就是被捕食的深色蛾的所处环境。从总体上来讲，在深色树占据多数的森林中，深色蛾显然是适应的，但将考察的群体缩小为较小的单元，那么在某些环境中，会出现深色蛾不适应的情况，如果是这样，显然环境的相关性将变得至关重要。所以，关于进化中机遇与自然选择之间的区分问题显然不是概念上的问题，而是如何正确划分以及衡量与各种环境属性相关联的肇因。而对于追求更为精密的进化说明来说，我们需要在我们的分析中加入更为细节化的对于生物体生存繁殖起到肇因作用的环境属性的说明。在不同的分析中，都可能存在某一环境属性起到相对重要的原因作用的情况。因而，这些分析所预想的是一种不均匀的整体环境，需要对其中的局部情况做出具体判定。也就是说，以生物体个体或小规模群体为视角的话（这里指的是生物个体或小规模群体的适合度，而非指通常意义上的基因型适合度，因为基因型的适合度不过是拥有该基因型个体的适合度的平均值），伴随着时间其适合度变化与各种环境变化存在联系。这便产生了一个困境，即具有高机动能力的生物构成了大多数生物环境的一部分，这使得测定特定时间内某一生物体的适合度变得异常困难。

当然，如果按照索伯（Sober）的看法，由于"总体适合度"概念的存在，确定一个生物体的绝对适合度几乎是不必要的，但同时，它也在该生物的生存繁殖过程中不扮演任何原因角色。[4]也就是说，总体适合度只能用于特定结果的预期，但并不能作为特定结果的原因。此外，迪普（Depew）等曾从有关进化生物学中机遇概念历史演变的视角，试图通过两个重要历史事件来理解机遇：首先是进化理论是何时以及如何开始变得统计学化的；其次，这样的理论是怎样描述世界中的"真正机遇"过程的。他们在回答这些问题时，着重论述了该时期作为达尔文主义理论基础的遗传学进展，以及统计学引入进化理论引发的"概率革命"，该历史也被形容为"驯化机遇"。在他们看来这段历史分为两部分，首先是引入统计学作为"收集和分析可计量数据"的方法；接着是引入一种具有鲁棒性的概率理论，即主张源于统计的概率是基于真实事物的客观倾向性。[5]这并不是说对于一个生物体的整个生命历史来说，没必要讨论更具包含性的环境因果关联，而是意味着去区分哪些适合度成分与给定基因频率变化相关。贝蒂将单个生物体的适合度与特定环境关联无可厚非，这是因为他是站在因果关联的意义上考量的：一方面关注特定微环境；另一方面截取生物体的单一代而不是考察整个物种历史。在这里，机遇与自然选择之间的区分变为核心问题。

目前已有许多关于进化过程中自然选择与机遇的区分研究，其中虽然认可了机遇的原因作用，但依然没有很好地在理论上为其找到合适的位置。比如彼得·戈弗雷-史密斯基于生殖成功率的量度（业已达成的适合度），通过区分"内在的"与"相关的"或"外在的"特征，继而将自然选择（内在的）导致的生殖成功与"偶然"成功（相关或外在的）区分开来，前者属于进化理论中的"遗传组成"要素，而后者显然是外在的。[6]某种程度上，这种处理依然回避了机遇问题，而强调自然选择作为原因的首要地位。还需提到的是，斯特雷文斯（Strevens）将自然选择与漂变的界定难题归结为统计学中的参照类问题，即在确定一个物理性结果的概率值时，哪些因素应当纳入考虑以及为什么。在他看来，机遇性的漂变解释属于频率解释，其所针对的各种事件类型都有相对恒定的频率，通过对参照类的分析能够帮助我们在具体案例中从概率上区分作为原因的漂变与自然选择的作用过程。[2]当然，这一方案的核心问题是如何去鉴定概率的成分，它依然需要对导致结果的原因过程进行分析。因而，在忽视具体原因性细节的总体进化说明中，机遇是否为必要的考察项，是否为难以处理但可回避的细节描述？对于此，我们有必要从具体进化过程的角度进行回应。

三、作为进化过程的机遇

联系前面提到的贝蒂关于自然选择与机遇的区分，即是否会基于适合度对个体进行差别化取样，这体现了进化运行的方式，而在某一代中的特定等位基因频率则是结果。米尔斯坦（Millstein）正是从这一角度出发，认为生物体间的物理差异往往与它们的繁殖成功率差异因果相关，如果我们要了解生物学上的情况，就必须关注产生相关结果的过程，而漂变与自然选择展现的正是过程。[7]

如果说自然选择是一种明确且具有倾向性的过程，那么作为过程的机遇显然要难以定义得多，其基于不同案例类型是多样的。

1. 机遇变异

贝蒂通过分析达尔文关于兰花变异现象的研究，围绕"机遇变异"（chance variation），即变异中的机遇性差异展开分析。①其认为在达尔文眼里，首先，变异并非对于环境的适应性响应，环境导致的变异并不必然是适应的；其次，变异与环境之间的因果关系复杂，以至于难以预测，继而以是否具有可预测性为标准将变异分为"波动"变异与确定变异，且认为多数变异属于前者；最后，机遇变异与概率相关，即种群规模越大以及经历时间越长，有利变异出现的机遇会更大。[8]总之，机遇变异是相似环境中的相近种群在不同时期产

---

① 在生物学哲学的讨论中，通常认为变异并非对环境的直接响应，因而这里贝蒂的机遇变异不同于传统达尔文意义上的随机变异，在达尔文那里，主要讨论的是一种不符合自然目的论的随机因素，而这里更多是要强调机遇变异中的进化意义。

生的不同变异，针对一个确定的结果，初始相近种群中存在不同的适应策略，形成围绕某一"主题"的巨大数量的变异。例如在兰花案例中，围绕繁殖这一目的，兰花围绕吸引昆虫传粉这一主题产生众多的变体。为了吸引昆虫靠近、传粉，它们进化出了通过不同方式利用昆虫传粉的品种。最典型的要数马达加斯加大彗星兰，其约 30 厘米长的花距使得达尔文推测马达加斯加必定存在拥有极长喙的蛾。达尔文基于自然选择做出的判断在后来得到证实。在这一案例中，长喙天蛾的存在通过自然选择得到预测，其与大彗星兰构成了围绕花距与喙长度的竞赛，但是大彗星兰的变异显然是缺乏理由的（在达尔文看来，这无法反映自然的目的性。关于目的与机遇的问题，本文不作专门探讨），也正是这种机遇变异开启了特殊的过程。也就是说，基于机遇变异的自然选择所达成的结果具有偶然性，同时也导致了物种机遇性的分化。在贝蒂看来，基于机遇变异的自然选择会产生多重性的进化结果，进而实际的结果也是偶然性的。[8]

2. 随机遗传漂变

自遗传漂变概念产生以来，对其的定义一直存在争论。尽管一些观点认为其在塑成种群结构中发挥作用，但其中的机遇性因素始终让我们对其难以把握，甚至其是否具有方向性也存在争论。沃尔什（Walsh）等将漂变等同于"实际上的取样错误"，是一种统计学上的误差，即针对某一特征频率的测量结果与基于适合度差异所做出的预测出现分歧。在他们看来，进化理论完全是一种关于结果的统计理论，同时主张漂变不具有预测性以及恒定的方向。[9]这种观点显然忽视了作为机遇性根源的漂变的实在性，也无法挽救自然选择机制的预测性。同时，漂变虽然通过机遇实现其对于种群结构的影响，但这种影响从长期来看确实具有方向性，例如漂变倾向于消除一个种群中的杂合性，从而趋向某些基因位点的纯合性。因为每一代中某些基因会机遇性地繁殖失败或留有"额外"的拷贝，若没有诸如突变等其他因素影响，种群中该基因位点将趋向于纯合子。与贝蒂类似，斯蒂芬斯（Stephens）也主张应当从作为原因的过程入手来看待自然选择与漂变，认为它们是相关联的。因为自然选择与漂变彼此可以相互独立，因而它们在概念上是可以区分的，但在本体论上却无法实质地区分。[10]例如，在一个拥有三个成员的种群中，分别拥有某一基因型 AA、Aa、aa，拥有第一、第三种基因的个体意外死亡都会对未来的基因频率产生影响，但第二种不会，也就是说，有些机遇事件并不会对以基因频率为考察对象的结果产生影响，仅在过程中体现。因此，自然选择与漂变在本体论上难以区分，作为整体构成原因性过程。漂变中的机遇因素对于基因频率变化来说可能是沉默的，也可能产生具有方向性的影响。

此外，理查森（Richardson）将机遇过程描述为因种群规模有限而在代际发生的类型传递错误，相比于较大种群，这一过程在小种群会导致更大的变异。不同的是，对于有关决定论与非决定论的生物学哲学争论，理查森认为漂变所具有的机遇本质与该问题无关。通过分析人群婚配产生的血型频率影响，他认为漂变是更高层级的操作，而不涉及任何个体意向的选择。[11] 也就是说能够导致某一显著结果的漂变与不能导致可观察结果的漂变同为漂变，机遇在其中并不代表"无因"（uncaused）或本质上的随机，并不支持量子力学非决定论的实在论解释，尤其是"渗透效应"解释[12]，但也不代表机遇与那些真实的潜在原因无关。

3. 搭车效应的遗传漂变

搭车效应的遗传漂变，有时也被称为遗传漂变，但不同于前面提到的遗传漂变，虽然两者都是随机进化过程，都表现出规则的随机性且独立于自然选择。如果说一种是由于在每一代中随机取样所导致的等位基因频率变化，那么另一种则是通过随机地与其他非中性基因产生连锁效应而导致的等位基因频率变化。一般的遗传漂变与种群规模相关，而搭车效应的遗传漂变虽然与种群规模有关系，但与其中个体数量的关系不大，而是与基因重组率以及有益突变的频率和强度有关。[13] 也就是说，一般的遗传漂变导致的代际种群变化是相互独立的，而搭车效应的遗传漂变则是自相关的，一旦形成变化，那么在未来这种变化可能会一直延续下去，从而随时间形成较普通遗传漂变更大的种群等位基因频率变化。

正是从过程而非从统计性结果的角度考量，斯基珀（Skipper）讨论了搭车效应的遗传漂变，认为其在小规模种群中产生的结果预期与一般遗传漂变一致，也就是说，仅从关于它们的数学模型中很难去区分它们，但从过程上看则截然不同。与后者相比，搭车效应的漂变对于种群规模相对不敏感并且从原因上讲更为显著，因为其在抑制杂合子方面的作用比一般遗传漂变更为显著。[14] 总之，作为特殊的漂变，搭车效应的遗传漂变实际上是一种与通常机遇不同的另类机遇，基于原因性过程说明的需要，应当给予关注。

4. 中性分子进化

中性分子进化将视角聚焦于分子领域的机遇现象，特别是与随机突变有关。木村资生在提出中性理论时就设立了分子水平与个体水平的变异现象二分，即前者在分子水平的突变表现为中性的随机，而伴随以机遇性的表达（重组、漂变等），通过自然选择的操作得以形成偏态。迪特里希（Dietrich）认为中性分子进化在早期理论构想阶段是一种简单有效的数学模型，一种群体遗传学中的可检验理论，体现为生物化学过程的"分子钟"。该过程随机产生突变并通过自然选择的筛选从而保留有益突变。其中也涉及漂变，但发生于分子水平。而作为原因性过程，很难去区分中性论与选择论者们的设想对于真实的进化过程来说哪个更重要，即便双方都承认中性、漂变以及选择现象的存在。对于中性论来说，作为"分子钟"的分子进化是认识存在于分子乃至更高层级机遇现象的立足点，只是目前从实践上讲还不具有实际意义。

四、结语

不论怎样看待进化中的机遇，它作为过程因素是毋庸置疑的。可它在进化理论中所扮演的角色是什么却不好定义。而在使用上，总结起来存在以下路径：第一，理论中频繁使用机遇作为解释性概念来说明现象，在前文提到的一些案例中，机遇确实发挥了解释作用；第二，讨论机遇的工具主义角色，即机遇仅仅用来在不同情况中排除结果的偶然性，从某一起点（例如中性理论）来建构包含了漂变、选择、迁徙等因素的理论而不去探讨其实在性，即从本体论意义过渡到认识论意义；第三，从科学表征的角度运用机遇，从而对自然现象进行说明，在许多案例中，机遇具有实在性且表现出不同的表征属性；第四，机遇作为必要的辩护。例如，机遇变异案例中机遇为自然选择的合理性提供了支撑，而中性分子进化中机遇则成为构建进化理论模型的基础可检验模型。结合米尔斯坦在探讨导致进化变化的力和原因时的观点，即在基于力的概念讨论进化理论结构中的因果性时，我们应当接受适度的多元论观点（承认多种驱动因素的存在）。[15] 同样，针对作为过程性原因的机遇，我们目前也应承认其在解释上的必要性、理论上的工具性意义，甚至可以承认其实在性并接受一种进化理论表征意义上的多元论，因其对进化过程细节具有的解释作用，正面认可其对于进化理论的支撑作用。

［1］Gayon J. Chance, explanation, and causation in evolutionary theory. History and Philosophy of the Life Sciences, 2005, 27: 395-405.

［2］Ramsey G, Pence C H. Chance in Evolution. Chicago: University of Chicago Press, 2016.

［3］Beatty J. Chance and natural selection. Philosophy of Science, 1984, 51(2): 183-211.

［4］Singh R S, et al. Thinking about Evolution. Cambridge: Cambridge University Press, 2001.

［5］Depew D J, Weber B H. Darwinism Evolving: Systems Dynamics and the Genealogy of Natural Selection. Cambridge: The MIT Press, 1995.

［6］Godfrey-Smith P. Darwinian Populations and Natural Selection. Oxford: Oxford University Press, 2009.

［7］Millstein R L. Are random drift and natural selection conceptually distinct?. Biology and Philosophy, 2002: 33-53.

［8］Beatty J. Chance variation: Darwin on orchids. Philosophy of Science, 2006, 73: 629-641.

［9］Walsh D, Lewens T, Ariew A. The trials of life: natural selection and random drift. Philosophy of Science, 2002, 69: 452-473.

［10］Stephens C. Selection, drift, and the "forces" of evolution. Philosophy of Science, 2004, 71: 560-570.

［11］Richardson R C. Chance and the patterns of drift: a natural experiment. Philosophy of Science, 2006, 73: 642-654.

［12］赵斌. 选择与进化非决定性. 自然辩证法研究, 2017, 33(4): 29-30.

［13］Gillespie J H. Is the population size of a species relevant to its evolution?. Evolution, 2001, 55: 2161-2169.

［14］Skipper R. Stochastic evolutionary dynamics: drift versus draft. Philosophy of Science, 2006, 73: 655-665.

［15］Stephens C. Forces and causes in evolutionary theory. Philosophy of Science, 2010, 77(5): 716-727.

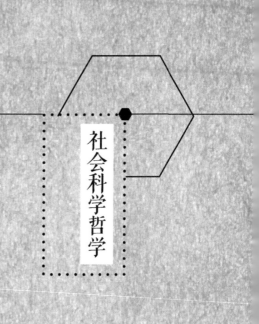

社会科学哲学

语境论的社会科学方法论探析[*]

殷　杰　樊小军

现代社会科学诞生以来，实证主义方法论和解释学方法论之间的论战一直无法达成一致，使社会科学方法论陷入一个似乎无解的困境，阻碍了社会科学研究的深入推进。这个困境主要体现在：一方面，两种方法论都坚持自身立场的唯一合法性，从而在两者之间产生了二元对立的僵化格局；另一方面，各自立场固有的内在缺陷，导致相应的社会科学研究实践逐渐背离了复杂多样的真实社会世界。因此，能否找到一个新的方法论立场，使社会科学方法论可以借此实现融合或统一，并能有效贴近和解释社会世界，就成为一个亟待解决的问题。本文的目的是，从哲学世界观的视角，揭示语境论的社会科学方法论[1]的必然性，并阐述其研究路径和特征，以此来尝试解决社会科学的方法论难题。

一、走向语境论

在社会科学研究中，研究者对一种方法论的选择能够体现出其所预设的一套关于所研究的现象之本质的根假设。[2]的确，社会科学方法论之所以总是处于僵持对立的状态，正是因为各种方法论立场的基本预设本身就有极大的差异。因此，要厘清社会科学方法论争论的缘由，仅停留在社会实在论或唯名论的层面进行探讨是远远不够的，还须深入包含其根假设的哲学世界观层次。且唯有如此，我们才有可能从中窥探出社会科学方法论有价值的发展趋势。

1. 社会科学方法论的演变及问题：世界观的视角

根据佩珀的观点，人类是用根隐喻来观察和认识世界的，将一种根隐喻

　*　原文发表于《自然辩证法研究》2018 年第 4 期。

作为根假设和认知工具对世界做出的总体概括，就是一种世界观。他进而辨识出了多个根隐喻及其世界观。[3]遵循他的视角来看待社会科学方法论发展史，我们认识到：

实证主义方法论预设了机械论和有机论这两种世界观。以机器为根隐喻的机械论世界观，使社会科学中出现了机械论的社会观和科学模式。人被看作机器，社会只是个人的总和；找到人类个体共有的普遍性质，便可演绎出社会运行规律。而后出现了以有机体的生长为根隐喻的有机论世界观，在社会科学中催生了整体主义的实在观和方法论。社会被认为类似于一个有机体，具有独立的客观实在性，整体并非个体总和；研究对象应当是社会整体而非个人，反对个体主义的还原论。不过总的来说，这两种视野下的社会科学都认为，其研究对象与自然客体并无实质区别，都可用客观的经验研究方法予以考察，并发现其普遍规律。因此，实证主义的社会科学方法论构成了社会科学中的自然主义流派，突出客观性的一面。

解释学方法论主要受新康德主义哲学的影响。尽管没有借助某种客体或形式作为根隐喻来塑造世界观，但其发挥了康德"哥白尼式转向"对主体之创造性作用的强调，使世界成了人化的或属人的世界。这种立场从主体对客体的价值评价入手来解释社会历史事件，重视情感、意志、动机这些涉及人类行为意义的内在因素。作为研究对象的"人"，是具体的、特殊的、有主观能动性的，其内涵与属性根本不同于自然主义所规定的"人"。由此，社会科学中出现了以解释性"理解"为路径的方法论，它反对建立关于人或社会之一般性、抽象性的形式理论取向，主张社会科学的目的在于描述特殊的、具体的社会文化事件。因而，解释学方法论就构成了社会科学中的人文主义流派，强调主观性的作用。

以上过程表明：随着哲学世界观的发展演变，社会科学研究者们对人与社会的总的看法不断由简单抽象向复杂具体发展，使社会科学不断引入新的视角[4]，促进了社会科学的全方位发展，这是其积极的一面。但是，哲学世界观在自然与人文两个方向上的分化也导致了社会科学方法论的多元并立，且每种立场都无视内在于自身世界观预设中的缺陷，片面夸大自身的合法性和普适性；当它们在自然科学模式和人文理解模式这两极之间渐行渐远时，就导致了：实证主义路径单纯强调可观察和可测量的方法及抽象的理论形式，忽视了对意义与价值的合理探索，解释学路径则在过度追寻意义的过程中，走向对价值和意义的任意主观解读，从而都大大背离了社会世界的真实状况。

2. 语境论世界观和语境论的社会科学方法论的必然性

实际上，要合理地解释和说明社会现象，实证的因果分析和解释性的理解都是不可或缺的。如果能将二者的优势进行互补与整合，无疑会是破解上述二元困局的最佳途径。语境论世界观的出现就为此方案提供了极具可行性的思路。

作为一种世界观，语境论有独特的根隐喻和真理标准。佩珀将语境论的根隐喻称为"语境中的行动"或"历史事件。[3]历史事件就是能动的主体在语境中展开的行动，与其当下的和历史的语境不可分割。事件本身赋有主体的目的和意图，主体参与到了事件和语境的构造当中，同时，语境反过来也影响主体的行为，这是一种相互促动、关联的实在图景。[5]语境论将取得成效作为真理标准。这是因为，就分析而言，语境不可能包括全部时空要素，所以，要用是否有助于完成合理的分析这一标准，来判定哪些要素应当被纳入考虑。总的来说，作为一种世界观的语境论，既不以某种客体来构造世界，也不对人与客观世界进行绝对二分，而是从行动中的主体视角看待和分析世界，是一种以主体从事着的事件为核心而囊括了一切主客体的非实体性的世界观。

进一步讲，语境论所展示的这种互动关联的实在图景，使其具有了本体论的属性。其一，语境的实在性是在诸多语境因素及其相互关联中实现的。因此，语境构成了科学理解的最"经济的"基础，能够消除不必要的假设，也无需进行抽象的本体论还原。其二，语境是一个具有复杂内在结构的系统整体。语境从时空的统一上整合了一切主体与对象、理论与经验、显在与潜在的要素，并通过它们有序的结构决定了语境的整体意义。其三，语境普遍存在于一切人类行为和思维活动中，它不仅把一切因素语境化，而且体现了科学认识的动态性。进而，语境分析也就具有了作为方法论的横断性。对所有特定经验证据的评判，只有在以语境为视角的方法论中展开，才能获得更广阔的意义和功用。因此，语境所具有的实在性、系统性、普遍性，使语境论成为可用来考察全部科学活动的一套充满深刻洞察力的元理论视角。

以此重审社会科学，在本体论方面，就完全没有必要对研究对象的属性及存在层次做出诸如上述世界观视域中那些先验的假定，而是将科学研究中的主体与客体都视为在以行动事件为核心的语境中互动关联起来的存在；在方法论方面，可以依据研究的目的和研究对象的特性来建构适当的语境，引入被以往方法论所抽离或忽略的语境因素，不必拘泥于某种严格的经验或逻辑标准，将现象的与意向的、规律的与机制的等各种说明与解释都整合到一个语境框架中，从而能够融合各种方法论的优势。

实际上，20 世纪以来，在社会学、人类学、心理学、政治学、历史学等学科中，已经逐渐兴起了用语境分析方法研究社会现象的潮流，广泛地涵盖了语言、社会、文化、历史等多个层次的语境因素。而且，在最典型的社会科学学科——社会学领域中，有学者已经明确使用"语境论范式"来概括芝加哥学派的情境研究方法，以对抗主流社会学中传统的"变量范式"。[6] 由此可见，社会科学研究者们逐步认识到：通过考察特定事件的语境来识别导致它的因素，就是合理的。[7] 因而，我们完全可以说，语境论的社会科学方法论作为以自然科学为范本的方法论立场、以人文哲学为基础的方法论立场之后的第三种社会科学方法论立场[1]，已成为社会科学研究者和方法论学者的必然选择。

二、语境论的方法路径

在语境论世界观视域下，社会科学的研究对象都是以人所从事的特定事件形式呈现的，它们依赖于语境同时也受限于语境。而语境论的社会科学方法论的精髓，就集中体现在研究过程中对研究对象进行的"语境化"操作上，也就是将这些事件放在其当下的或历史的语境中来考察，从而使研究者能够多方位地分析各种主客观语境因素的影响。在研究实践中，研究者通常把这些事件纳入特定的案例中，着重关注案例的具体情况（而非任何一般性的特征）[1]，分析其中焦点事件的情境及其作用。因而，语境论的社会科学研究方法就典型地体现为一种案例研究式的操作，主要有以下步骤。

首先，确定一个案例及其焦点事件。研究者根据与他所研究的问题的相关性，对适时展开的事件流中一个或多个有着特定过程或结果的事件进行选择，确定其中若干事件来构成一个案例，比如某族群的习俗活动、某国家的经济发展趋势、某个历史事件中的决策过程等。而后，将其中对案例过程或结果最有影响的事件作为研究焦点。在这个步骤里，对案例及其焦点事件的选择和确定，都会相关于研究者自身的某些主客观因素，诸如其个人动机、文化背景、价值观、技术手段、教育背景等。对于其中的主观方面，研究者应当予以明确体认，正如韦伯在谈及社会科学的价值关联时所述。

其次，构建案例语境。研究者依据分析的目标，在焦点事件与各种因素之间进行连接与断离[8]，来界定其中的相关因素，从而实现案例的语境化。这里需要指出：其一，正如语境论的真理标准所揭示的，研究者不可能把时空中所有主客观因素都列入案例语境中，其语境因素选择和语境构建策略是否合理，要看最后能否有效回答他所研究的问题。其二，不同的研究者针对相同的案例可能会选择不同的因素来构建案例语境。对此，研究者应当通过与同类型案例分析的比较，以及与其他研究者进行沟通、交流、论辩，引入更多视角来优化改进语境的构建策略，最终形成比较稳定的构建方案。

最后，分析案例语境并形成说明。在这个步骤，研究者对数据进行类型学分析，使用过程追踪法找到其中的因果机制。[1]类型学分析实际上是对语境因素的概念化和理论化，大致遵循这样的一个图式结构：问题→类别→属性→维度。其中，类别是对焦点事件的经验数据做详细考察后得出的，用来表征焦点事件现象，属性用来表征影响类别的全部语境因素，维度则是属性指标的量化范围或程度。在分析较为复杂的对象时，属性还可以派生出亚属性，从而增加更多维度，或者作为新类别来推进整体的网状分析。因果机制表现为属性维度上发生的社会互动模式，过程追踪法在整个语境分析中所发挥的作用，就在于对这些机制进行追踪考察。[9]而后将相关的机制连接到核心类别的属性上面，就完成了全部分析和说明。应当强调的是，这个步骤中，对类别、属性、维度的甄选，要用到定性的分析方法，而定量方法主要体现在某些维度范围内的量化分析中；对因果机制的判断，则因其涉及客体的主观因素，会更多地使用理解的方法。

此外，在应用这套研究方法时，社会科学研究对象复杂的时空属性，使研究者会有不同的侧重点和应对策略：针对已发生的事件，需要依据过去的情形将其语境和过程加以重建；针对进行中的事件，则需要对其过程加以介入。这样，语境论的研究逻辑和分析方法，就被应用在以下模式中。[1]

其一，案例重建（case reconstruction）模式。在这种模式中，研究者重建已发生的且有确定结果的过程，旨在通过重建案例的历史语境，来考察导致其结果的原因。比如，以斯金纳（Skinner）为代表的剑桥语境学派就是采用这种模式来解读政治思想史上的经典文本：通过追溯、重建和分析先哲著书时的历史、社会、文化以及修辞语境，来发掘其文本的多重含义。[10]使用这种方法对当代社会发展中已发生的、有重大影响的宏观事件进行语境重建，有助于一个共同体的自我理解，显示出对于某些当代问题的指导或借鉴意义。从这个意义上说，重建过去的案例语境也属于一种间接的介入。当然，语境的重建并不需要对历史事件的真实情境以及事件参与者的主观意向和动机进行完整客观的"复原"，实际上这是无法实现的。

其二，过程介入（process intervention）模式。这是一种对进行着的动态过程做研究的模式。使用这种模式，研究者试图通过参与事件过程来对案例或多或少施加影响。他们根据其研究的问题，通过结构式访谈、田野调查、问卷调查、长期的参与式观察等手段，与研究对象发生互动，融入其生活世界。这种模式比较多地被应用在民族志方法学、常人方法学、社会心理学中。应当指出，在很多此类案例研究中，有的研究者试图扮演中立或被动的旁观者角色，以便探知在无介入情况下的案例运行过程。但是，如同案例重建模式那样，这种"旁观"实际上也不可避免会使研究者间接地介入案例语境，从而可能在一定程度上臆造研究对象的行为动机。所以，在这种模式中，研究者要保持高度的语境敏感性，也就是应注意主体语境与对象语境之间的相互作用程度。

概言之，语境论的社会科学方法路径倡导的案例研究操作模式，是根据研究的问题、针对特定的事件而展开的，将事件置于其语境中，借助语境化分析的操作程序来审视和考察，达到经由因果机制的实质说明。比起实证主义路径中那种孤立的、静态的、主客绝对分离的研究方法，语境论的社会科学方法路径有助于研究者更加全面地接近社会世界的实际情况，提出更合理的说明。这种通过调用语境来研究社会现象的操作，用冯·戴伊克（van Dijk）的话说，不仅仅是在描述，而且也是在根据其语境来说明焦点现象的发生或属性[11]，这个观点最恰当地道出了语境论的方法路径的本质。

三、语境论的方法论特征

语境论是在实用主义哲学基础上产生的[12]，因此，语境论的社会科学方法论在科学研究的目标、定位、手段、理论诉求等方面，都有其独特的设定和要求，强调研究的实际效果和实用性。这标示出语境论的社会科学方法论的以下几个特征。

第一，以求解具体的问题为研究目标。一般来说，任何科学研究活动都是从提出一个问题开始的。只有当我们能确定所讨论的研究想要达成什么时，才能处理方法论问题。[13]但是，使用语境论方法来操作的研究者所提出的问题，是关于具体经验事件的，并寻求具体的解答。在这方面，语境论与解释学立场非常接近。比如韦伯对资本主义何以在西方产生的分析就是一个典型的例子，他为此做了详尽的语境化类型学分析。与此相反，实证主义方法论主张社会科学研究的目标是找到时空无涉的普遍规律。以此为指导的社会科学研究，可能会提出如"人的行为遵循何种规律？"这样抽象的问题，因而就会有如"人类行为是由趋利避害的倾向所支配的"这样抽象的回答。从语境论的角度看，脱离具体语境的问答都是没有意义的，任何所谓的普遍规律，只有在特定语境中并能够解释特定的问题才有说明力。

第二，经由问题构建的整体性定位。语境论的社会科学方法论立场致力于总体性分析，但只是一个关于特定案例的总体。从语境论世界观的真理标准看，这种构建以案例焦点事件为核心、标明了分析的层次和分析的实质焦点的语境整体的操作模式，纯粹是为了实用的目的[14-15]，主要在于使研究者能更便于分析和解答问题。所以，语境论的社会科学方法论并不在本体论上假定一个超验的社会整体的存在，从而不同于以社会实在论为基础的整体主义。退一步讲，如果说在社会微观个体和宏观的社会实体之间存在多个层次的话，这也是根据研究的问题而做的便捷区分。正如戈登（Gordon）在论述这个问题时所言：方法论的个体主义者和整体主义者之间的争议，似乎暗示出社会现象的规律本质上定位于特定的组织层面。这在我看来似乎是不正确的……至于我们应该审视哪个层面和使用什么规律的问题，只能依据我们想要研究的问题来回答。[16]

第三，以介入为手段融入研究对象之语境。这是语境论的社会科学方法论最显著的特征。即使是对历史事件的语境重建，其切入点和问题焦点也总是会相关于研究者的知识背景、价值立场、研究视角以及对当代相关问题的看法。而在过程介入中，研究者更是以多种方式直接地、主动地参与到与研究对象的互动中，要经过一个学习和遵守对象生活形式中诸多规则的过程。因此，在这点上语境论的方法论更近于温奇（Winch）的解释学方法论。而严格遵循实证主义的研究者在面对光杂的社会现象时，不得不采取抽象化、简单化的操作来处理客体。不可否认，其好处是使研究方法具有了直接的可操作性，但是，这种研究路径在我们对多种多样的人群的研究中，为了达到测量的可靠性而忽视了主体和语境多样性的潜在重要方面，从而在关于这些人群的知识主张方面产生了错误的效果。[17]对此，语境论倡导的介入式研究方法更重视主客间的互动，通过融入客体语境中来了解包括不可观察方面的有关因素，综合运用说明与理解的方法来全面地考虑语境因素的作用，能够比实证主义和传统解释学更充分合理地掌握社会世界的真实状况。

第四，以建立中层理论为诉求。语境论的社会科学方法论所追求的是用实质性理论说明来回答初始提出的问题，这种说明既有特定的经验内容，又以理论的形式表述出来。也就是说，语境论的社会科学方法论所主张的理论说明是实质的经验断言，不应受到纯粹形式的和概念的约束。[18]与此相比，实证主义方法论追求的是以普遍规律为形式的理论说明，偏重抽象的理论体系建构；而解释学方法论则是通过对行为所负载的价值与意义的理解来构建因果解释，突出了具体的经验性描述。语境论的实用主义导向使其研究路径在涉及主观因素时更近于解释学立场，在涉及客观因素时又会使用一些规律性陈述，这都由研究者视语境而定。比如，在案例研究中，研究者会根据语境来同时使用定量研究和定性研究方法，这样的操作方式无疑会比仅使用其中一种方法要更为优越。如果以达到纯形式的规律性知识为较高层次的理论诉求，以纯描述的叙事为较低层次的话，那么语境论的社会科学方法论的理论诉求就会位于一个中间的位置或层次。这一理论诉求，借用默顿（Merton）的话说，介于社会系统的一般理论和对细节的详尽描述之间[19]，从而可以使实证主义方法论和解释学方法论二者的理论取向得到互补与融合。

综上可见，语境论的社会科学方法论立场并不是要否定或取消实证主义方法论和解释学方法论的理论观点及其具体研究方法，而是主张这些方法论从各自的"强硬"立场做出适当的后退，回到对话交流的轨道上，在研究实践中借鉴和融合各自立场的优势。也就是，通过构建一个以求解具体问题为导向、以特定案例为中心的整体语境框架，直接或间接地介入研究对象的语境中来分析社会现象，综合运用实证的与解释的方法，对初始问题予以实质性回答。由此，就可以实现基于语境的方法论统一，从而解决二者之间的对立难题，推动社会科学方法论的发展。

当然，以上主要还是从认知角度来论述语境论的社会科学方法论的哲学基础、方法路径与特征，并未涉及社会科学中批判理论的方法论立场；同时，在语境论的社会科学方法论立场所主张的认知视角与研究操作中，特别是在语境化这一环节，由于涉及研究者对研究对象之语境的建构问题，难免会使所得知识带有一定程度的相对性。而这些也正是今后语境论的社会科学哲学研究所要涵盖和解决的问题。

〈参考文献〉

［1］Byrne D, Ragin C C. The SAGE Handbook of Case-Based Methods. London: Sage, 2009.

［2］Morgan G, Smircich L. The case for qualitative research. Academy of Management Review, 1980, 5(4): 491-500.

［3］Pepper S C. World Hypotheses: A Study in Evidence. Berkeley: University of California Press, 1942.

［4］殷杰, 樊小军. 社会科学范式及其哲学基础. 山西大学学报（哲学社会科学版）, 2010(1): 1-8.

［5］殷杰. 语境主义世界观的特征. 哲学研究, 2006(5): 94-99.

［6］Andrew A. Of time and space: the contemporary relevance of the Chicago school. Social Forces, 1997(4): 1149.

［7］Little D. Microfoundations, Method and Causation: On the Philosophy of the Social Sciences. New Brunswick: Transaction Publishers, 1998.

［8］Dilley R. The Problem of Context. Oxford: Berghahn Books, 1999.

［9］Gerring J. Social Science Methodology: A Unified Framework. Cambridge: Cambridge University Press, 2011.

［10］Floyd J, Stears M. Political Philosophy versus History?: Contextualism and Real Politics in Contemporary Political Thought. Cambridge: Cambridge University Press, 2011.

［11］van Dijk T A. Discourse and Context: A Socio-cognitive Approach. Cambridge: Cambridge University Press, 2008.

［12］Spector J M, Merrill M D, Elen J, et al. Handbook of Research on Educational Communications and Technology. 4th ed. New York: Springer, 2014.

［13］Baert P. Philosophy of the Social Sciences: Towards Pragmatism. Cambridge: Polity, 2005.

［14］Dilley R M. The problem of context in social and cultural anthropology. Language & Communication, 2002, 22: 437-456.

［15］O'Donohue W, Kitchener R. Handbook of Behaviorism. San Diego: Academic Press, 1999.

［16］Gordon S. The History and Philosophy of Social Science. London: Routledge, 1991.

［17］Gordon E W. Producing knowledge, pursuing understanding. Advances in Education in Diverse Communities: Research, Policy and Praxis, 2001, 1: 301-318.

［18］Kincaid H. Contextualism, explanation and the social sciences. Philosophical Explorations, 2004, 7(3): 201-218.

［19］Merton R K. Social Theory and Social Structure. New York: The Free Press, 1968.

基于语境论的社会科学知识论探析[*]

殷 杰 樊小军

一、引言

社会科学自诞生以来，研究旨趣是模仿自然科学以建立客观、普遍、确定的知识体系。在社会科学哲学领域，早期的实证主义和传统的解释学，尽管在社会科学的学科定位、逻辑理路、方法路径等问题上存在严重分歧，但都认为社会科学知识可以达到类似于自然科学知识那样的理想状态。不过，随着科学哲学的发展，特别是库恩（Kuhn）的范式理论提出之后，人们越来越认识到，即便是自然科学知识也包含着社会、历史、心理和文化等种种主体性因素。因而，在社会科学知识论中，客观主义的知识论立场也受到普遍怀疑，出现了与之对立的建构主义知识论立场。于是，社会科学知识究竟是客观的还是建构的，以及其合法性如何体现等问题，成为当代社会科学知识论领域探讨的焦点之一。对此，本文通过考察社会科学知识论所面临的困境，尝试引入语境论来回答上述难题，并以此来阐述语境论的社会科学知识论的优势，从而辩护社会科学知识的合法性地位。

二、社会科学知识论的两难困境

由笛卡儿开启的近代经典认识论，把具有认知能力的主体和作为认知焦点的客体截然分开，这种主客分立就构成了一切知识得以产生的前提。所以，人们对于知识论所探讨的知识之来源、本质、限度等问题给出何种答案，就主要取决于他们怎样看待认知活动的主客体之间的关系，以及与认知活动相伴随并影响到这种活动的各种内外在条件。[1]具体到社会科学知识论来说，现

---

* 原文发表于《江汉论坛》2018 年第 5 期。

代社会科学是在自然科学已经取得巨大成功的影响下诞生的，所以，尽可能全方位地模仿自然科学，并生成同等类型的客观普遍知识，就成了主流社会科学家们的最大理想。但是，由于社会科学有着比自然科学更为复杂的认知主客体关系和多变的影响因素，这使得社会科学中陆续出现了多种知识论立场。

1. 客观主义知识论及其困境

客观主义的社会科学知识论主张，科学知识必须以客体为准绳，其合法性建立在知识能够准确客观地反映认知客体的本质、属性、特征的基础之上。实证主义和传统解释学的知识论都秉持这样一种知识论立场。

实证主义是社会科学知识论中最为鲜明的客观主义立场。实证主义发源于经验主义传统。其创始人孔德（Comte）认为，合理的知识典范就是经验的自然科学和数学以及逻辑等形式科学的知识，社会科学应当遵循这样的典范，从而达到知识的客观性。这种客观性包括社会事实的客观性、观察的客观性以及通过对经验事实进行归纳而得到的规律的客观性。为了保证这样的客观性，他把研究客体局限在可观察的现象层面，从相似类型的行为中归纳概括出规律性的知识形式，排除了诸如个人的心理体验、价值倾向、目的动机等不可观察的因素。迪尔克姆（Durkheim）延续了这种知识主张，强调社会科学知识就是关于社会事实的规律性因果说明，他说：因为因果规律已经在其他自然领域得到了验证，其权威性日益从物理和化学世界扩展到了生物世界，进而心理世界，所以我们有理由承认，对于社会世界来说因果规律同样是适用的。[2]此后，逻辑实证主义进一步从经验可观察、可验证性和逻辑推演的严格性上强化了客观主义的知识论立场，强调普遍规律在社会科学知识中的唯一合法性。尽管覆盖律模型的提出者亨普尔承认，在多数情况下，对社会历史事件的规律性说明并不具有必然的确定性，也不能完全经得起严格的经验验证，但仍然可称得上是科学的说明。

事实上，传统解释学的知识论也具有客观主义的倾向。如前所述，传统解释学路径与实证主义的自然科学模式存在重大分歧，主张社会科学（精神科学）是与自然科学并列的、独立的学科体系，反对将社会科学自然化，但是在追求知识的客观性方面，二者是一致的。解释学的研究对象与实证主义相反，集中在不可观察的历史、文化所承载的客体意义方面，倡导用移情理解的方法来把握人的价值、动机、情感，将解释的敏感性与对客观知识的追求连接起来。那么，如何保证这种解释的客观性呢？在狄尔泰看来，我们之所以能实现对文本作者原意的客观理解，是因为所有人都具有生命的共同性和普遍性。他假定文本原作者与设法理解原作的解释者之间存在某些相似性，这种相似性建立在共同人性之基础上，由此我们就能够客观地理解他人。[3] 社会学奠基人之一的韦伯把纯人文式的解释学与经验社会学结合起来，为人的社会行为动机寻求目的论式的因果说明。和实证主义一样，他也强调经验确证的重要性：通过与事件的具体过程相比较来确证主观解释，与所有假说的验证一样是必不可少的。[4] 不过，他对社会科学客观性的论述集中体现在其价值中立学说上。韦伯遵循事实与价值的严格区分，尽管承认认知主体的价值取向会影响到对主题的选择，但他主张一旦进入科学研究的操作阶段，就必须恪守价值中立原则，以此来保证研究方法和研究结果的客观性。因此，从这一点上看，传统解释学与实证主义立场保持一致。

问题在于，客观主义知识论难以满足自身提出的严格标准。尽管这种追求绝对客观的知识的理想一直在人类思想舞台上占据着重要位置，但是，其严格苛刻的知识标准，使以实证主义为代表的社会科学知识论长期以来面临窘境。首先，经验确证的困难。自社会科学建立至今，几乎没有任何社会科学知识理论得到真正严格的证实，亦鲜有成功预测的例子。不仅如此，针对相同的研究主题进行实证研究的社会科学家，却常常得出不同的甚至矛盾的结论。至于究竟哪种理论更符合社会世界实际，社会科学缺乏评判的标准。其次，知识有效性的困难。这涉及知识的应用问题。在社会政策实践中，实证主义定量研究得出的很多结论引发了一系列争论。特别是，20世纪70年代，人们在对实证主义的批判中就质疑：对研究人类行为而言，在可控实验条件下消除语境变量的影响，是否为一个恰当的方式？[5] 最后，知识适用范围的困难。比如说，从某个地区或国家的社会研究中得出的理论，能否适用于整个人类社会？答案常常是否定的。这就与客观主义知识论所追求的普遍有效性目标相悖。在这些问题上，更多地通过定性方法获得的解释学路径下的知识，也同样捉襟见肘。此外，后现代主义对标准科学哲学立场的批判所导致的自然科学知识之霸主地位的动摇，也使得客观主义的社会科学知识论困境雪上加霜。

2. 建构主义知识论及其困境

作为后现代主义思潮的重要组成部分，建构主义的社会科学知识论认为，知识源于主体的社会性"建构"，而不是认知主体对客体的客观说明和解释。在建构主义看来，客观主义知识论立场设定的认知主体是被动的、消极的，充当了"上帝之眼"或外部人的角色，这实际上是不可能的，因为身为社会成员的认知主体是无法置身事外的。一般认为，其哲学源头可追溯至经典认识论中康德的"哥白尼式转向"：我们之所以能够拥有知识，是因为人类先天具有的认知结构将其呈现给我们，这就突出了主体的创造性作用。实际上，笛卡儿所持有的我们从来不能直接和立即接近客观性，知识总是以主观性为媒介的观点，就已经为建构主义知识论的出现提供了理论基础。就社会科学来说，因为其认知主体并不是经典认识论所虚构的那种抽象的孤独沉思者，而是受到各种内外在因素和条件制约的具体的人，所以，建构主义知识论强调，知识渗透着来自认知主体的个体和社会两方面的因素，诸如价值取向、历史文化、社会关系、权力利益、意识形态等等。比如，建构主义知识论的主要创立者曼海姆（Mannheim）认为，知识通常是特定的社会和历史观的产物，反映了特定群体的文化和利益，真理最终是其社会立场的产物。他的建构论不仅限于文化或意识形态领域，还与政治信念联系起来，这样就破坏了知识的客观性地位。较为温和的建构主义者如布迪厄（Bourdieu）认为，社会行动者的知识建构不同程度地依赖于他们在社会客观结构中的位置。而一些较为激进的观点则认为，社会人类学的研究者根本不可能获得对异质文化中的研究客体的客观知识，要么只能达到一种自我认识，要么得出完全充斥着西方中心主义叙事色彩的结论。[6]

因此，建构主义知识论就自然而然地扮演了社会科学知识论中相对主义一方的角色，这就是其困境的所在之处。建构主义过分夸大了知识的生产和辩护过程中社会历史文化等外在因素对认知主体的影响，否定了社会科学研究对象的实在性及其知识的客观性，进而走向了知识论的相对主义。不同的知识类型之间变得不可通约，使人们无法对这些知识进行合理的比较和评价。其极端形式则完全消解了客观知识所应当具备的经验性、逻辑性、因果性等科学理性的品质，使其彻底沦为交流商谈的产物，从而使知识失去了适当的基础。针对建构主义知识论立场这种试图从社会历史的决定性角度取消知识客观性的偏激态度，库恩指出：社会学和历史学的这类研究越是在形式上得到承认，就越不会使问题得到满意的解决。在这些新的研究形式中，他们十分随意地否定对自然的观察在科学发展中所起到的作用，但是，却从来没有就自然在有关科学的协商中如何发挥作用给出过正式的说明。[7]

三、社会科学知识论的语境分析

由以上论述我们不难发现，社会科学知识论中之所以出现两种对立的立场，原因并不在于社会科学知识真的无法实现其客观主义理想，也不在于社会科学知识只具有社会历史性而缺乏客观性的品质，而在于它们在对待知识生产过程及其条件的语境因素问题上走向了相反的两个极端。从语境论的普遍性立场来看，任何的人类活动，都是现实中的主体出于不同目的而参与其中的语境中的行动[8]，行动主体不可避免地要与各种各样的语境因素发生联系。所以，就知识的生产、本质和评价而言，我们必须尽可能充分地考虑其中复杂多样的语境因素，才能更准确地找到社会科学知识论困境的根源所在。

1. 客观主义知识论的语境分析

众所周知，在笛卡儿、康德这些经典认识论哲学家那里，理想的认知主体能够获得理想的知识。这种理想认知主体，并不受限于如时间、地点、背景、教育、文化或任何其他的因素。也就是说，他们为了理论的需要而设置了一个极其简化和抽象的理想语境。与现实世界语境相比，这个理想化的认知者显然是被去语境化了。不可否认，在现代科学事业初兴的历史时期，经典认识论这种高度抽象、简化、静态的分析模式，在反对经院哲学统治、并为科学知识的有效性辩护方面的确起到了巨大的推动作用，但是，这种与日常语境无涉的思维模式，在为当时语境下的科学理想建立合法地位的同时，也给今天的社会科学知识论带来了不良影响。

客观主义知识论的问题根源就在于此。很显然，客观主义知识论中的实证主义立场所假定的认知主体，正是经典认识论意义上与现实语境无关的理想认知主体。因而，实证主义知识论形成了这样的经验主义知识图景：认知主体与客体之间严格二分；认知主体如同"自然之境"一样，能够客观地反映独立于他而存在的、纷乱芜杂的外部现象世界，并对其做出准确表征；主体具有的理性能力，可以使其从各种偏见和传统的束缚中解放出来，并且相信自我反思可以超越历史文化语境的限制，以查清事物的真相；普遍的方法则是为知识确立一个牢固的基础，并依赖这一基础。[9]由此，实证主义强调，按照这一观念，人们就能获得纯客观的知识。但是，这种理想化的知识图景及其知识主张，一方面，如上所述，在知识的生产和应用实践中已经遇到了巨大的困难；另一方面，这种几乎完美的标准知识态度和路径，在理论上也是极其脆弱的，难以抵挡各种后现代知识论的攻击。

此外，同样坚持客观主义知识论立场的传统解释学路径，尽管反对用普遍规律的形式来解释人类的行为动机和理由，在分析社会现象所负载的不可观察的价值和意义方面，引入了较多社会、历史、文化方面的现实语境因素，但这种路径和实证主义一样也设置了一个理想化的前提，那就是所有人都具有共同的、永恒普遍的生命历史体验和理解能力。这为解释性社会科学知识的客观有效性提供了保证，但因其无法证实或证伪而受到来自实证主义的批判。同时，其价值中立准则也被认为是一种过于理想化的主张，很难在实际操作中得到真正贯彻。

而在语境论看来，现实世界中的人是有创造性的、动态的社会实体，他们努力并且有策略地应对他们的环境。[10]社会科学中的认知主体，同他们的研究对象一样，也是现实社会中活生生的人，与其周围的他者和各种潜在或显在的环境背景因素发生着交互作用，并受到这些因素的深刻影响。从这个角度看，实证主义知识论预设的社会科学认知主体，就成了经验派哲学家洛克所谓的一块洁净的"白板"，等待经验的摹写。也就是说，社会科学家采取一种超越任何价值的、"不偏不倚"的公正视角，能够对"在那里"的社会客体给出完全中立的说明。因而，社会科学家就具有了一种"局外人"或"旁观者"的角色，高居于社会领域之上或远离社会领域。实际上，这种客观化视角忽视或抽离了大部分的意义、评价和目的等因素，而这些恰恰构成了我们日常生活的绝大部分经验。[9]所以，客观主义知识论立场为自身设定的这种过于僵化和坚硬的理想主义语境及其认知主体，在真实生活世界中变化莫测的现实语境里，注定是无效和无意义的。

2. 建构主义知识论的语境分析

从语境论的整体性视角看，建构主义知识论最大的不足之处在于，它忽略了知识生产过程中的除了社会维度之外的其他维度，其知识图景为认知主体与客体之间的二分。但是客体是由主体社会建构的；认知主体具有创造和发明客体的能力，进而通过各种修辞手段，社会性地建构出主体间性知识；认知主体受到特定社会文化条件的限制，并受到后者的决定性影响；不存在普遍的方法，知识只是协商和约定的产物，不同知识理论之间不存在比较标准。换句话说，建构主义带有社会决定论的色彩。

首先应当指出的是，建构主义知识论的合理之处是毋庸置疑的。比起客观主义知识论所主张的将知识仅仅交给理想化的认知主体，由其根据这种知识论所预设的、不受主体"污染"的客观社会存在来裁定和制造，建构主义知识论则正确地认识到了这个过程实际上并非如此简单。在现实社会的语境中，这些主体显然要受到他生活于其间的种种外部因素，诸如历史、文化、政治等复杂因素的影响，从而在知识的生产过程中，亦难免会用劝说、修辞、谈判甚至权力地位等手段，去与其他认知主体达成共识、制定规则、形成约定来塑造知识的内容和形式。也就是说，科学共同体本身就构成了一个嵌入在大社会之中（外部视角）的社会（内部视角）。因为内外在的因素影响着研究者表征他们的研究主题的方式，所以，不仅辩护的语境，还有发现的语境，对于理解我们为什么获得我们所得之知识来说，都是非常重要的。[11]但是，如果由此就怀疑一切反映了科学知识之本质特征的经验证据和逻辑理性的合理方面，并宣告其全部无效的话，就如同客观主义知识论一样犯了片面化和极端化的错误。毕竟，一切科学知识来源于主体与客体之间的相互作用，所以知识本质上既带有主体的创造性痕迹，也必然有对客体的反映。真的东西并不是与世界相对的人类建构品。因此，不能说知识仅仅是或全部是人类建构的。[12]所以，如果不从涵盖了主客体因素的整体语境角度去看待知识的生产过程，就必然会陷入要么知识完全来自对客体的反映和摹写，要么完全来自主体（个体或社会）的任意创造这种偏执一方的思维模式之中。

总的来说，客观主义知识论仍然属于一种个体主义的知识论，其缺陷在于设定了一个高度理想化的知识图景或知识语境，特别是将认知主体设定为一个"理想型"的全能认知者，从而无法适用于现实的社会科学语境。但其所蕴含的社会科学知识应当具有客观性的一面，这一点无疑符合现实语境，是具有可行性的。而建构主义知识论的错误在于，尽管它合理地着眼于现实的、整体的社会语境来审视知识问题，但其仅仅强调或太过突出真实社会科学知识生产语境中的社会性因素，甚至将之视为知识的决定性因素，又无疑是非常片面的。

四、语境论的社会科学知识图景

在从语境论的视角认识到客观主义知识论和建构主义知识论各自的缺陷与合理性之后，我们认为，一个适当的社会科学知识论必须能够全面地看待特定语境下知识的生产和评价方面各种语境因素的影响，仅仅突出其中任何一两个因素的作用，并将之视为决定性因素，都是不可取的；必须将知识的整个语境视为决定性因素，因为当符合上下文相关的标准得到满足时，知识就是可能的。[13]所以，要使社会科学知识论的两极对立问题得到解决，就应将二者忽略的现实语境因素全部纳入考虑，并为社会科学知识问题的评价确定适当的标准。对此，我们认为，语境论的知识论提供了一个可行的求解方案。

实际上，在具有普遍性的哲学路径中，语境论是作为对非历史的、标准的哲学路径的一个替代选择而出现的。[14]语境论认为，任何非理想的知识理论都必须着眼于现实中的人类，也就是说，开始于一种关于行动者的理论。真实的认知主体，既非笛卡儿式的旁观者，亦非康德式的统觉的先验统一体，也不是胡塞尔式的先验自我，而是一个个体，或者由个体组成的群体。在获得知识的过程中，这些认知主体不仅相互影响，也和他们周围的事物形成互动。由此，在社会科学知识的生产和评价中，语境论的知识论也有其相应的知识图景和知识主张。主要表现在三个方面。

第一，在主客体关系方面，认知主体与认知客体之间是一种相互影响、相互建构的关系。语境论的社会科学知识论承认，任何科学认知活动都应当开始于将主体与客体区分开来，但是，在主客关系上，语境论反对将其视为一种绝对对立的二元论关系，也不允许一方完全压倒另一方形成绝对的一元论关系。在语境论看来，自然科学知识预设的主客体关系是无法在社会科学中应用的。社会科学中的研究客体，不论是个体行为、意义、情感，还是社会事实、社会结构等，都是在特定的事件语境中来体现其客观实在性的。也就是说，这些概念的所指及其实在性都是语境依赖的，但这种语境依赖并不意味着只是一个更复杂的决定论形式。它意味着在语境、行动、解释之间是一种开放的、偶然的关系。[15]此外，认知主体本身也嵌入于社会之中，在主体和客体之间通过社会科学理论解释和客体的日常解释发生着一种吉登斯（Giddens）所谓的"双重诠释的"作用机制。[16]所以，认知主体和认知客体在持续不断地互相影响，进而在一定程度上互相建构。

第二，在知识来源方面，既有认知主体对客体的反映，也有认知主体主动的建构，并且在与客体的交流中，获得动态的更新。语境论的社会科学知识论不赞同客观主义知识论所主张的那种单向度的客观反映论，也不认可知识全部来自主体的社会性约定和建构。如上所述，认知主体各种先天后天的背景条件决定了他不可能像扎根理论（grounded theory）人类学方法论那样带着空白的大脑进入研究之中，也不可能对经验证据做出中立的观察和描述，但是认知主体必定是在与客体发生互动之后才能提出解释和说明，这意味着知识必然是具有客观性的；同样，基于个人的独特建构和来自科学共同体的社会约定、默会惯例的影响，在知识中也是必不可少的。因而，社会科学知识既有客体因素的影响，也有主体的建构，客观性和建构性并存，不可能仅有其中之一。

更为重要的是，不论是反映还是建构，都是语境论根隐喻意义上的行为事件，都是在主体和客体之间的对话或符号交流中进行的。所以，社会科学研究活动，作为一种社会行动的语境化过程，或许可以被看作是行动者和解释者之间的协商语境。[17] 同时，这种交流也是主体自身的语境和客体的语境融合的过程，这一过程会随着交流的持续推进而发生研究视角、维度、焦点的变化，不断地使知识再语境化，进而产生新的意义。由此，语境论认为，社会科学知识具有动态性和历史性，不可能一次性完成；语境的转换就构成了知识进步的动力学机制。

第三，在知识的有效性和适用性方面，语境论的知识论认为知识只能在特定语境内被视为是有效的，不具备客观主义知识论意义上的永恒普遍的有效性，也就是说，知识的适用范围和有效性都是有条件的、有限的。因为任何一种具体的、作为主体在一定条件下进行的认知过程的结果而存在的知识，都是在特定语境中形成的，都与范围有限和确定的认知对象领域相对应，从而通过一定的具体形式表现出来。因此，它们都是由一定的社会认知主体（个体或群体）在一定的社会维度影响下，针对特定时空的客观认知对象而形成的。所以，无论知识所隐含的立场、方法、结论如何，以及采取何种形式，都有一定限度和效度。但是，这并不意味着语境论的社会科学知识论走向相对主义，因为在这种语境化的知识生产过程中，尽管我们不得不在我们自己的语境内操作，但是语境论与冷漠的相对主义仍然有着极大的差别，语境论根据合理性来看待他人在其语境内的作为。[18] 而这种保证不同知识立场之间可以互相交流和比较的合理性，本质上讲是一种实践的理性，这也是注重现实、着眼实际的语境论所倡导的核心所在。从这个意义上说，评判知识有效性和适用性的标准，就是作为语境论之思想基础的、实用主义哲学所主张的实践效用，这正是为社会科学知识重塑合法性的关键所在。

综上所述，语境论的社会科学知识论的目的就在于，通过把社会科学知识的生产和评价过程置于社会科学共同体之心理的、历史的、社会的和文化的语境中，将客观主义知识论过高的理想化标准拉回到现实语境中，并使之服务于现实社会，也把建构主义知识论忽略掉的个体的、逻辑的、经验的这些彰显科学理性的语境因素挖掘出来，在承认知识具有建构性的同时，恢复社会科学知识的客观有效性和科学合法性，从而在这两种对立的立场之间建立一座连接的桥梁。这座桥梁既承认知识断言总是来自偶然发生的知识实践和规则，这原则上可能在不同的群体或语境中存在差异；也承认社会科学家本身就是忠实于某种知识规范的行动者。[19]这样就将客观的知识规范和相对的知识建构统一到人类共同的生活形式语境内，消弭这两种知识论立场之间的分歧和隔阂，促进持续的对话与融合，从而推动社会科学的进步。

参考文献

［1］Kasavin I. To what extent could social epistemology accept the naturalistic motto?. Social Epistemology, 2012, 26: 351-364.

［2］Durkheim E. The Rules of Sociological Method. New York: The Free Press, 1982.

［3］Rickman H P. Dilthey Selected Writings. Cambridge: Cambridge University Press, 1979.

［4］Weber M. The Theory of Social and Economic Organization. New York: The Free Press, 1947.

［5］Ritchie J, Lewis J. Qualitative Research Practice: A Guide for Social Science Students and Researchers. London: Sage, 2003.

［6］Recd I A. Epistemology contextualized: social-scientific knowledge in a postpositivist era. Sociological Theory, 2010(1): 20-39.

［7］Kuhn T. The Road Since Structure. Chicago: The University of Chicago Press, 2000.

［8］Pepper S C. World Hypotheses: A Study in Evidence. Berkeley: University of California Press, 1942.

［9］Bishop R. The Philosophy of the Social Sciences: An Introduction. London: Continuum, 2007.

［10］Straus R A. The theoretical frame of symbolic interactionism: a contextualist social science. Symbolic Interaction, 1981(2): 266.

［11］Byrne D, Ragin C C. The SAGE Handbook of Case-Based Methods. London: Sage, 2009.

［12］Goldman A I. Knowledge in a Social World. Oxford: Oxford University Press, 1999.

［13］Brister E. Feminist epistemology, contextualism, and philosophical skepticism. Metaphilosophy, 2009(5): 671-688.

［14］Rockmore T. On Constructivist Epistemology. Oxford: Rowman & Littlefield, 2005.

［15］Flyvbjerg B. Making Social Science Matter: Why Social Inquiry Fails and How It Can Succeed Again. Cambridge: Cambridge University Press, 2001.

［16］della Porta D, Keating M. Approaches and Methodologies in the Social Sciences: A Pluralist Perspective. Cambridge: Cambridge University Press, 2008.

［17］Kokinov B, Richardson D C, Roth-Berghofer T R, et al. Modeling and Using Context. Berlin: Springer, 2007.

［18］Rescher N. Epistemology: An Introduction to the Theory of Knowledge. New York: The State University of New York Press, 2003.

［19］Jarvie I C, Zamora-Bonilla J. The SAGE Handbook of the Philosophy of Social Sciences. London: Sage, 2011.

社会科学中实验方法的适用性问题[*]

赵 雷 殷 杰

一、引言

毋庸置疑，实验方法在自然科学研究中的引入，使得对于自然世界的解释在自然科学的框架下获得了巨大成功。因而，作为一种自然科学方法，实验方法不仅改变了人类感知世界的方式，而且也改变了包括社会世界在内的整个世界。在这种自然主义观念的深刻影响下，自然科学研究中的实验方法逐渐延伸至社会科学的各个具体学科当中。因此，实验已成为科学实践的一个重要标志。正如瑞斯乔德（Risjord）所强调的那样：实验是一种人们寻求事物原因的有效方式，特别是，近年来，实验在社会科学中已成为一种更为突出的研究方法。[1]

但事实上，大多数社会科学家在很大程度上对于实验方法的运用，都持有一种怀疑的态度，并且在实际研究中也回避了对实验方法的基本考察。由此所引发的实验方法在社会科学中究竟具有何种功能的问题，已成为当代社会科学方法论研究的核心问题之一。本文正是从这一问题出发，首先从历史的角度，阐述了实验方法在社会科学研究中兴起的内在历程，进而从实验概念的可接受性、实验的受控特征、实验方法在经济学中的运用等方面，探讨了实验方法在社会科学运用中的适用性问题，而该问题的求解又构成实验方法跨学科应用的逻辑前提。最后，从认识论与方法论层面，阐述了实验方法在社会科学特别是经济学中所呈现出的深刻的哲学意义。

二、社会科学中实验方法的兴起

自冯特（Wundt）建立第一个心理学实验室之后，心理学便成为一门有关

---

* 原文发表于《科学技术哲学研究》2018 年第 4 期。

实验的科学。但心理学理论的实验检验却在后来才逐渐凸显出来。事实上，实验方法是否能够有效运用于社会科学的相关研究中，历来备受争议。为此，摩根（Morgan）就曾指出，实验作为人类事务中的一种方法论程序，有时竟然被公开质疑甚至被明确否定。[2]劳森（Lawson）也曾质疑社会科学中实验的适用性，劳森探讨了在实验控制的现实可能性并不存在的情况下，社会科学研究应该如何进行的问题。[3]针对这一问题劳森指出：尽管在社会科学中缺乏受控实验的机会，但是我仍然对社会科学的发展前景保持一种乐观的态度。[3]实质上，对于社会科学方法论中实验方法的种种怀疑，可以归结为两个方面：一是长期以来，大多数研究者认为，自然科学与社会科学在所使用的方法上具有本质的区别，这种方法论的二元论实际上就体现在自然主义与反自然主义的一系列争论之中；二是社会现象领域中"实验"本身的可能性问题。对这两个问题的回答，下文将进一步展开。

不过，在 20 世纪 60 年代，伴随着"自然主义转向"的发生，社会科学中对实验方法的怀疑态度出现了新的变化，主要表现在两个方面。其一，科学研究层面。在实验方法重新引入人类事务的相关探索方面，出现了一系列新的有效尝试。在 20 世纪 60 年代以后，科学心理学已成为一门关于认知和行为的学科，它能够对不可直接观察的心理结构与心理过程，以实验的方式进行检验。[4]进一步来看，在"认知转向"的深刻影响下，神经科学在实验和理论方面的新成果，为心理学研究提供了相关问题求解的理论来源，特别是脑扫描技术的出现与发展，为探索神经系统如何运行的过程，在实验观察方面提供了重要的方法论基础。

其二，哲学研究层面。在社会科学研究中自然主义观念的深刻影响下，一种有关认识论的自然主义进路，逐渐显现于当代社会科学哲学研究当中，其所倡导的核心观念是，在人类心灵和社会的语境中，来探求人类知识的结构与增长，其部分研究可采用心理学和其他认知科学的经验方法。[4]需要指出的是，即便科学未能直接求解一般的认识论问题，比如我们能否拥有关于世界的一切知识，以及我们应该如何获得知识，但是当代实验心理学研究的发展与发现所提供的大量理论与实验依据，能够使我们借助于对事物探求过程中的心理结构，以及获取知识的心理过程（包括知觉到推理），来求解哲学上的认识论问题。

从上述两个方面可以看出，科学包括社会科学在内，不但是一种基于实验证据、批判以及理性探讨的理性事业，而且为我们提供了有关自然与社会世界的知识。特别是在社会科学以及社会科学哲学中，明确将自然科学中的实验方法视为一种重要的方法论基础，这已成为社会科学哲学问题求解的主流观念。事实上，人们对实验方法所发生的一系列转变，究其原因，主要是通过下述两种途径来实现的：一是对于社会科学研究而言，一些新的哲学方法论分析已抛弃传统哲学所倡导的先验论证的分析模式，而是建立在科学活动的思想基础之上；二是在有关人的科学的相关领域中，产生了一系列重要的研究成果，比如以实验方法为研究模式来从事经济现象的解释与预测。[5]

基于上述社会科学研究中对于实验方法整体态度的相关考察可以发现，实验方法作为社会科学研究的一种重要方法，具有一个很长的过去和短暂的停滞，只不过在当代"自然主义转向"研究趋势下，自然科学研究领域内一系列新发现、新成果出现，使得社会科学研究不得不重新将实验方法引入自身理论框架的构建之中，这就为实验方法的再次兴起提供了新的契机。具体来看：

一方面，从 20 世纪 80 年代中期起，自然主义对于科学理论的相关研究逐渐转向了科学实践，分析哲学和科学方法论立足于对科学实践考察的基础，开启了对于实验以及实验方法的极度关注，从而引发了当代科学实践哲学的兴起。作为科学实践哲学的代表人物，皮克林（Pickering）、劳斯（Rouse）、哈金（Hacking）等，对科学理论如何转向科学实践给出了系统阐述。特别是哈金从思想、事物、符号三个方面，对实验室活动的组成元素进行了系统分类，正如他所强调的那样：我所关注的是成熟的实验科学，这一科学已经发展成为在理论形态、仪器形态与分析形态三者之间，能够彼此进行有效调整的统一整体。[6]实质上，这种整体研究状况所反映的正是传统科学理论的研究维度，比如语义维度、逻辑维度、方法论维度等等，开始呈现为逐渐向实践维度的根本性转变。这种转变使得分析哲学所关注的基本论题，也更为凸显在人类活动的实践当中，也就是说，在更为广阔的社会环境下来考察科学作为一种人类活动是如何实现的，比如实验室就是科学家在从事科学实践活动中所构造出的干涉体系。

另一方面，伴随着"自然主义转向"思维观念的影响，人们将社会事件的科学研究更为广泛地扩展到社会科学的一些具体学科之中，特别是在心理学与经济学当中。比如实验经济学目前已成为科学研究的一个重要分支领域，以诺贝尔奖的形式获得了公众的广泛认可。在此，需要指出的是，实验经济学实际上是由罗斯（Roth）与伯努利（Bernoulli）以非正式的形式提出，但是直到 20 世纪下半叶才开始获得真正的发展，纳什（Nash）和泽尔腾（Selten）等在博弈论方面获得诺贝尔奖的研究者，对经济学中的实验研究起到了推动作用。因此，可以说从科学理论到科学实践的转变，事实上就反映在对于实验室中实验实践的相关理论当中。也正是这种科学实践的哲学观念，使得在科学的实际应用中，对其所进行的方法论方面的分析，能够扩大到一系列新的研究领域之中。比如，科学的应用关涉科学知识如何使用的问题，这就对科学家在其中扮演何种角色提出新的要求。

综上所述，作为自然科学研究中的一种有效方法——实验方法，在自然主义观念的整体影响下，已经普遍渗透到社会科学研究的各个学科当中。事实上，这种以实验方法为主导观念的研究趋势，本质上就将社会科学与自然科学纳入一个统一的方法论框架之下，从而实现了社会科学与自然科学在研究方法上的统一。

三、实验方法跨界应用的可能性

立足于实验方法兴起的历史考察，可以看出，实验方法已作为一种普遍的方法论观念，受到社会科学家们的广泛关注，在这一研究现状下，实验方法在社会科学的研究中，形成了一系列有关实验方法运用的基本问题。比如，"实验"概念的可接受性问题、实验的可控性问题、实验的多样性问题、模拟（也称为虚拟实验）、实验在经济学中的发展，等等。本文就是要通过对这些问题的回答，来揭示实验方法在认识论、方法论上应用于社会科学领域的适用层次及范围。需要指出的是，这些基本问题彼此交叉，不过所探讨的核心观念是同根的，那就是对于实验方法在社会科学具体运用过程中适用性的怀疑与考察。因此，从哲学角度来明晰实验方法在社会科学中的特征与应用，就蕴含着对这一问题求解的一个可能方案。

1. 实验方法在社会科学中的适用性基础

上述回顾实验方法在社会科学研究中兴起的历史过程，本质上都为回答一个问题，即实验方法的基本思想和方法来源于自然科学，那么，将其运用于社会科学领域的合理性如何体现？对这一问题的回答隐含在"实验"概念的可接受性与实验的受控特征两个方面。[5]具体来看：

其一，"实验"概念的可接受性。自然科学研究中所采用的实验方法，能否有效介入社会科学的相关研究当中，对于这一问题的回答实质上求解的是，实验概念本身在社会科学领域的可接受性问题，为此，劳森指出：为了更加清晰地识别社会结构和机制而不切实际地操作它们，而对经济学中受控实验的种种怀疑永远是特别有意义的，这当然是合理的。[3]实际上，劳森所秉持的自然主义观念在于，他接受社会规律（或"部分规律"）的存在，因为在开放的、动态的、变化的社会世界中，存在特定的运行机制，并且这些机制具有可重复性。可以说，实验概念的可接受性问题，始终贯穿于实验方法的使用过程中，许多学者对于实验方法的根本疑问事实上就在于，在传统实验概念的意义下，如何理解实验实现的可能性问题。

不过，针对当代社会科学理论框架下实验方法的一系列运用，人们通常是在一种更为宽泛的意义上引入实验概念的，也就是说，人们所讨论的实验概念，事实上是"扩大了的实验概念"。[5]这种讨论通常从三个不同层面来展开：①关于变量的控制范围的认识论问题，至少有三种可能性：直接控制；间接控制（也称为统计的控制）；模型中的假设。②关于研究涉及的过程中物质性的等级的方法论问题，其包括以下方面：实验室实验的经验主义的领域；经济学案例中的"被动实验"；模拟，尤其是计算机模拟；思想实验（其中非物质的领域取决于模型中的假设）。③变量的控制范围和研究涉及的过程中物质性的等级都与真实的、理想的、混合的分析范围等本体论问题有关。

其二，实验的受控特征。针对实验方法的适用性问题，反自然主义者们认为，所有的社会科学中的实验都不是在一种隔离的、可控制的以及可操作的社会条件下进行的。由此引发了实验方法在社会科学具体运用中的可控性问题，也正是这一问题使得社会科学中的实验表现出比自然科学更为明显的实验受控特征。该特征与因果关系的干涉主义观念相类似，从这一点上来看，实验的目标就在于，分离并处理可能为真的原因。比如，在生物学研究中为了确定某种物质是否对细菌有毒，细菌种群会被分为实验组和对照组。这种实验设计旨在使实验者能够用同样的方式对待两组，从而使细菌生长和死亡的其他可能的原因保持不变。

然而，与自然科学不同，社会科学由于包含人类主观性在内的各种要素，在复杂程度上比自然科学复杂得多。因此，为了使社会科学达到像自然科学所具有的客观性，某些哲学家与社会科学家认为，在社会科学中，实验方法是无用的，至少在使用过程中具有较强的局限性。穆勒（Mill）在其著作《逻辑体系》中就曾指出，社会现象完全由个体的行动决定，他认为存在个体行为的定律。不过，穆勒所质疑的是，人类是否具有寻求社会现象原因的能力，因为社会现象中的因果要素彼此结合、相互影响，由此所导致的因果关系的复杂性，使得人们很难借助于实验方法来发现引发社会现象的可能的因果要素。

因此，在社会科学研究中，人们不得不重新审思实验过程中各种操作因素对于实验的干扰作用。由此，实验本身就要求建立一种所有其他的因素都固定不变的实验环境。不过，对大规模的社会现象而言，不可能找到和实验同样准确的控制。特别是，文化的、职业的、教育的以及其他不同因素，使得任何两个真实的人类群体之间的区别不止一种，此外道德上也不允许对人进行隔离和控制，这就不可能保证受试者不受干扰。

2. 实验方法在经济学中的运用：实验经济学

经济学中的实验是近年来社会科学研究中讨论的一个热门话题。作为经济学研究的分支之一，实验经济学本质上所关注的是，来自传统实验概念的实验室实验。除此之外，实验室中的经济学实验，追求达到其他科学中建立的实验室实验标准。根据实验中的问题，经济学家可以将他们的设计目的，集中在对实验发生的环境的控制上，他们可以控制主体间的交流、设定允许的输入行为以及输出响应的变化范围的限制等等。[7]

实验经济学已成为社会科学的一个前沿分支学科，是当代社会科学研究的核心论题之一。正如罗斯所指出的那样，实验经济学经历了从很少引起好奇心到完善的经济文献的发展转变。[8]特别是，在20世纪80年代之后，一本以《经济文学》为名的专业学术期刊，创建了一个单独以"实验经济学方法"为研究类别的条目，从而在学科的制度化方面，促进了实验经济学从提出到成熟的转变过程。从目前实验经济学的研究范畴来看，其包括公共产品的供给、谈判行为、竞争均衡语境下的市场组织、拍卖市场、个体的选择行为等等。这些研究有的是为经济学理论寻找基础的实验证据，有的则是为了寻求实验方法的政策应用。

从上述实验方法在社会科学中运用的状况来看，无论是在当代科学哲学的研究中，还是在社会科学的当前发展下，实验方法为这些相关学科的研究，均提供了一种基于自然科学研究方法的新的方法论框架。这一方法论框架将社会科学与自然科学的研究方法建立于相同的方法论基础之上，从而有效消解了自然科学和社会科学在所用方法上长期以来所存在的对立。进一步来讲，实验方法在社会科学中的一系列运用，本质上体现了当代自然主义的一个基本观念，即尽管社会科学与自然科学在研究目的、过程、结果上有所不同，但从方法论的视角来看，实验作为一种公共的方法论基础，存在于自然科学和社会科学的相关研究当中。不过，需要特别指出的是，实验方法之所以能够在方法论层面，为社会科学与自然科学的统一提供一种整体研究框架，事实上，是由当代哲学家、自然科学家、社会科学家，对实验本身所持有的态度所决定的。正如冈萨雷斯（Gonzalez）所指出的那样：对于社会科学的新的哲学和方法论的分析是在扩大了的实验的视野下进行的，并且在科学自身中对实验使用一种新的观点。这样，"实验"的概念就不再被预先设计的、人类干预的物质特性所限制。[5]

四、实验方法在社会科学研究中的意义

在社会科学研究中，特别是在经济学和心理学中，实验方法的适用性问题已受到科学哲学家、社会科学哲学家们的普遍关注。从根本上来说，社会科学特别是经济学通常将关注点置于实验的认识论与方法论两个层面上。具体来看，实验方法在社会科学研究中的哲学意义，主要体现在下述两个方面。

第一，从认识论层面来看，实验本身所具有的认识论功能，实质上蕴含了实验在科学（包括社会科学）研究中所发挥的作用。[1]具体来讲，这主要表现在实验与理论究竟为何种关系的问题上，也就是实验如何进行理论检验的问题。事实上，理论检验的观念恰恰与经验主义框架内理论概念、确证与因果关系所体现出的相关观念契合。在经验主义那里，事物之间因果关系的构建，只能通过规律的发现来确认，也就是说，因果关系是通过某一理论的概括或规律来表述的。而实验则以观察的形式为理论预测构建了一个与之对应的确证规则。

此外，在实验方法所包含的认识论功能方面，实验经济学家泽尔腾遵循的就是上述经验主义研究策略。[5]泽尔腾强调，经验知识在理解实验现象的重要性方面超越了理论知识。事实上，泽尔腾所秉持的哲学立场与经验主义所倡导的基本观念相一致，而并非那种极力倡导先验知识的理性主义。他反对赋予完全理性优先权。为此，泽尔腾指出：企图通过微小的修正，挽救经济人的理性主义的观点，是没有成功的机会的。[9]因此，泽尔腾强调应从积极的方面对经验给予理解。实际上，泽尔腾在其实验经济学框架中所持有的哲学立场，本质上是自然主义的，因而不同于批判理性主义。不过，在实验证据

能够对理论检验所起的确证作用方面，泽尔腾曾强调：贝叶斯决策理论不是人类经济行为的真实描述。对这一点有充分的证据，但是我们不能满足于否定知识——这个关于人类行为的失败是什么的知识。我们需要关于人类行为结构的更积极的知识。我们需要以实验证据所支持的有限理性的理论，它可以在经济建模中被用作夸大理性假设的替代品。[10]

可以看出，在泽尔腾实验经济学的理论框架中，本质上所强调的是，经验知识对于有效理解实验现象的主导作用。为此，泽尔腾反对那些企图通过心理学或者是生物学中的少量普遍原则，来推导出人类行为的理论。他强调：我们必须要获得经验知识，我们并不能从生物学原理中推导出有关人类的经济行为。[10]因此，泽尔腾指出，对于人类行为的相关解释，应当从经验知识中来获取。此外，泽尔腾对经济行为解释中那些不切实际的原则，总体上持一种批判的态度，他认为：制定很多以经验为主的特定的假设，比依靠那些令人满意的概括性的和简洁的不切实际的原则要更好。[10]由此，实验现象的成功解释应该建立在以经验知识为主的基础上。为此，泽尔腾指出了经验知识所蕴含的多样性特征：实验表明人类的行为是临时性的。不同的原则适用于不同的决策任务。正是因为不同案例的相关研究，确定了每个原则所适用的范围。[10]

第二，从方法论层面来看，实验已成为确定自然现象与社会现象中因果机制的典范，特别是社会科学家在发现社会现象中的因果机制时，就将实验方法引入经济学与人类学的相关探讨中，这种研究策略为社会科学中因果机制的阐释发挥了更为重要的作用。不过，由此也引发了一系列与实验有关的哲学问题。针对那些无法以实验来进行研究的社会现象，是否能从方法论的意义上，认为社会科学无法获得像自然科学那样的科学地位，或者说，实验是不是衡量社会科学与自然科学具有同等学科地位的标准。因此，针对这一哲学问题，就需要重新审视社会科学中究竟是哪些不同于自然科学的内在因素，引发了实验方法之于社会科学研究的适用性问题的考察。

进一步来看，实验经济学家泽尔腾在实验的方法论方面，为上述问题的求解提供了有益的启示。对于泽尔腾而言，在其实验经济学的理论框架中，他更为强调对归纳法的普遍认可。[11]实际上，泽尔腾在实验经济学的相关研究中，其所运用的研究进路并非开始于实验室里检验的形式化理论，而是倾向于一种经验主义的研究策略：以经验数据为基础，从而确定出某些经验规律，然后构建出能够解释这些经验规律的形式化理论。

可以看出，泽尔腾实验经济学中所体现出的方法论原则，本质上不同于以理论导向为出发点的实验研究的方法论。这一方法论观念还体现在泽尔腾的均分支付边界理论之中。该理论反映了泽尔腾对于实验经济学方法论的一系列基础研究，实质上已经抛弃了主流经济学所持有的重要方法论原则。正如泽尔腾指出的那样：坚持主观预期效用最大化的解释是徒劳的。优化的方法不能做到使人类决策过程的结构公正化。[12]不过，在当前实验经济学的一系列相关研究中，仍然存在一些亟待解决的方法论问题，冈萨雷斯曾指出，实验经济学的方法论问题主要体现在方法论的局限性上：在经济学实验室中获得的相关结论，有多少可以直接应用到现实世界复杂的经济活动之中？[5]为此，泽尔腾强调：现场数据同样也很重要，但是它们难以获取，更难以解释。[13]针对此方面的方法论问题，目前实验经济学家通过下述两种方式来做出回应：一方面，通过一些经济活动的特征（在一般的情况下而不是在人工的环境下），来给出人类决策的真实特征；另一方面，在多变的历史背景中，把经济活动分解为与其他人类活动相关联的一种人类活动，事实上，经济活动与其他的人类活动是相关联的，并且在一定的语境下，经济活动也是具有历史性的。[5]

综上所述，通过对实验在认识论与方法论两个层面的考察，可以看出，这两个层面共同关注的核心点在于，如何有效理解实验方法在其具体应用过程中的功能。而实验的认识论与方法论实质上所强调的是，可靠性知识与可重复性这两个基本论题。因而，实验的基本作用就可理解为，如何为人类提供研究世界的新信息，或者说如何为人类提供关于未知世界的工具性知识。

五、结语

尽管实验在社会科学中的作用历来备受怀疑，甚至被那些认为自然科学与社会科学在方法论上存在本质区别的人所忽视，但是，从社会科学的新近发展来看，特别是在经济学研究中实验方法备受关注，事实上，实验方法在社会科学中的运用本质上体现了当代自然主义的一个基本观念，即虽然社会科学与自然科学在研究目的、过程、结果上有所不同，但实验方法作为一种公共的方法论基础，将社会科学与自然科学建立于相同的方法论基础之上，这就为消解自然科学与社会科学长期以来所存在的方法论分歧提供了一种解决方案。

[1] Risjord M. Philosophy of Social Science: A Contemporary Introduction. London: Routledge, 2014.

[2] Morgan M, Morrison M. Models as Mediators. Cambridge: Cambridge University Press, 1999.

[3] Lawson T. Economics and Reality. London: Routledge, 1997.

[4] Thagard P. Philosophy of Psychology and Cognitive Science. Amsterdam: Elsevier, 2007.

[5] Kuipers T. General Philosophy of Science: Focal Issues. Amsterdam: Elsevier, 2007.

[6] Hacking I. The self-vindication of the laboratory sciences//Pickering A. Science as Practice and Culture. Chicago: University of Chicago Press, 1992.

[7] Boumans M, Morgan M. Ceteris paribus conditions: materiality and the application of economic theories. Journal of Economic Methodology, 2001, 8(1): 11-26.

[8] Rescher N. Scientific Inquiry in Philosophical Perspective. Lanham: University Press of America, 1987.

[9] Arnold H. The Makers of Modern Economics. London: Harvester Wheatsheaf, 1993.

[10] Selten R. Evolution, learning, and economic behavior. Games and Economic Behavior, 1991, 3: 3-24.

[11] Gigerenzer G, Selten R. Bounded Rationality: The Adaptive Toolbox. Cambridge: The MIT Press, 2002.

[12] Roth A. Laboratory Experimentation in Economics: Six Points of View. Cambridge: Cambridge University Press, 1987.

[13] Selten R. Features of experimentally observed bounded rationality. European Economic Review, 1998, 42: 413-436.

不可言说的言说：经济学隐喻的认识论本质*

祁大为　　殷　杰

在追求"确定性世界"的问题上，无论是自然科学家还是社会科学家都表现出了浓厚的兴趣。经济学作为与自然科学最为接近的社会科学，由于在研究社会问题时使用了数学工具，在研究方法上显得更为形式化和"确切"，因而一度被认为是"社会科学的皇后"。作为一门相对成熟的社会科学学科，经济学的创立以及随后研究方法的发展长期受到演绎主义认识论的影响。纵观经济史，经济学的主要用场是说明世事。[1]但是，由于经济学的主流研究既不能对事件做出具体的预测，也不能说明人们生活的这个世界[2]，这让经济学在预测现实生活事件以及辅助支持政策制定的过程中都遭遇了巨大的挑战。在面对这种不确定性挑战的问题上，经济学家为我们提供了两个典型的解决方案。其一，凯恩斯断定经济世界中的不确定性会导致投资波动，进而引起生产和就业波动，并且，他还将这种不确定性视为外生变量来加以对待。显然，这个方案并未触及经济世界的内在本质。其二，穆思（Muth）在经济主体的信念和经济系统的实际随机行动之间建立了联系，并在此基础上提出了理性预期理论。穆思把数学工具当作"钥匙"，将预期线性的内生变量纳入了模型中。不过，穆思仍将这种预期的不确定性视为"外生"的干扰因素。在经济学方法论的近期研究中，有学者针对不确定性问题提出了两种截然不同的解决思路：一种是强调"在共同体间对话或赢得辩论"的经济学修辞学，其主张否定规范性，将知识的标准置于实用主义框架下。[3]另一种是"寻找经济学本体并加以实在性分析"的经济学批判实在论，其反对演绎的必然性和封闭性，主张经济学研究方法要与研究对象的本质相适应。[3]无论是经济学家还是经济学方法论者，都在说明经济世界的不确定性和经济世界本质善变的问题上付出过艰苦的努力，但成果仍不能令人满意。如今，不确定性问题依然没

＊　原文发表于《科学技术哲学研究》2018 年第 6 期。

有得到妥善解决，并且挑战着以往为知识设定的种种标准，甚至对不确定性本身的认识也一直困扰着经济学共同体。在当代哲学的语言学、解释学和修辞学三大转向进程中，传统上作为修辞手法的隐喻进入哲学、自然科学和社会科学相关研究者的视野之中。在不确定性问题的认识论讨论中，经济学修辞学强调理想层面的"交往"，而经济学批判实在论则强调隐喻方法在揭示经济社会实在本质的过程中具有的独特说明优势。受此启发，我们发现经济学知识的创造和澄清"依赖"着隐喻认知开放原则、隐喻指称、隐喻的意向性表达发挥的作用。由于经济学研究对象的不确定性和模糊性，很难用准确、清晰的科学话语来表达。因此，经济学研究者在探究这一问题的过程中，采用隐喻认知启示、认知建构和认知表征等认识论策略，并使它们成为正确面对不确定性问题，甚至是化解经济学中不确定性问题的具有合理性和可操作性的解决方案。

一、经济学隐喻的认识论特征

语言的基本禀赋之一就是用有限的话语去表达无限的、不确定的世界。在经济学研究中，经济学家的认知通常会受到社会存在的制约，比如预期、供需、数据、指标等等，关于它们的隐喻性概念在不同经济主体中均具有普遍性，而再现这些隐喻性概念的语言又都依赖于特定语境中发生在本体和喻体之间不间断的联系。隐喻在经济学领域中的存在，不仅是经济学家用作认知世界的一种语言工具，更体现出经济主体认知社会世界和经济世界的一种普遍的认识论特征。准确地说，经济学隐喻是一种使经济学认知增量变得可探究的工具。

首先，经济学隐喻具有认知开放性特征。众所周知，经济学是建立在假设基础上的学科，因为在追逐经济学知识客观性的诉求上，所谓的干扰因素总是使得规定性的认知方式无所适从。干扰因素的种类多样，变化趋势也无规律可言，甚至一个变量的变动会直接导致研究结论的反转，这一特征在经济学理论演化中表现得尤为明显。经研究发现，经济学认知的重要隐喻蕴含一种品质，即总有一个侧面或其他侧面会通过成功的科学理论得到印证，从而显示出某种未知的含义而令我们惊奇。[4]经济学家往往会借助函数、模型、图表、寓言等隐喻方式介入对经济学对象的认识过程中，通过隐喻的一般性认识原则来解决研究中所遇到的问题。

一方面，对经济学家来说，保持经济学语言与经济学概念的适应关系至关重要。经济学家无法对经济学对象做出完全真实的描述，也不能通过外在的和约定的定义就将经济学语言与经济社会的结构简单地绑定在一起，而通过具有认知开放性特征的隐喻却可以做到，而且效果良好。另一方面，经济学术语的生成依赖隐喻。因为经济学的术语必须建立在语义网络中才能让理论具有意义，也就是说，由于经济学理论是灵活的和多样化的，隐喻可以运用事物的"同一性"使经济学术语表征那些本质特征尚未被了解的研究对象的存在方式，并且促成经济学语言描述与人们一知半解的经济社会的特征相适应，为了保持这种适应性，经济学理论的内涵也不应该被严格地定义。所以，我们在经济学理论研究过程中，要追问理论如何可能，就要对理论与世界的衔接点始终保持好奇，而由隐喻认知开放性特征开启的新的研究，或者对不确定性问题的研究恰好是经济学研究者的"兴趣点"。

其次，经济学隐喻的指称特征。"指称"是一种人类的实践，通过指称，经济学家使用任何可行的方式将我们的注意力吸引到与其共有的公共空间中的某个事物上面，巴斯卡将指称分为会话指称和实践指称。在经济学会话指称中，指称表达是一个指称术语，用于挑选某个假设的经济实体和机制等，以引起相关语言共同体的注意。实践指称是指固定一个术语的外延需要在一个可修改的描述（会话指称）的引导下使用一种物质实践（如实验操作、知觉和测量），这样才能在这个术语与某个经济实体、机制或类似事物之间建立一种物理联系。因为意义在指称过程中是非常重要的，但又不能完全定义指称，所以隐喻在描述现实时是非常有用的。[3] 本质上说，由经济学隐喻构成的理论术语是通过动态而辩证的方式来完成指称的。术语的意义能够为经济学研究者指出指称所特有的认识论路径，通过这种方式，术语的意义使得指称成为可能，但并不能因此决定指称。同时我们还要注意到，并不是言语在指称，而是在特定语境中使用词语的说话人在指称。[5] 在谈到"盲目""萎缩""萧条"以及与之类似的词时，经济学家依据的是这些词在描述宏观经济时被赋予的意义，从而使得这些词可以被识别，同时话语的语境非常清楚地表明经济学家并不是在谈论某个人或景观，而是在谈论宏观经济不健康、不景气的运行态势。所以，隐喻指称一旦实现，就会带来意义的改变，例如在既有语境中，我们可以发现萎缩并不是一个具体物理现象。再比如，均衡价格指称某商品供给曲线与需求曲线相交状态下的价格，并不是"市场活动"的一个属性，这反映出语言适应世界的因果结构是一个辩证的过程，体现了认识论上的成功，并据此，隐喻指称具备了认识路径和指称连续性的特点。

最后，经济学隐喻的意向性特征。经济学隐喻中存在着大量的意向性表达，实质上隐喻的意向性指的是施喻主体所具有的意向性，隐喻的发生是认知主体运用意向的指向性和创造性，将人类的意识与认知对象结合在了意义关联中，由此建构了心灵通往经济实体的可能路径。具体来看，一方面，隐喻是以一个概念结构去构造另一个概念的认知世界的方式，意在于概念与不同范畴之间建立联系并获得新的分类。特别是，在经济学语言系统中，经济学研究者的意识活动总是指向某个经济学对象，并不存在脱离社会世界和经济世界的空的和封闭的意识。而意识总是积极地将经济学家的心理实体综合为同一的经验并加以释义，经济学隐喻言说者的意向决定着构成相关经济学隐喻的"边界"，隐喻在经济学中的成功运用是原初意向性的一种动态的扩散和聚焦。另一方面，经济学隐喻通过意向性达成对"是"的理解。由此可见，经济学隐喻的意向性指的是经济学隐喻创造者或言说主体的意向性，并不是指经济学隐喻语言形式本身所包含的某种字面上所蕴含的意向性。比如，对经济学中不确定性隐喻的理解是隐喻创造主体的意向性所赋予的，这时经济学隐喻的指向与意向性是同一的，而不是字面所反映的句子主词在语义学意义上的意向性。因此，我们必须把作为隐喻发明者的人类内在具有的意向性同形式上的语词、句子、图画、图表本身表现出的意向性区别开来，后者的意向性是从前者引申出来的，或者说后者的意向性仅仅具有语义学的含义，在实际上是不存在的。[6]综上所述，在某种意义上，释义必须接近言说者所意味的内容。在任何情况下，当且仅当与用于释义语句相对应的断言为真，言说者的隐喻断言才可能为真。[7]这也就是说，对经济学隐喻的说明或解释要与隐喻言说者所描述的意向内容相一致，这实质上是要对作为"是"的存在者也就是经济学研究对象、语言、经济学研究主体的意向性三者关系进行梳理。

由上文可知，对经济学隐喻的释义都是在对原有意向性进行合理的还原，但是完善的还原也替代不了原有的经济学隐喻。在面对经济学不确定性问题时，经济学隐喻的意向性所包含的因素往往超出其自身的真值条件，考察经济学隐喻的意向性仍要采用提出经济学隐喻的经济学家的视角，因为经济学家掌握着该隐喻的语用语境、共享信念以及经济学理论的背景知识，从而可以从经济学共同体交往有效性角度来考察经济学主体的意向性。简言之，意向性表现为隐喻形式，意向性可能与否要在经济学共同体的交流中来认识。更进一步说，要在经济学实践中认识经济学隐喻特征的全貌。于是，对经济学隐喻功能性的认识便成了我们要面对的另一问题。

二、经济学隐喻的认识论功能

由于经济世界充满了不确定性和模糊性，运用经验的方式甚至数学的方式来说明经济主体的偏好行为经常困难重重。经济学的不确定性源于无数种可能的个人偏好；这些个人偏好会构成一个足够大的值域，当这些个人偏好叠加则会产生我们能想象得到的、所有的病态行为。[8]同时，经济学家必然要面对复杂、多面的社会世界，个人偏好、非理性选择等不确定性因素对经济学的发展也起到了某种程度的推动作用。正因如此，我们在对经济学研究对象进行认识论考察时，所涉及的经济学术语或概念往往不是"单纯的"，而是多元的"混合体"，而经济学隐喻的认知启示、认知建构、指称等功能为不同经济学理论提供了概念上的意义映射和认识论意义上的启发和链接，为我们"体系化"认识经济学提供了可能。

首先，经济学隐喻的认知启示功能。隐喻是语言现象，更是实现经济学认知的工具，经济学隐喻启示受众运用其已有的知识框架和信念来达成对新经济学知识和经济现象的认知。隐喻不仅是语言现象，更是实现经济学认知的工具，其认识论意义就在于此。但是，经济学家的认知也会受社会存在的制约，经济学家使用的语言也不可避免地受到自然语言、文学修辞、政治立场甚至受到艺术审美及宗教信仰的渗透。如上文所说，预期、数据、指标等是经济社会中的普遍现象，这种隐喻性概念大量存在于经济学的理论和实践中，而再现这些隐喻性概念的语言又都依赖于特定语境中发生在本体和喻体之间不间断的联系，受众在动态运用经济学隐喻的过程中来实现对新知识的认识。也就是说，隐喻在经济学领域中的存在，不仅是经济学家用来认知世界的一种语言性工具，更体现为经济学家建构理论的一个非常重要而又普遍的认知机制。经济学隐喻对于经济学研究者来说无疑是具有启发性的，而经济学隐喻在理论建构和实践中还创造性地把"不可能"认识变成了"可能"认识，同时又为经济学研究者揭示了新知识的认知机制，启示研究者去认识与经济学新"现象"有关本体（相对于喻体）上的"新奇"意义。由此可以看出，在经济学的演化进程中，一个重要隐喻的文字转换永远不会完成，进一步说，我们要对经济学隐喻保持足够的清醒和关注。

其次，经济学隐喻的认知建构功能。与传统上将隐喻视为修辞手法不同，隐喻还是人类将某一领域的已有经验用来说明或理解另一领域经验的一种认知活动[9]，同时它也是研究者认知主观结构的基本表现形式。经济学隐喻通过隐喻连接词"是"来实现其认知构造功能，"是"在一般性经验的意识中只负责连接主词和宾语，从而构成某种创造性判断甚至断言。关于经济学隐喻"是"的认识论功能通常隐含在普遍性的隐喻思维习惯以及语言表达当中，并与自然化和实证化的思维方式形成了鲜明对照。具体来说，经济学隐喻中的"是"集中地体现了判断性连接的意向性和指向性，以及与一般述谓连接词的明显差异。该状况甚至超越了科学语言边界，但是，这为经济学研究者提供了创造性活动的力量和可能性，并建立了经济学语言与其他语言系统结构上的关联。"是"的特殊意义在福柯（Foucault）看来是一种"广义的根本性的肯定力量"，类似话语权的权力将事物和行动与世界进行连接。事实上，虽然隐喻并不能为经济学提供一个逻辑上严密的推理基础，但是经济学家可以借助于想象通过隐喻建构起相似的连接，或将两个相似的事物置于发生机制中加以解释，从而达成对新事物的表征并获得新知识。从另一个角度来说，哲学的任务就是对蒙蔽我们真知的伪装加以批判，经济学在祛蔽的过程中，隐喻的运用为我们接近真知开辟了道路。如果我们从经济学真理观出发，我们所要强调的意义即是对经济学语言的意义以及歧义所导致的混乱加以澄清，使得我们了解经济学文本话语的意义。进一步来说，经济学话语来源于研究者个体的认知背景，而关于隐喻陈述话语"是"的真假判断依赖于个体的和文化的语境及其认知状况。从本质上看，隐喻只有在语境规约和限定的前提下才可以陈述研究者个体和经济世界的符合关系。在经济学理论的说明过程中，经济学语境中生成的隐喻只能在经济学中展现其真理性的存在。

最后，经济学隐喻的表征功能。对经济学隐喻的表征做认识论考察需要回答两个问题：其一，因为表征是被当作认知对象的替代物而存在的，作为表征载体的经济学隐喻该如何表征？其二，一个经济学隐喻系统具备什么条件才可以担当表征任务？通常来说，表征性的经济学隐喻通过比较进而关涉了意义的更新与扩展，经济学隐喻通过表征表达出研究主体之于对象的某种"相似"甚至"模仿"的意味。表征性经济学隐喻的成功依赖于辨别、发现和把握跨领域、跨学科语言所指之间的相似性特征。一方面，传统意义上的知识表征是以静态化、内在化为特征，依赖于认知主体的个体直觉、推理和回忆来实现对知识的认识，而且认识过程中不考虑社会性因素的存在。而事实上，表征的发生，是在主体面临现象时所产生的反映作用[10]，在表征经济学知识时，隐喻表征会受到来自经济学共同体的宗教信仰、政治倾向、价值判断、审美能力、知识背景等诸多社会因素的影响。另外，从科学隐喻的角度看来，隐喻被视为对具体科学对象、实体或事件的术语表征。由于在经济学语境中，某些隐喻（比如生物学隐喻）表征往往比其他表征会具有更强的解释性和可接受性，这就从语言学的层面给出了经济学隐喻的表征域。举例来说，科尔伯特（Colbert）在解释国家税收时曾使用了这样一个隐喻：税收这种技术，就是拔最多的鹅毛，听最少的鹅叫。另一个隐喻是，投资人依托于非理性的判断而做出的决策，如炒股、炒房等。这两个隐喻所表征的知识都是从经济社会语境中建构得出的，同时，这两个隐喻表征的相似性也只有在社会语境和文化语境中才能够被理解。另一方面，隐喻作为经济学理论模型的基础，既是特定经济学模型相关隐喻的表征，同时又是相关理论模型得以建构的重要来源，也就是说，经济学隐喻构成了自身系统"再隐喻化"的基础。再隐喻化的反身性对我们提出了不断改进甚至更新理论模型的要求，启示着我们更新与经济学对象的互动方式以及调试我们认识经济世界的视角。这种相似性是语境的相似性，经济学隐喻将被认知的对象置于我们原有的概念框架所支撑的语境中进行解释和表征。换言之，经济学隐喻正是为不断调整我们对经济世界的表征而起作用，并在这一过程中为我们提供关于经济世界的新信息。

三、经济学隐喻的认识论意义

1. 隐喻为经济学研究提供了跨领域"借鉴"

如前文所述，隐喻是人类将其某一领域的经验用来说明或理解另一领域经验的一种认知活动，而经济学隐喻的意义发生并存在于经济学研究者的认知实践中。一方面，经济学隐喻的认识论功能要依托于广义隐喻的角度，即科学隐喻作为概念化与再概念化过程的角度加以理解。也就是说，经济学隐喻认知是将认知对象的部分特征从概念一般性运用的来源域投射到目标对象异常应用的目标域，由此两个概念域之间发生了意义的互动，这样就在认知上形成了一种新的交叉，进而我们就可以对目标对象进行描述或者评价了。另一方面，对经济学隐喻进行认识论探讨，并不是对经济学隐喻进行一种简单的"专题化"解读，也不是意在停留于批判者的视角对经济学隐喻的特征和功能进行"对象化"的分析，而是试图寻找其他研究领域的启发来解释经济学隐喻这一现象"背后"的存在是什么，以及如何存在。本质上说，经济学隐喻是从心理实体意向性的基础上来认识我们与经济世界打交道的一种恰当的方式。例如，术语"组织创新"一词在引入时就具备了"传递所获特征的机制"这一含义。不过，虽然术语含义（会话指称）可以指导实际研究（实践指称），但是术语的含义并不决定术语在实践中究竟指称什么。随着研究的深入和理论的发展，术语的最初含义可能会改变（例如，可以使用"遗传的"来代替"所获的"），或者它可能会失去原有的指称含义。术语含义的重要性并不是要把术语固化为对指称对象所做的即刻的、不变的和穷尽的描述，而是在于为指称对象提供认识论路径。

此外，由于我们无法对世界做出完全真实的描述，我们因而也不能通过外在的和约定的定义就将经济学语言与真实的世界的因果结构简单地绑定在一起，我们还要注意到，确定指称时遵循非定义程序（non-definitional procedures）对于协调科学语言和概念与世界因果特征的适应关系是至关重要的。[5]进一步来说，理论术语必须建立在语义网络中，因为只有这样理论术语才有意义，并以此为前提，明白无误而又程序清晰的研究才能得以展开。然而重要的一点是，经济学理论是一个开放的、灵活的、不断演化的理论体系，经济学术语既可以指称那些本质特征尚未被了解的实体，更可以使经济学中的语言学范畴与那些我们不确定的、一知半解的经济世界的特征相适应。因此，经济学理论术语的含义不应该被严格地定义，隐喻的跨领域指称的意义也就此凸显出来。

2. 经济学隐喻为不确定性知识提供了动态解释

语言是经济学家认识经济世界所具有的可能规律和意义的承载者。在认识论问题上，语言的隐喻描述也显示了人类认知能力的巨大进步。受到理性的驱动，人们总是倾向于在认识上形成某种确定性的把握。为克服理性的独断与僭妄，如康德所说，理论理性作为一种认识论根据是有一定限度的，它只能应用于经验和现象领域，即由经验自身所给予的概念之可能性认识只能存在于经验领域。[11]我们都知道，社会世界是一个被建构的世界，同时，社会世界也是处于不断变化中的世界，试图捕捉社会世界善变本质并对其问题和挑战进行探讨的理论也在不断地变化。[12]面对这种非经验性的、建构的研究对象，研究者对如此纷繁复杂的因素和进程做出客观评价，对建立理论和实践二者平衡关系所需条件框架是必要的。因此，一种好的经济学认识论对于完成这一任务有着巨大的辅助作用，它可以提供一套动态的概念和方法论工具，使我们能够捕捉本体论的复杂性，并与日新月异的社会变化保持同步。[12]由于经济学以及其他的社会科学并不是"完备的科学"，在经济学的发展进程中，通过隐喻的动态的、多角度的、祛蔽的描述，每一步的当下研究都被赋予了意义。

熊彼特（Schumpeter）的一个经典经济学认识论命题是：确定性尚未被揭示出来的唯一原因在于人类理解力的贫乏，但是我们并不应以此为理由，毫无根据地沉湎于对确定性的盲信。[13]熊彼特甚至给出了他断言的理由：客观而言，确定性即使肯定存在，也必须承认不确定性。[14]因为，人们越来越清楚地认识到，如果不存在不确定性，所有这些问题都将无从解释。有鉴于此，主流经济学家便陷入了这样一个困境。一方面，追求研究范式的自然科学化和经济学知识的确定性；另一方面，他们在不确定性面前所表现出来的苍白无力，使其不得不反过来检视这种科学研究范式和确定性知识自身的合法性问题。受到后现代哲学和库恩哲学真理观的影响，有关事实问题的认识在不同的范式中会以不同的方式呈现或变成事实，并没有一个整体上与认识相脱离的事实世界。所有的认识都发生在一定的框架中，正如尼采所说，"没有事实，只有解释"，经济学隐喻的这种动态解释属性恰好与合理性关系是知识内部结构之间以及不同要素之间的互相证明和互相支撑的关系相一致。

3. 经济学隐喻的认识论意义是一个过程

对确定性知识的追求导致了经济学家用他们自己的观念代替了现实的经济人（主体）以及经济进程。在经济学研究对客观性诉求日益增强的状态下，实在的经济人所实际解决的问题却被经济学家的想象和分析取代了。

事实上，随着人类对科学的认识不断深化，隐喻已经被视为科学中语言生成、概念构造及其相互关联的重要的、不可或缺的手段。[15]在经济学理论的发展中，隐喻自身的语言结构也总是影响着经济学的发展状况。因为隐喻作为一种认知工具是与"修辞学转向"本质地关联在一起的，所以当代科学哲学中的"修辞学转向"为隐喻认知路径提供了更为广阔的理解空间。正因如此，所谓"经济学隐喻"的意义就发生在了将隐喻一般性认识原则应用到经济学理论的具体解释和说明中，并由此形成一种经济学解释和说明的认识论思想。那么我们如何理解经济学隐喻的认识论意义呢？语言哲学家约翰逊

（Johnson）告诉我们，对隐喻的审视是经由基本逻辑的、认识论的和本体论的问题，进而深入对人类经验的任何哲学理解上最有成效的方式之一。[16]

而戴维森认为，隐喻并不是命题，因为隐喻不存在真值。事实上，对隐喻的理解不能停留在言说或字面，而是应该来到语境，如格赖斯（Grice）所说，意义要在特定语境下才能够被人认识。与此同时，"经济学现代主义"①已经受到人们的谴责。人们可以举出大量经济学研究成果与事实相悖的例子。有人甚至嘲讽道：一名经济学家通常是这样一位专家，他将在明天知道今天为什么没有发生他昨天预测的事情。[17]客观地说，经济学家们不必怀疑经济学学科自身的基础，但经济学家也应该清醒地认识到，再精巧的模型也穷尽不了客观经济世界的变量，因此模型也不能总是被视为精确的预测工具。也就是说，工具的精巧不等于结论的精确。通过抽象展开的论证无论多么有说服力，也无论逻辑多么严密，最终只是证明了"抽象"，并没有说明不确定的客观经济世界。由此看来，隐喻的意义在于将隐喻一般性认识原则应用到经济学理论的具体解释和说明中，从理论建构和实践分析的操作上，具体地、局部地、连续性地运用隐喻的说明力，来达成对不确定性客观经济世界的说明，这也是经济学研究者借助于隐喻解释的逼真度在真理展开过程中所从事的一种对隐喻所包含的内容具有历史性的认识活动。再回到隐喻认知实践与客观性的关系上，客观性远不是一个不可改变的理想，相反，实践中的客观性绝不能对语境、语境的解释以及人类的判断视而不见。如果客观性在研究中有一定的作用，那么针对在研究对象所处领域中具有干扰作用的偶发因素，客观性应该在它们之间建立一种平衡，并把客观性看作是一个实践的成果。[12]

四、结语

经济学的演绎主义在面对复杂动态的客观世界时，执着于目的导向的解决方案，这与多元化的视角和解决方案相比，在认识论的操作上是有明显劣势的，因为，对文化现象的充分理解应该既是说明性的，又是解释性的。[17]经济学隐喻发生并存在于对经济学研究对象的认知过程中，这一过程凸显了认识论的进化特点。我们可以将隐喻视为一种尝试，也可以将其视为一种实

---

① 麦克洛斯基将经济学家在研究中所秉持的科学至上主义的观念称为"现代主义"（本文作者注）。

践，针对经济学目前尚未能恰当表达的不确定性难题，隐喻言说出了其他认知工具不可能言说的不确定性自身的哲学意义，以及化解不确定性问题的方式方法。也许这就是经济学隐喻内在的"精神"，这也让经济学研究者在认识研究对象的过程中反向认识了自己和自己所使用的认识工具。因为经济学研究对象本质上是通过经济学家的建构才出现在经济学家研究视域之内的，还有鉴于经济学研究对象的独特存在方式（不同于自然科学，经济学的研究对象由社会现象构成），经济学隐喻就成了经济学家与经济学话语以及概念之间的"翻译官"和"黏合剂"，这既让经济学研究者对经济学研究对象的不确定性本质形成了可靠认识，同时也揭示了经济学知识内在的合理性构成。

参考文献

［1］张五常. 经济解释. 北京: 中信出版社, 2015.

［2］Lawson T. Economics and Reality. London: Routledge, 1997.

［3］Lewis P. Recent developments in economic methodology: the rhetorical and ontological turns. Foundations of Science, 2003(1): 51-68.

［4］McCloskey D. The Rhetoric of Economics. Madison: University of Wisconsin Press, 1985.

［5］Lewis P. Metaphor and critical realism. Review of Social Economy, 1996, 54(4): 487-506.

［6］塞尔. 心灵、语言和社会: 实在世界中的哲学. 李步楼译. 上海: 上海译文出版社, 2001.

［7］Martinich A P. The Philosophy of Language. 3rd ed. Oxford: Oxford University Press, 2000.

［8］Saari D. Mathematical complexity of simple economics. Notices of the American Mathematical Society, 1995, 42(2): 222-230.

［9］束定芳. 论隐喻的本质及语义特征. 外国语, 1998(6): 11-20.

［10］陈大刚. 表征: 认识论及审美. 兰州学刊, 2007(11): 1.

［11］康德. 纯粹理性批判. 邓晓芒译. 北京: 人民出版社, 2004.

［12］蒙图斯基. 社会科学的对象. 祁大为译. 北京: 科学出版社, 2018.

［13］库尔茨, 斯图恩. 创新始者熊彼特. 纪达夫, 陈文娟, 张霜译. 南京: 南京大学出版社, 2017.

[14] Knight F H. Risk, Uncertainty and Profit. Chicago: University of Chicago Press, 1971.

[15] Pulaczewska H. Aspects of Metaphor in Physics. Tübingen: Max Niemeyer Verlag, 1999.

[16] Stern J. Metaphor in Context. Cambridge: The MIT Press, 2000.

[17] Montuschi E. The Objects of Social Science. London: Continuum, 2003.

经济学隐喻的实在性探析*

殷　杰　祁大为

　　经济学不能提供对事件的具体预测[1]，而经济学家主要支持的却是实证主义方法论准则[2]，这导致了经济学研究内容和方法论之间的矛盾。有关经济学知识如何构成及其获取方式的探讨，直接关系到这门学科的认知地位和知识的合法性问题。在经济学方法论的近期研究中，经济学修辞学和经济学批判实在论的研究在化解上述困境方面有所贡献，然而也形成了新的矛盾。经济学修辞学的代表麦克洛斯基（McCloskey）认为，波普尔传统在科学哲学中根深蒂固，由其所形成的方法论不能合理地解释那些实践经济学家所做的研究，麦克洛斯基主张回到"实践"，尤其是要关注经济学家的实践带给方法论的启示。经济学批判实在论的代表人物劳森认为，方法论者专注于认识论问题时，在很大程度上忽略了经济学理论的本体论意义，即这些理论忽视了关于社会经济现实本质的预设。[3]劳森主张要找寻经济学理论的本体论前提，并对经济实在的本质进行概念化，也就是要对经济学研究中的本体论构成加以探讨。在面对经济学方法论究竟应该是"理论导向"还是"实践导向"这一问题时，科学隐喻作为一种说明框架逐渐引起了经济学家和经济学方法论者的关注。此外，"模型"作为经济学研究的重要辅助工具，在经济学理论建构和实践中有着频繁的运用。本质上说，经济学隐喻和经济学模型在实在性上有着很多的共同点，甚至一致性。因此，针对上述两个"导向"的争论，本文跳出传统方法论的规范性和非规范性争论的态度，在探讨模型本质的基础上，采用隐喻话语分析的方法来化解经济学的困境和方法论的分歧，进而说明隐喻分析方法不仅是更新经济学方法论的可行方案，而且还深深"扎根"于"实在性"之中。

---

　　* 原文发表于《自然辩证法研究》2019 年第 4 期。

一、作为理论建构和实践工具的经济学隐喻

在当代哲学的语言学、解释学和修辞学三大转向过程中，传统上作为修辞手法的隐喻进入哲学、自然科学和社会科学相关研究者的视野之中。此后，隐喻在哲学上的价值也逐渐体现在了认知的内在性、本质性的本体论层面，认知功能实现的认识论层面，以及跨学科、跨视域的方法论研究层面。与此同时，经济学方法论也发生了两个研究路径上的转向，分别是以仔细探察经济学家实践而不是专注于科学哲学"教义"的经济学修辞学，以及旨在修正波普尔理论对经济学理论影响下对本体预设忽略的经济学批判实在论。[3]两个理论都着重强调了隐喻分析方法。传统上仅作为修辞手法的隐喻由此进入了哲学基础的阐发以及寻找其本体论意义的阶段，这为经济学理论建构和实践的实在性分析，乃至经济学方法论的发展提供了坚实的基础。

首先，语用学为经济学隐喻分析提供了基础。孔多塞写道：在语言的起源中，几乎每一个字都是一个比喻，每个短语都是一个隐喻。[4]而经济学的特征主要体现在，以语言为媒介并辅以假设、图示以及数学符号等的系统表征。传统上作为"手段"的经济学隐喻，其"目的性"也在经济学理论和实践的研究中越发凸显，尤其是有关类比、模型、寓言以及语用上的语境转换带来隐喻意义方面的探讨，给予了经济学方法论研究强烈的"指引"意味。根据格赖斯标准二分法，在我们得到语义含义后，通过"语用推理"推导出语义的语用含义。在这一过程中，其一，语用学强调在语法和语言意义研究过程中语境因素的作用，通过设定语用学讨论语言交往过程的普遍性前提，事实上是构造言语可能理解的先决条件，以反思该设定的有效性，进而对言语行为的规则质疑或展开辩护。其二，要让指称词所指有意义也须借助语用学的语境理论。在经济学的理论建构和实践过程中，隐喻与指称相互作用确保了意义的必然性，由此，"所言"进入了"所含"，经济学隐喻就此到达了语用层面。

我们都知道，语用学研究的是语境对话语解释的影响[5]，经济学则是人类对价值交换和彼此相互作用过程中某种规律性进行解释的尝试，语言的运用为这一切提供了交流机制。另外，经济学试图将社会制度解释为某些函数的最优化过程中所衍生的常规性[5]，隐喻的使用无疑会使这种尝试成为可能，并且有效。

其次，经济学隐喻是经济学理论建构的可行方式。从经济学的发展历程

来看，经济学研究对象客观实在的样态往往超出主体所有可能经验观察的范围，这使得经济学语言在指称或表征一些特殊概念方面常常陷入某种困境。有鉴于此，隐喻的理论建构功能越来越被经济学方法论者所重视。隐喻作为一种思维方式和认知工具，长期活跃在经济学理论和方法的构建及使用过程中。其一，隐喻被视为发现新知识的工具。隐喻方法对于经济学理论未确定的解释和证实对象构成了一种微妙的"指引"，为确定的解释和证实对象提供了明确的借鉴，针对新理论意义的探讨也因此获得了可能。其二，经济学隐喻为经济学理论赋予意义。隐喻的解释力涵盖了所有其他相关的比喻，通过对众所周知事物的描述，把已知事物的现有洞察和语词用作新的、已转变的经济学语境中的理论描述，进而形成了对新理论的建构。其三，隐喻深深扎根于经济学理论的描述和评价过程。在经济学理论建构过程中，具备隐喻特质的联系定义了经济学概念。与此同时，隐喻将我们的关注点从承载者（基体）转移到了隐喻本身，经济学隐喻中的"联系"定义了知识，由于持续性"联系"的变化，达成了不同的结构、组织、技术或者其他有关经济学的认知，新理论由此形成。

最后，经济学隐喻具有重要的实践价值。"实践"指的是经济学家的研究领域，通常由经济学家在研究和分析过程中使用的观点、理论、研究策略、测量技巧、说明假设和对象描述等组成。[2] 上述每一种实践方式都与隐喻密不可分，甚至还需要借助假设和隐喻建模来展开相应的说明。实际上，隐喻不仅仅是一种语言现象，也是人类借助一事物对另一事物进行诠释或理解的方法。在自然科学和社会科学发展进程中，隐喻的存在方式已不局限于修辞手法或语言游戏，事实上隐喻已经成为人的思维方式和话语实践的有效方法，甚至已经成为经济学家概念系统的"加工厂"。进一步来说，隐喻的存在方式已渐变为，使用经济学语言来描述经济实在"赖以生存的基本方式"。

经济学隐喻的实践价值具体体现为：其一，隐喻为经济学实践提供了话语媒介。由于实践经济学家无法做出对研究对象的全称判断，也不可能做出经济世界与经济语言完全一致的描述，所以通常经济学家采用的策略是将经济世界和与之相应的语言置于约定的定义之下，运用隐喻的"连接"，将二者的相似点和一致性设置成为衔接点，并在实践中不断加以修正，使经济学话语的逼真度逐渐接近经济世界的本质。其二，隐喻化解了经济学实践与理论间的冲突。理论化并非经济学本质，理论之外的实践也并非缺少意义。经济学实践和经济学理论是相互依存的，即便是搁置了理论优位视角，在实践过程中也常常发现经济学理论系统内以及实践与理论间存在着相互作用乃至冲突。那么，如何理解这种相互作用呢？用黑格尔的话来说："相互作用"已经到达了具体概念的"门口"，但它还属于"本质"论中的"反思范畴"，尚未达到对立统一的认识——"概念"（"具体概念"）。[6] 这也就是说，在试图找寻经济学实践与理论谁决定谁这一问题的答案时，我们发现，经济学所用的概念往往存在问题。要么是概念过于抽象不明确，要么是它们在经验中的适用范围缺乏明确界定。隐喻允许我们依据一个经验领域去理解另一个经验领域，这表明理解是依据经验的整个领域，而不是孤立的概念[7]，而概念化经验的方式正是隐喻功能的实践价值所在。

通过审视经济学实践与理论的相互作用，我们发现，概念作为经济学实践与理论的本质性存在，其精神内涵是借助于隐喻来实现其具体表征的，从某种意义上说，隐喻本身就是经济学概念的"精神"。另外，从实在性角度来讲，隐喻作为科学说明的重要方式，其为经济学理论和实践之间提供了意义转换的媒介，同时，隐喻还是由科学共同体约定的一种对客观世界特征具有洞察力的描述，以及对社会世界实在性的结构表征，而科学思考的特征是模型的使用。[8] 事实上，模型可以利用隐喻，均衡就是一个例子，但是如果把模型应用于理解社会实在，模型本身也就成了隐喻。[9] 因为，模型在本质上是要排除掉干扰因素，把变量用可衡量的值隐喻地表达出来，并依据隐喻的非定义性固化指称模式来构造模型变量变动本质的可捕捉的前提，在经济学模型建构过程中这种隐喻的使用尤其凸显了其实在属性的重要性。

二、经济学模型的隐喻实在性

作为经济学隐喻的重要组成部分，经济学模型一直是经济学家与经济世界交往的重要方式之一，对于经济学模型实在性的探讨也关系到其自身合理性存在的前提。通常来讲，经济学家仅仅把模型视为诸如启发式的工具、理论的解释或预测的方式。然而，随着有关经济学模型事实和虚构对立关系研究的深入，其讨论的实在性指向日益明显。

对于经济学理论和实践的研究来讲，模型的运用早已司空见惯。尽管经济学家和经济学方法论者对各类模型的评价不尽相同，但模型与建模已成为经济学中具有主导地位的认知方式。[10] 在通常情况下，经济学建模做的工作就是从一个截然不同的学科或建模传统中选择一些新的隐喻元素，将它们做一系列改进并应用在经济学家现有的理论框架上。因为，一个足够好的经济学模型能够做出准确的进程简化，还可以通过使用少量的因果性箭头而获得大量的知识。[11]

由于模型的工具属性早已在经济学共同体中获得认同，因此，针对经济学模型的有效性进行解释，进而对经济学模型展开基于隐喻实在性的说明，对于澄清经济学隐喻和模型的关系，揭示经济学模型的实在本质就具有重要的本体论意义。

1. 经济学模型的实在性

经济学刻画的是人与经济社会的关系及对这种关系内在结构实在性的表征。而经济学模型的本质属性就是为描述人与经济社会的关系以及为描述这种关系的内在结构提供一种途径、一种可能。那么，一个恰当的经济学模型就应该具有描述真实与虚构联系的可信性、本体论承诺下的信念、表征抽象的经济要素等特征。本质上讲，任何事物都可以作为其他事物的模型。经济学模型成立的核心问题体现在，建构所获得的经济实在在多大程度上与含有虚构成分的模型相一致，也就是模型实在性的说明问题。

首先，经济学模型描述的是某些事件的可信状态。经济学模型的可信性来自模型中假设之间以及模型与真实世界因果结构之间的指称一致性。[11]经济学模型是一种与真实世界并行不悖的抽象概念，而且模型世界要比真实世界单纯得多。模型世界的建构过程是从真实世界出发，去除干扰因素，并指称真实世界与之对应的指称对象的过程。尽管模型描述的与事实有出入，但却是可以置信的世界。这种可信性使得我们的研究从模型世界归纳推论进而来到了真实世界。

其次，经济学模型的本体论信念具有实在性。在一个社会中，一个信念只有属于某个社会团体或社会群体，才有存在的前提[3]，在经济学共同体内也是如此。在经济学领域，熊彼特使用了"洞察力"一词来描述经济主体的信念实在性，这是经济学中本体论信念的早期形式。众所周知，经济人这一概念有着长期的、变化的历史。在历史上经济人被赋予了各种各样的目的、认知或更多其他的能力，以及对他人采取的态度等等[11]，信念的实在性伴随着"经济人"这一术语发展的整个过程。因此，本体论信念作为经济行动者的本质属性就有了经济学建模的可能基础。本体论信念通常表现为有关本体的世界观，例如，在模型建构的过程中，假如"我"相信决策是经济人做出的，那么我们就可以把效用最大化的理性原则作为建模的基本信念。假如模型中存在消费者偏好、市场失灵等不确定性变量，那么我们就会采用与之不同的建模策略。

最后，模型是经济实在结构抽象的表征。抽象，意思是用单方面或片面的方式看待某一事物，这种方式在经济学中是不可或缺的。其目的是使一个具体实体某个部分或方面的特点更加鲜明，从而更好地理解该实体。在建模过程中，当抽象被巧妙地运用时，它能够让我们接近或理解一个结构化的、动态的、整体的实在。[1]劳森认为，关注一个经济学对象的某些特征而忽略其他特征是一个典型的抽象化过程。当然，选择一个关注点会带来各种问题，这些问题涉及分析观点、概括水平，以及与二者都有联系的时空延展问题等。

在经济世界中，虽然模型具有实在性，而且还可能帮助我们把研究对象看得更加通透，但是，它们仍然会留下一些盲点，因此，我们不应只靠一套模型来理解未知的未来。那么我们如何来解决这个问题呢？经济学隐喻中的新隐喻向我们暗示了理解实在的一个新的概念框架，可以使我们摆脱看待隐喻和模型问题的惯有思路。[9]

2. 经济学隐喻与模型的同构实在性

随着经济学方法论的发展，实证主义经济学方法论所强调的模型的清晰化、精确性、客观性和形式化等特征受到了越来越多的怀疑，而恰当的经济学模型应该依据事实来进行建构，把分离出现实中关键的因果联系作为目的。由于科学思考的特征是使用模型[12]，还因为经济世界不仅是由经验中直接给出的事件构成，还包括尚未被观察到的或者也许是无法被观察到的实体、结构和机制等等，基于此两点，经济学隐喻的本体实在性在经济学建模过程中就被日益清晰地阐发出来。

按照哈瑞（Harré）的思路，我们可以用两个特征来描述一个模型：模型主体，即模型表征了什么；原型领域，即这个模型的基础。模型来源于主体之间的关系，可被用于区分两种类型的模型：拥有相同主体和来源的模型为同胚模型，而主体和来源不同的模型为变形模型。批判实在论认为变形模型对于科学具有根本性的作用。[8]科学通常使用的是变形模型，因为理论构建的任务通常是更好地说明我们尚未充分理解的事物，而不是为那些我们已经熟知的实体或事态构造模型。

回到经济学领域，变形模型利用我们对于模型来源的理解来启发人们做出存在的假设，去思考那些可能解释主体行为的各种推定实体、关系和因果机制。也就是说，变形模型提供了尚未被人们观察到的推定实体、联系和机制，并把它们作为存在的候选答案，这激励着经济学研究者从复杂的研究中确定那些假设的实体是否存在。通过这种方式，变形模型为经济学提供了一种因果框架，还提供了进行说明所需的理论术语和假设实体。

经济学隐喻在这种变形模型的发展过程中发挥了根本性的作用。其一，关于经济学模型的说明离不开隐喻。如果从一个经济学对象或事态与其他对象或事态的相似程度来看待这个对象或事态，不管是真实的还是假设的，那么它就是一个经济学模型。经济学隐喻与模型的这种密切的联系在于隐喻的说明需要建立在底层模型之上；当我们在隐喻的基础上讨论事物时，我们就有了一个经济学模型，因为隐喻意味着受众会用其他事物来理解当下谈论的经济学领域中的事物。也就是说，经济学隐喻暗示了一个模型，而经济学家可以通过这个模型尝试说明他们的研究对象。换句话说，当我们在模型基础上说话时，我们就是在用隐喻的方式说话，因为我们使用了体现经济学模型来源的术语来谈论模型主体。其二，模型的反身性依赖于经济学隐喻的运用。个体的经济学知识会反馈到他们的经济行为中，而经济学家的经济学知识也会反馈到经济政策的建议中，这就使得经济学具备了反身性特征，这种特征是自然科学所不具备的。有些文献关注的就是这种反身性特点带给经济学的各种操演，特别是在金融模型的语境中。[10] 经济学的各种基于模型的研究策略虽然与自然科学研究策略颇为相似，但同时经济学也与其他社会科学在解释学特征方面有着一致性。经济学部分上是基于日常概念的，而作为经济学研究主体的我们却或多或少地对于各种经济学现象有着某种程度的先在理解。另外，经济学隐喻提供了一个模型，经济学家可以利用这个模型理解和建构他的研究主体。隐喻在经济学建模中的任务就是确定我们观察到的行为中那些未知的实体和机制，这时，隐喻的作用在于它并未去重新命名模型中通过其他的常规方式可以确认的部分，而是通过提出新的解释性范畴和假设新的实体和机制等来促进经济学家对模型的研究。由此，我们对模型的认识就成了对隐喻的认识，反之亦然。

科学思考是通过模型来进行论证的，模型的应用借助于一种外部事实和一种想象事件或一个尚待解答的问题。经济学对象由于不确定性和模糊性，很难由准确、清晰的科学话语来表达，因此，经济学对存在的表达不得不向具有模仿功能的隐喻求助。从模型与世界关系的角度来看，隐喻就是典型的科学思考方式，经济学家用经济学模型来理解或说明经济世界的事实，隐喻描述在有关事实的展开过程中通常使用的是故事的呈现方式，这正是典型的隐喻实在性存在的一种体现。因为故事既不"仅仅是启发式的"，也不"恰好是修辞的"，而是把模型贴上标签，在使用过程中来发现模型本身的基本组成部分，隐喻"故事"式的呈现方式让理论经济学研究者把研究聚焦在具有描述性的模型上。这种描述方式使得模型在某种意义上是对真实经济世界的描述，而非"理想的"模型[11]，这同时也是隐喻实在性存在的一个典型说明。

三、经济学隐喻实在性的本质

经济学修辞学和经济学批判实在论都将隐喻视为分析经济学研究对象的重要方法，它们分别从各自的视角来探讨经济学隐喻的本质，经济学修辞学认为：经济学就是漂浮在隐喻之上的[13]，经济学批判实在论则主张"类比和隐喻的逻辑"。[8]那么，从探讨经济学方法论的合理性角度来讲，更好的方法论应该能使我们用一种明确的方式确定经济学研究对象的本质。该本质应尽可能地独立于经济学理论对各种研究对象想当然的表征，从而被当作社会实在的一部分来看待。[1]因为，在社会实在这个问题上，人类主体成为核心概念，而我们需要的是一种更具层次化的本体论图景[2]，在经济学方法论多元化发展趋势下，将经济学隐喻进行实在性分析，对经济学本身乃至经济学哲学无疑具有重要的本体论意义。

1. 经济学隐喻的指称实在性

语言与世界的一致性关系是社会实在研究的主流方向，并且研究通常聚焦在符合论真理观基础上的语言与存在实体相对应的指称问题。经济学批判实在论在主张类比和隐喻逻辑的同时也强调了这种指称的趋同性，由此，隐喻的指称问题就成了有关经济学隐喻实在性问题探讨的核心部分之一。

首先，"指称"是一种经济学研究者的实践。通过隐喻指称，包括经济学家在内的任何人都可以使用任何可行的方式，将另一个人的注意力吸引到他们共同熟悉的某个事物上面。同时，指称也要受到特定语境中说出一个话语的说话者的影响，而不是受到个别的术语（词根）本身的影响。[8]经济学术语同样包括"内涵"和"外延"。一个词根的"内涵"就是它的字典定义。"外延"指的是词根与它在经济世界中所指谓的事物，也就是指谓实体与事态之间的关系。因此，在货币银行学的语境中，词根"流通"指谓的是货币流通。

其次，指称是经济学隐喻获得意义的途径。根据术语学对隐喻本质的描述，由隐喻构成的理论术语用来指称研究路线、重要意义、操作规程等。术语的意义能够为经济学家指出指称所特有的认知路径，由此，隐喻指称就成了术语获得意义的可靠方式。例如，"机会成本"是相较于传统"会计成本"而提出的决策分析术语。机会成本指称做出某一决策而放弃的其他若干可能收益中最大的那一个，同时还指称了"机会成本"的成立前提，即资源稀缺、资源的多用途、资源已得到充分利用以及资源可自由流动等。显然，"机会成本"的指称含义与经济世界的本质对应得更合理。这样的例子还有"挤出效应""边际效应""木桶原理"等等。这些例子反映出隐喻在指称上能够适应经济世界的因果结构这样一个互动、辩证的过程，也体现了隐喻在指称上的成功。另外，我们发现了隐喻在经济学术语的使用中具有了指称连续性的特点，这是经济学隐喻指称意义更进一步的说明。最后，指称是经济学隐喻分析的前提。在经济学家尚未对理论的指称对象形成最终描述的时候，隐喻此时作为一种非定义性固化指称的模式在发挥着作用。进一步来说，一个指称表达可能与实际情况有出入，但是这并不妨碍受众去挑选出指称表达所指称的事物。在经济学共同体认为指称与指称对象发生了较大的偏离（无论正负），也就是对经济学研究对象的观念发生重大变化时，隐喻指称所提供的认知路径以及指称仍然能够得以维系，这就是指称实在性的本质特征。例如，对"资本"一词的理解离不开"资本增值"这一语境。如果要说明资本是否有增值属性是一个开放的问题，那么，现在假设资本持有者通过使用"血液流动"这个由隐喻构成的理论术语而试图获得资本运行机制的指称路径，这里"血液流动"指称的就是类似于资本在流动过程中实现增值的一种假想的机制。我们的隐喻获得了这样一种指称实在性的观点，并可以解释资本持有者投入资本保值和增值的经济活动当中，于是经济学家就会得出下面的结论：资本流动就是血液流动。"流动"这个术语的意义是在人体血液循环这个语境中得到的，它促使经济学家尝试去用这个词来指称资本运行中的一个假想的部分或方面，并使我们对指称对象实在本质的理解得到了强化。

2. 经济学隐喻的结构实在性

无论是在自然科学中还是在社会科学中，隐喻的价值已获得广泛的认可。根据结构实在论的主张，隐喻原则将文化内在的深层结构转换为一种浅层结构，而日常生活中的语言恰恰是通过这一方式来实现的。从本体论出发，如果知识是可能的，那么科学家的语言和概念结构必须与世界的因果结构相适应。[8]在经济学领域，在结构化非经验对象，也就是说在解释不能被还原为经验事件的经济学对象的过程中，隐喻不仅是一种语言修辞，更体现为一种人们对经济学对象进行认知与思维的、本质性的实在结构。

首先，经济学隐喻是认知结构上的极简表达。由于经济学的研究对象有着多样性和异质性等特点，人们有限的认知能力无法对经济世界的全部知识进行有效的描述，因此，根据"如无必要，勿增实体"的准则，隐喻呈现出一种类似于"奥卡姆剃刀"的本质属性，其一般句法形式是"S 是 P"的主谓结构。例如"市场是看不见的手""效率就是金钱"就是典型的经济学隐喻陈述句。无限多样的经济世界由此通过意义映射连接，使经济学概念成为可认识的和具有可操作性的结构。其次，经济学隐喻结构的"能指"本质。"能指"是语言符号单位"音响形象"指称的替代品，能指并不代表"音响形象"发出的实质性的声音，也不是一个纯粹物理的东西，而是声音在我们意识里形成的一种心理印迹。[14]在经济学研究中，经济学家心理印迹的形成依赖意识中的联想关系，通过联想关系，经济学语言展示了其社会性这一内在特征。经济学语言离不开社会现实，经济学语言与社会现实的联系同样离不开主体意识和主体意向性，隐喻在经济学语言与社会实在之间架起了桥梁，其内在结构的张力在经济学语言与社会实在之间反复作用，意识中的这种心理印迹所表征的内容因此就与经济事实无限接近了。再次，经济学隐喻塑造了因果机制视域外的可描述性结构。实证主义经济学提倡用符合根本性的因果力或机制的方式对经济学现象进行描述和分类，而经济学的研究主体和研究对象均是动态变化的，那么，"在世界的连接处断开世界"这种实证主义认知策略便不可能实现经济学的可靠描述。由于隐喻非定义性结构的存在，在面对经济学研究中诸如理论的重大变革或重构，以及面对实践中新观察或者新现象出现的情况时，运用对指称对象的指称，经济学描述依然可以实现，并且能够使经济学理论和实践中术语的指称含义得到改善。最后，经济学隐喻的语言结构与施喻者和受众的语境同构。任何科学研究都需要在特定的语境（社会的、文化的和历史的语境）中展开，并且科学研究的结论也需要在语境限定的范围内进行理解。[2]在经济学中，隐喻的表达与接受必须基于特定的共同语境，施喻者在语境中表达某一隐喻，受众在这种语境结构中调整语词的内涵，选择描述对象某一属性的相关度，从而在描述对象内涵的选择与遗弃中建构认知背景，以理解此隐喻。脱离了这种语境，我们则无法理解经济学隐喻的所指为何。由此来看，经济学隐喻不仅仅是词语的替代，即一个词取代另一个词，还是"一种相互的借用和思想的互动，语境之间的交换"。[8]

综上所述，在考察经济学隐喻的本质结构时，采取实在性视角可以帮助经济学研究者准确把握杂多的现象，远离孤立的、暂时的事件，进而打破经济学领域中对隐喻已有认识的局限。例如，对溢出效应的理解本身就是对个人或者厂商行为所带来的外部性的一种描述，也是决策附带积极或消极后果的一个说明。我们对溢出效应的理解通常是借助于寓言或者故事的，其内在结构也是在这种隐喻的展开过程中逐渐显现出来的，这种结构就是可表达性、可理解性以及隐喻自身的逼真度等特征的各自呈现。从隐喻结构的实在性角度来讲，经济学隐喻的结构就是其自身内在逻辑的再现和展开。

四、结语

经济学的实证主义在面对复杂动态的社会对象时，执着于目的导向的解决方案，这与多元化的视角和解决方案相比，在本体论的操作上是有明显劣势的。因为实证主义提供的是一个视角，而实在论则透视了对象，并抓住了它的结构。实在论为经济学研究者如何认识经验之外的那些未知的、结构性的和不及物的对象提供了一种可能，而要理解这一点就需要掌握隐喻在经济学理论化过程中所发挥的作用。经济学隐喻不是为了突出客观描述而可以随手丢掉的语言修辞，相反，隐喻在很多方面对于化解经济学研究中的困境具有十分重要的意义。一方面，隐喻为构成经济学说明基础的模型提供了语言语境，使经济学研究者有可能从中得到新的模型，并描述这些模型。另一方面，隐喻在经济学中的关键作用在于它透视了理论和实践相脱节的原因，以及使我们关注到深层存在的、结构性的实在，特别是作为一种非定义固化指称模式的生成性隐喻，这为研究隐喻在经济学中的理论作用提供了基础。实在论对于经济学研究的说明是本质性的，充分理解经济学隐喻的实在性对于经济学理论的发展也是不可或缺的。

⟨参考文献⟩

[1] Lawson T. Economics and Reality. London: Routledge, 1997.

[2] Eleonora M. The Objects of Social Science. London: Continuum, 2003.

［3］Lewis P. Recent developments in economic methodology: the rhetorical and ontological turns. Foundations of Science, 2003(1): 51-68.

［4］孔多塞. 人类精神进步史表纲要. 何兆武, 何冰译. 南京: 江苏教育出版社, 2006.

［5］鲁宾斯坦. 经济学与语言. 钱勇, 周翼译. 上海: 上海财经大学出版社, 2004.

［6］张世英. 黑格尔《小逻辑》译注. 长春: 吉林人民出版社, 1982.

［7］莱考夫, 约翰逊. 我们赖以生存的隐喻. 何文忠译. 杭州: 浙江大学出版社, 2015.

［8］Lewis P. Metaphor and critical realism. Review of Social Economy,1996, 54(4): 487-506.

［9］Skidelsky R, Wigström C W. The Economic Crisis and the State of Economics. London: Palgrave and Macmillan, 2010.

［10］Mäki U. Handbook of the Philosophy of Science, Volume 13: Philosophy of Economics. Amsterdam: Elsevier, 2012.

［11］Mäki U. Fact and Fiction in Economics: Models, Realism, and Social Construction. Cambridge: Cambridge University Press, 2002.

［12］Hesse M B. Models and Analogies in Science. Notre Dame: University of Notre Dame Press, 1966.

［13］McCloskey D. The Rhetoric of Economics. Madison: University of Wisconsin Press, 1985.

［14］索绪尔. 普通语言学教程. 刘丽译. 北京: 九州出版社, 2007.

经验知识、自然主义与社会科学[*]

赵 雷 殷 杰

一、引言

如果社会科学哲学首要解决的是社会知识的科学地位问题，那么我们就不得不面对社会科学认知取向的规范性与社会科学实践本身的描述性所构成的张力。为了消解这一张力，我们就需要立足于当代经验科学的新成果，以经验知识、科学发现等为理论基底，重新引入自然主义观念来审思社会科学及其知识的科学性。通过对社会科学本质与实践的反思，我们发现，作为反自然主义的典型代表，诠释学、批判理论对于自然主义的挑战，扩大了社会科学哲学规范性的说明，而削弱了其描述性的特征，从而导致对社会知识的怀疑及其实践理性的消解。从这一点来说，如果我们无法辩护社会科学之科学理性地位，那么就不能为社会科学的逻辑、方法、说明模式给出合理的阐明。

当然，自然主义能否运用于社会科学历来备受争议。20 世纪，托马斯（Thomas）曾指出：我关注的是，人类社会研究是否满足自然科学的方法？社会研究能否遵循、复制自然科学的方法？社会之自然的、科学的研究这一自然主义观念是否正确？[1]批判实在论者巴斯卡以批判自然主义（critical naturalism）观念重新阐释社会科学与自然科学之间的关系，强调尽管社会科学与自然科学之间存在诸多差异，但这些差异性才使得社会科学得以可能，也正是研究对象的本质决定了它可能的科学研究方式。[2]无论有关自然主义之于社会科学的适用性如何，当代哲学的研究认识到，把科学发现纳入考虑是必要且有价值的。[3]科学哲学整体发展中的这种共识，最终形成了"自然主义转向"，并使得社会科学哲学研究呈现出新的理论特征与发展趋势。本文之目

* 原文发表于《江汉论坛》2019 年第 7 期。

的，正是在阐释社会科学中的"自然主义转向"及其理论定位与研究进路的基础上，重审自然主义之于理解社会科学理性基础的实践意义，以期为解决社会科学及其知识之科学地位问题提供一条可供选择的研究路径。

二、社会科学中为何发生"自然主义转向"

自然主义本质上是一种哲学态度和思想倾向，与科学、文化等领域密切相关，它主张哲学方法与科学方法相连续，表明至少某些科学方法对于哲学中所谈论的规范产生了影响。[4]作为 17 世纪科学革命的产物，近现代科学之研究方法和说明模式，赋予了自然主义更为特殊的含义。自然主义是多种观点的统称，主张社会科学应该以某种重要方式像自然科学那样进行研究[5]，其关注的核心论题是自然科学与社会科学之间的关系。社会科学哲学作为一种元理论事业，其实质是对于社会科学本质与实践的反思，即通过对社会科学特定理论或方法论的考察，来判定其是否适用于解释某种社会现象。

19 世纪以来，科学作为经验知识的一种范式，在发现支配自然世界运行的规律方面获得了巨大成功，从而为科学方法延伸至社会、道德、人类精神生活领域提供了一种可行的方法论路径。穆勒给出了社会科学中自然主义立场的经典形式：道德（也就是人类）科学发展迟缓的状态只能够通过物理科学适当地延伸及概括来补救。[6]自然科学的理论解释模型进一步扩展了自然主义的适用范围，自然科学通过构建产生现象的潜在机制理论，来解释各种自然现象。同理，社会科学的目标在于，构建潜在的社会过程或社会机制之理论，从而更为广泛地解释、预测各种社会现象。

然而，在 19 世纪末和 20 世纪初，伴随量子力学、逻辑悖论所引发的物理学危机与数学危机的出现，哲学也面临着因研究对象的缺失而失去自身存在价值的危险。在实证主义、心理主义思潮严重威胁哲学合法性的同时，弗雷格（Frege）开创了以逻辑和语言分析方法为主要特征的分析哲学，他以反对心理主义为哲学确立了新的研究起点，将语言的逻辑形式的探讨视为哲学的真正开端。逻辑经验主义是分析哲学的主要流派之一，20 世纪 20 年代，逻辑经验主义者使用形式化方法试图澄清、分析、解决传统哲学之争论，强调哲学本身应完全成为一种科学的哲学，认为科学哲学的中心任务在于，区分科学理论的分析（或概念）内容与综合（或经验事实）内容，从这一意义上来讲，科学哲学本身很大程度上是一种先验的概念事业，其目标在于重构科学的语言。[7] 20 世纪 30 年代，卡尔纳普提出逻辑句法问题，使得科学哲学变为一种科学的逻辑，其致力于揭示科学基本概念的逻辑句法结构。为此，逻辑经验主义者区分了以心理学、社会学和科学历史为代表的描述领域和以认识论、逻辑和概念分析为主导的规范领域，即发现的语境与辩护的语境的区分。基于此，在 20 世纪 50 年代，亨普尔（Hempel）创建了"演绎—规律模型"，并将其应用到包括社会科学在内的经验科学领域；纽拉特（Neurath）出于拒斥形而上学的目的，采用科学统一观念，试图使用"统一的物理主义语言"将社会科学置于自然科学研究框架之下。总之，逻辑经验主义对自然主义持一种敌对的态度，认为科学哲学是一种规范的、先验的事业[7]，其核心目的就在于，通过分析与综合、观察与理论的严格区分，以物理学为统一语言来对科学理论进行理性重建，因而把科学哲学视为是对科学概念、理论、方法进行逻辑分析的一种先验活动。

自 20 世纪 30 年代到 60 年代，逻辑经验主义在科学哲学中占据着统治地位，这一时期的科学哲学几乎与反心理主义、反历史主义、反自然主义同义。[8]然而，在 20 世纪 60 年代之后，当代自然主义者借助生物学、心理学、社会学等学科观念，重新提出一系列有关认识论与形而上学的传统哲学问题，从而对分析哲学的上述观念进行了强烈批判。因而，当代自然主义是建立在对弗雷格所开创的分析哲学传统进行批判的基础上的。总体而言，当代自然主义主要有两个理论来源，共同激发了科学哲学中的自然主义进路。

其一，奎因的"自然化认识论"。通过对逻辑经验主义的反思，奎因认为，一旦我们证明对于知识之可靠基础的寻求是无效的，那么哲学将失去其以先验反思和逻辑分析作为知识之来源的基础性地位，从而也就无法为科学本身的合理性提供某种辩护。出于拒斥先验知识之可能性的目的，自然主义否定了哲学所具有的任何特殊的认知或方法论地位。这一思想是奎因《自然化认识论》中的核心观念。基于整体论和实在论，奎因恢复了自然主义的地位，认为哲学与科学相连续，没有任何一种特殊的哲学方法能够借助于某种先验的概念分析，使得哲学知识不同于并优于科学所提供的经验知识，从这个意义上来讲，"经验科学的发现对于理解哲学问题与争论是极为重要的"。[9]

由此，奎因开创了用科学知识（主要是心理学和认知科学）取代认识论的转变。奎因强调知识的构成及其基础的获得，必须诉诸行为主义心理学以及科学的历史探索，可行的途径是将认识论视为心理学的一章，并由此成为自然科学的一个分支。这种自然主义主张激发了科学哲学中的自然主义进路。奎因认为知识是一种自然过程，是人类认知活动的输出，这种活动将感觉刺激转换为一种确定的理论输出。[10]因此，认识论所进行的自然化处理，实质上是试图将传统认识论研究转向经验层面，以经验知识为模式，运用心理学、认知科学等自然科学方法来解释人类知识的获得过程，其目的在于为科学提供一种更为坚实的经验基础。

其二，库恩的《科学革命的结构》。作为对逻辑经验主义反思的另一重要结果，库恩强调任何科学以及科学知识的适当模型都应尊重科学的实际历史，而拒绝逻辑经验主义将科学哲学视为纯粹的概念活动的立场。为此，库恩以"范式"为核心构造了科学认识的动力学模型，旨在通过对科学史的研究来描述科学认识的演化过程，把科学活动视为科学哲学所研究的一种自然现象。这一观念主要体现在《科学革命的结构》中，其包含强烈的自然主义倾向，也就是说，库恩乐意使用各种后验科学及其他学科（尤其是心理学和历史学），来处理至少是部分的哲学问题。[11]自然主义是库恩思想中较为原始、富有成效的哲学元素，库恩对于科学如何发展的解释进路实质上是自然主义的，其使用的就是基于心理学（格式塔转换）或社会学（时代的变迁）的自然主义手段。[12]因而，库恩基于他对科学的历史分析，激发了科学哲学中的另一条自然主义进路。实质上，库恩和奎因的哲学旨趣是同根的，都强调认识论与经验科学的连续性，而反对笛卡儿的"第一哲学"观念即人们开始于一系列先验的基本原则。不同的是，一方基于科学的历史分析，考察知识的社会文化特征；而另一方则立足于自然科学路径探讨人类知识的获得过程。

沿着奎因和库恩所开辟的自然主义路径，当代科学哲学研究表现出一种广泛的"自然主义转向"，即一种从传统哲学的先验方法到与自然科学相连续的哲学观念的转向。[13]这一基本共识也使得社会科学哲学在 20 世纪 60 年代之后，重新出现了以自然主义为主导观念的多种研究进路，表现出不同的理论特征。基于此，自然主义者将人类社会的研究，定位为与自然界其他研究对象的研究方法和理论具有内在的一致性。基特（Keat）和厄里（Urry）在《作为科学的社会理论》一书中，基于实在论的科学哲学立场，提出"社会实在论"概念，旨在延续自然主义的方法论传统，以期解决实证主义社会学与解释主义社会学二者的极端争论[14]；托马斯则立足于后经验主义的科学哲学，阐述了自然主义对于社会科学而言是一种合法的方法论范式[1]。

三、社会科学的自然主义进路及特征

20 世纪初美国的实用主义是较大且较自觉的自然主义哲学流派。实用主义者将人类生活建基于达尔文进化论之上，采用科学的理论与方法来处理人类与世界的关系问题，从而取代传统形而上学和认识论。二战后，因逻辑经验主义和分析哲学的影响，实用主义的自然主义逐渐走向没落。而逻辑经验主义所进行的科学理论的理性重建又根本无法为所有科学构造出规范、统一的理论与方法体系，这使得自然主义成为当代科学哲学研究中最为重要的进路。作为一种对科学进行哲学反思的实践活动，社会科学哲学被视为是对各种理论架构的批判综述，这些理论架构往往采用自然主义或准自然主义的社会科学模式。[15]只不过，随着经验科学一系列新成果的介入，社会科学哲学呈现出一系列新的理论特征，形成了多种理论定位与研究进路。

1. 经验自然主义

在改造传统经验概念的基础上，实用主义者杜威（Dewey）提出经验自然主义，其实质是一种实用的自然主义。杜威的这一思想观念建立在美国自然主义传统和英国经验论基础上，并受到实证主义哲学运动的影响。其主要特征表现如下。

其一，经验发生的情境原则。与传统经验主义者相反，杜威并未把经验视为知识（即主体对客体的一种认识），而是把经验看作人类接受外界刺激并做出反应的方式。关于知识如何可能的问题，杜威指出，我们需要诉诸心理学和社会伦理学等所有与具体社会科学相关的学科。[16]由于受达尔文进化论的影响，杜威将经验视为有机体与环境（自然或社会等）之间的相互作用。经验并非外在于自然，而是与自然相关、发生于自然之内的东西。这里的自然就是经验发生的情境，也就是说，任何经验必然发生于特定的时空、文化和社会背景之中。

其二，经验与自然的"连续性"。自然作为经验对象，依赖于经验，这意味着自然与经验连成一个不可分割的整体。由此，在经验与自然、主体与对象之间必然存在着一种"连续性"。这一观点是杜威经验自然主义的核心，其主旨在于超越传统经验主义二元论的对立，并试图为之构建一个可融合的对话平台。"连续性"不仅表现在经验与自然之间，而且体现在个人与社会、事实与价值等重要方面，也就是要打破传统哲学中的二元对立。

2. 批判自然主义

20 世纪 70 年代，出于对实在论与自然主义的辩护，巴斯卡提出批判自然主义，即一种有限的、批判的、非还原论的自然主义。巴斯卡认为虽然自然知识客体与社会知识客体存在本质区别，但社会科学仍然可以像自然科学那样具有科学性，两者不必拥有相同的理论形式及一致的研究方法。由此，巴斯卡强调自然与社会在本体论上具有统一性，不同的是，社会结构所具有的分层、突现特征使得社会实在有别于自然实在。其特征表现在：

其一，社会本体的分层化。巴斯卡为了获得科学活动之本体论基础，对自然实在与社会实在进行了本体论意义上的分层化处理，即经验域、实际域和真实域。从集合论的视角来看，经验域是实际域的子集，实际域又是真实域的子集。[17]真实域作为实在的最高层次，包含了经验、事件及机制。基于此，巴斯卡强调社会科学的目标即为，在真实域中寻求社会事件发生的潜在机制。

其二，社会结构的突现性。社会与个人内在地具有一种相互构成的关系，因此，社会结构凸显出一种有别于自然结构的独特特征——突现性，其主要表现为行为、观念、时空三方面的依赖性。批判自然主义通过社会结构的"突现"理论揭示出社会实在的本质，认为社会实在具有不可还原为个体属性的特征。因此，批判自然主义强调，我们有可能对科学给出一种解释，在这种解释下，能够产生对于自然科学和社会科学均适用的、适当的、特定的方法。[2]基于此，批判自然主义建构了一种实在论的社会科学哲学，从而回答了社会科学何以可能的问题。

3. 自然化认识论

由奎因所倡导的自然化认识论思想试图对认识论进行实证化、自然化、科学化的处理。由此，认知心理学、进化生物学以及计算机科学等学科与社会科学哲学的联系愈发密切。其特征在于：

其一，以进化论为理论基底。坎贝尔、罗森伯格（Rosenberg）、布雷迪（Bradie）等人主要关注与社会科学哲学密切相关的达尔文范式和进化模型。布雷迪指出，人类作为进化发展的产物，是一种自然生物，他们的认知能力与信仰同样是自然进化发展的产物。知识的增长遵循生物学中的进化模式，这一方式被称为"进化认识论"。[18]可以看出，布雷迪运用了隐喻和类比手段来看待生物的进化与人类知识增长的内在关系。罗森伯格引用达尔文模型来解决科学哲学或社会科学哲学问题，把生物学作为社会科学的最佳模型，指出所有社会科学与行为科学都具有生物学的性质，并强调人类社会生物学在社会科学中具有优先地位。

其二，合理性与规范性的自然化。巴恩斯（Barnes）、特纳（Turner）等曾致力于合理性和规范性的"自然化"处理。巴恩斯就曾提出用心理学来理解人类行为，试图为合理性的自然化提供更为成熟的形式，并且强调社会学是一门以自然主义而不是以规范性为取向的学科，它仅仅试图将不同信念和概念作为经验现象来理解。[19]

4. 社会认识论

由于奎因等人的自然主义疏于对知识、认知的社会维度的考察，20 世纪80 年代，由英美科学哲学传统发展出来的社会认识论开始出现于哲学和社会学领域。其主要关注社会认识及其本质、知识生产的社会因素以及与传统认识论之区别等基本问题。其主要特征体现在：

其一，社会化的自然化认识论。作为一种元理论研究，社会认识论的建构依赖于知识的自然化。富勒（Fuller）强调，一种对知识自然化的研究本身就应该运用心理学和社会科学的方法和发现。[20] 唐斯（Downs）在富勒等人的思想观念基础上，提出社会化的自然化认识论，强调了科学实践的本质，主张认识论应当置于更加广阔的社会文化背景中来考察，认为哲学与科学（包括自然科学与社会科学）具有内在的连续性，应当把有关自然的、社会的科学方法运用于认识论的探讨中。

其二，社会实践的诉求。社会认识论作为人类对于外部世界进行反思的元理论研究，强调实践在知识生产过程中的核心作用。与注重科学理性、逻辑的传统认识论不同，社会认识论主张认识论应当把社会、文化、心理、政治等因素引入科学研究当中，从而扩大了认识论的研究范围，进而成为人类在知识探索过程中反思社会科学实践时的一种理论诉求。实质上，自然主义作为社会科学哲学一个具有潜在历史过程的研究传统，伴随着哲学研究主题的不断更迭，在 20 世纪以"科学潜流"的形式渗透于各个理论当中，表现出更为丰富的理论特征。

上述四种自然主义进路，只是具有代表意义的方面，反映了社会科学中以自然主义为研究模式的复杂性与多样性的特点。从以达尔文进化论为指导思想的经验自然主义，到以实在论为立场的批判自然主义，两者均是以自然主义为核心观念，试图将个人与社会、经验与自然、事实与价值等传统哲学的二元对立整合于相同的社会科学研究框架之下。由自然化认识论到社会认识论的转变，体现了自然主义认识论从认知的个体维度向社会维度的嬗变，从而使认识的个体化与社会化日渐融合，丰富和发展了人类的认知体系。

四、自然主义如何保证社会知识的科学性

社会科学及其知识的科学地位问题历来备受争议，根本原因在于对社会科学"科学性"的怀疑。人类能否获得关于社会世界的知识，社会研究能否使用自然科学那样的逻辑结构产生出关于社会世界的知识等诸如此类的问题，一直是社会科学哲学内部各种争论的核心所在。伴随着"自然主义转向"，20世纪60年代以来，科学哲学中出现了自然主义、心理主义、历史主义等研究趋势，这些进路使得经验科学的发现与有关科学的哲学问题之求解日渐相关，甚至是决定性的。特纳和罗斯指出，从哲学上说，社会科学表现着某种形式的"真实存在的自然主义"。[21] 因此，立足于自然主义的观念，我们可将社会科学哲学问题的求解置于经验科学的成果中，而不必诉诸任何先验的、超自然的事物，从而自然主义就为社会科学及其知识的科学地位提供了一种可供选择的辩护方案。

首先，从人类个体与社会的构成上看，人类即为一种社会物种，拥有其本身的自然特征，人类个体的自然性与社会的自然性彼此交叉、相互影响。为此，当代自然主义提出以信息动力学、认知科学和进化论三种研究策略来确立社会领域的自然特征。[10] 这些策略实质上是自然主义者自然化社会领域的一种新的刻画方式，其目的在于为人类的认知机制、社会知识的产生与获得提供必要的科学依据。

具体来看，由于社会科学的研究主体、对象以及方法均具有动态发展的显著特征，因此，社会作为一种普遍现象或特殊社群，很大程度上是由社群所具有的信息动力所决定的。根据当代信息论的观点，信息应该在一种理论意义上来理解，信息概念在认知科学、系统科学、符号学等众多领域扮演着关键角色。因而，信息并不仅仅局限于语言的交流，还包括纯粹的精神媒介物。人类通过这种媒介物来传播富有意义的符号，这些符号部分地决定了个人行为和信息图景。

奎因的"自然化认识论"以心理学取消了认识论的合法性，这一观念将

传统认知维度转向了经验层次，推动了从科学角度探讨认知的过程，从而导致当代认知科学的产生。认知科学通过提供个体心智的详细特征，具体化一系列可能的社会事实，其使用记忆、学习、推理、决策、言语理解等有关人类心智能力的真知识，来替代直觉观念或者哲学家的推测。因而，人们通过认知科学试图对理论如何来表征世界、理论如何与经验相关、科学概念如何形成等问题进行求解。例如，作为一个新兴领域，神经经济学的目标在于，基于认知神经科学为理性行动提供一种决策解释。戈德曼（Goldman）对于认识论自然化方案的建构使用的就是认知科学特别是认知心理学。作为认知科学的理论基础，进化论强调人是自然中的一种动物，是由其他动物进化而来的，因此，人类的认知能力也是在进化中产生的。在认识论的自然主义进路中，进化论明确诉诸达尔文传统，形成了两个独特分支，即生物进化论与文化进化论。生物进化论对人类的认知机制做出原理性的解释，认为认知机制使得人类的社会互动能够以特殊的方式来发展、稳定、进化，认知机制与社会互动共同组成了人类所共有的"社会认知"。[22]如果说人类的主体间性构成了人们获得社会世界之科学理论的障碍，那么社会认知则为这一难题的解决提供了一种可能。文化进化论则解释特定形式的社会过程的成因问题。文化进化论这一概念来源于生物与文化的变迁，是目前理解文化变迁的主导范式。受达尔文传统的影响，文化人类学家试图采用生物学观念来理解文化的变迁。

其次，当代自然主义观念使得对科学知识形成过程的理解发生了实质性转变。一方面，认知科学已深刻揭示出人的认知系统的机制与功能，强调知识的形成应建基于人的认知能力；另一方面，进化生物学强调科学知识的进化与人类认知能力的进化是同构的，对于诸如社会行为、社会组织、社会变迁、文化进化等形而上学和认识论问题应从进化生物学的角度来探究。基于此，当代认知科学和进化生物学尝试采用自然主义术语来解释精神现象和社会现象，形成了以生物学、心理学等经验科学为理论基底的生物主义与心理主义[23]，从而扩大了社会科学哲学的研究论域。生物主义作为自然主义的一种更为严格的形式，是一种使用生物学术语解释非生物事实的研究纲领。生物主义在社会科学研究中形成了进化生物学和社会生物学两种研究纲领。自迪尔克姆将达尔文主义引入社会学并提出以进化的方式统一自然科学与社会科学以来，大多数社会学家和人类学家就把进化生物学理论作为主要的分析工具，致力于社会理论和政治学的研究。他们认为用进化生物学去解释人类心理学和人类行为，是社会科学获得像自然科学所具有的那种客观性的有效方式。马克思主义者以进化生物学为理论基础，指出各种制度的变革具有深刻的历史性特征；语言学家通过生物进化的类比形式来解释人类语言的进化过程。威尔逊在《社会生物学：新的综合》一书中强调，社会生物学理论可以运用于人类社会行为的研究之中。[24] 社会生物学家接受了动物与人类发展的交互理论，认为生物的外在特征就是生物本身在具有生物物理性、社会性和文化性环境中的一种复杂表现。

心理主义试图用心理学术语解释社会行为和社会特征，但其忽略了社会结构、社会制度以及社会运动的不可还原性。当代社会科学研究中的理性选择理论即为一种心理主义研究进路，这一理论不仅为社会行为提供了一种解释形式，而且蕴含了一种可使我们获得有关社会生活的客观的但又是解释性的意义。[25] 理性选择理论假设个体行为是社会事件的根源，所有个体行为的目的在于获得其期望效用的最大值。因此，这一理论的特征在于，它能够应用认知机制，通过考察行为者的动机、决策、选择所产生的结果，来对社会现象进行一种理性的说明。20世纪60年代科尔曼（Coleman）提出一种以理性选择为基础的交换理论，把理性选择视为各种形式的宏观社会学的微观基础。在当代社会科学中，社会效用作为一个心理学概念，被视为是主观效用的结果或者说与一种行为的主观概率（或者信念强度）相关。但邦格（Bunge）指出，主观效用与主观概率都无法获得客观上的测量，而被视为是一种先验的策略。

再次，人的本质实质上是一种社会的本质。自古希腊以来哲学家们一直在思考社会的基本特征。自社会学、人类学、经济学和心理学脱胎于哲学伊始，社会科学哲学的核心问题便随着这些经验科学的诞生而出现。由此，自然主义者，无论是哲学家还是社会科学家，他们的主要任务是在人的科学中发展出一种自然主义的研究范式。[10]

人的科学激发出两个相关但有区别的哲学论题。一是"自然化"心灵。此论题是心灵哲学的核心问题，即如何使得心灵和所有精神的东西是自然的；二是自然主义的社会科学。其目的在于，以一种科学统一范式将社会科学置于与自然科学平等的地位。自然主义者强调科学知识应当以经验证据为原则，而不是依赖于常识、哲学传统或者不切实际的推测、信念等形式，因而自然主义者认为，社会科学总的来说，依然处于前科学阶段，其以过于依赖常识或推测为特点。[26] 安德勒（Andler）强调，目前人类学、经济学、社会学以及社会心理学都具有"认知的"特征。[26] 在社会科学实践中，大多数社会现象的认知模型使用了认知科学的概念，并且以一种推测性的形式引入了进化理论。因此，建构一种基于自然主义的研究范式已成为社会科学发展的必要前提。基于认知科学、进化生物学以及由奎因和其他"后实证主义者"所开辟的自然主义转向，这三个立场共同构建一种认知—进化范式。这一范式主要集中在个体行为者的研究领域中。[26] 该范式突破了传统哲学所倡导的从第一性原理出发来构建人类心灵与世界的关系模式，立足于认知社会科学的研究框架，将作为个体的人视为一种复杂实体，并且强调个体人的行为可以从自然主义的视角来进行研究。

综上可见，随着认知科学、生物学、心理学等经验科学观念的普遍渗透，一种全新的自然主义观念逐渐显现于当代社会科学各个学科的发展中。无论是以进化论为研究基底，强调使用进化生物学解释人类行为的生物主义，还是以心理学术语、应用认知机制来解释社会行为的心理主义，这些自然主义进路都为社会知识科学性的辩护提供了新视野，从而使得一种自然主义社会科学哲学愈益清晰。[27] 因此，自然主义社会科学哲学为理解社会科学的科学理性之本质提供了一个统一框架，从而改变、扩展了社会科学哲学的研究内容与方式，在一定程度上深化了我们对哲学研究方式的认识，以及对科学自身、社会科学之科学地位等方面的理解。

当然，自然主义社会科学哲学也存在亟待解决的问题。一方面，自然主义社会科学哲学仍然没有一个统一的科学共同体和公认范式，在诸如意向性、解释、历史性、自由意志等问题上存在争论；另一方面，作为哲学之核心的规范性问题，无法由经验科学获得揭示。因此，自然主义社会科学哲学的规范、意义、价值究竟该如何定位，就成了尚待解决的重要论题。但无论如何，当代社会科学在最新经验科学成果的影响下，已经表现出深刻的"自然化"特征。考察社会科学中自然主义研究策略，无疑为解决社会知识的科学地位等问题提供了可供选择的思维路径。

〈参考文献〉

［1］Thomas D. Naturalism and Social Science: A Post-Empiricist Philosophy of Science. Cambridge: Cambridge University Press, 1980.

［2］Bhaskar R. The Possibility of Naturalism: A Philosophical Critique of the Contemporary Human Sciences. 3rd ed. London: Routledge, 1998.

[3] Kuipers T. General Philosophy of Science: Focal Issues. Amsterdam: Elsevier, 2007.

[4] Galparsoro J, Cordero A. Reflections on Naturalism. Rotterdam: Sense Publishers, 2013.

[5] Risjord M. Philosophy of Social Science: A Contemporary Introduction. London: Routledge, 2014.

[6] Mill J. A System of Logic: Ratiocinative and Inductive. New York: Harper & Brothers, 1882.

[7] Hartwig M. Dictionary of Critical Realism. London: Routledge, 2007.

[8] Psillos S, Curd M. The Routledge Companion to Philosophy of Science. London: Routledge, 2008.

[9] Psillos S. Philosophy of Science A~Z. Edinburgh: Edinburgh University Press, 2007.

[10] Wright J. International Encyclopedia of the Social & Behavioral Sciences. Amsterdam: Elsevier, 2015.

[11] Bird A. Kuhn, naturalism, and the positivist legacy. Studies in History and Philosophy of Science Part A, 2004, 35(2): 337-356.

[12] Newton-Smith W H. A Companion to the Philosophy of Science. Oxford: Blackwell, 2000.

[13] Gasser G. How Successful Is Naturalism?. Heusenstamm: Ontos Verlag, 2007.

[14] Keat R, Urry J. Social Theory as Science. London: Routledge, 1975.

[15] Baert P. Philosophy of the Social Sciences: Towards Pragmatism. Cambridge: Polity, 2005.

[16] Manicas P. Rescuing Dewey: Essays in Pragmatic Naturalism. New York: Lexington Books, 2008.

[17] Bhaskar R. Reclaiming Reality: A Critical Introduction to Contemporary Philosophy. London: Routledge, 2010.

[18] Niiniluoto I, Sintonen M, Wolenski J. Handbook of Epistemology. Dordrecht: Kluwer, 2004.

[19] Barnes B. T. S. Kuhn and Social Science. London: Macmillan, 1982.

[20] Giere R. Cognitive Models of Science. Minneapolis: University of Minnesota Press, 1992.

[21] Turner S, Roth P. The Blackwell Guide to the Philosophy of the Social Sciences. Oxford: Blackwell, 2003.

[22] Tomasello M. The Cultural Origins of Human Cognition. Cambridge: Harvard University Press, 1999.

［23］Bunge M. Matter and Mind: A Philosophical Inquiry. Heidelberg: Springer, 2010.

［24］Turner S P, Risjord M W. Philosophy of Anthropology and Sociology. Amsterdam: Elsevier, 2007.

［25］Hollis M. The Cunning of Reason. Cambridge: Cambridge University Press, 1987.

［26］Suárez M, Dorato M, Rédei M. EPSA Epistemology and Methodology of Science. Heidelberg: Springer, 2010.

［27］Turner B. The New Blackwell Companion to Social Theory. Oxford: Wiley-Blackwell, 2009.

论道德研究的自然化面向*

殷　杰　张玉帅

20世纪中期以降，神经科学、进化生物学、心理学等领域的科学家对道德论题的兴趣愈加浓厚，伦理学对实证科学的借鉴也越来越多，以道德问题为对象的交叉研究渐成趋势，很多学者甚至认为，已经逐渐形成一门道德科学。[1]

其中涌现了诸多交叉学科，它们或者从某一学科切入，或者集中探析道德的某些专门问题。比如，实验哲学强调用实验法探究道德问题，道德的心理物理学①重视对道德语境下物理环境要素的分析，神经伦理学主要采用神经科学的方法解析各脑区在道德发生机制中的作用。道德心理学作为其中非常重要的一支，将伦理学与实证科学相融合，使用哲学思辨和实证方法，从哲学、进化生物学、心理学、神经科学、语言学等视角对道德语境下相关问题进行实证研究，基本涵盖了道德科学的各个分支。本文从探析道德心理学的产生原因与研究路径入手，通过辨析传统伦理学研究之局限，道德与实证科学之连续性，来呈现伦理学研究的自然化面向，彰显自然化道德研究的意义与价值。

一、扶手椅式道德研究的局限

道德问题一直以来是伦理学探究的核心论题，以概念辨析、思想实验、反例法[2]等理论分析方法为主要手段，但这类方法在道德研究中具有一定的局限性，即纯粹的理论方法同道德问题兼具规范性、经验性与描述性的本质之间存在鸿沟。

　*　原文发表于《学术月刊》2019年第11期。
　①　道德的心理物理学主要研究明暗、清洁与肮脏等物理变量对人们道德判断与道德行为的影响。参见彭凯平，喻丰.道德的心理物理学：现象、机制与意义.中国社会科学，2012(12)：28-45.

具体而言，一方面，作为与实践更为贴近的哲学范畴，道德是浸染了日常经验的"非典型"哲学论题，与世界的本源、人的理性边界等抽象问题更远，与"什么是诚信""是否可以说谎""应当过什么样的生活"等现实问题联系更为密切，内嵌于社会、文化语境中，具有经验性。另一方面，道德在日常生活中突出地表现为道德判断和道德评价，且这一过程的实现以人的认知机制和心理过程为基础，与实证研究密切相关，具有描述性。而纯粹的理论分析方法囿于理论反思和逻辑推理，难以充分结合实际生活中道德语境的实践情况，同时也无法对道德发生机制进行客观的说明和描述。而且，一味使用理论分析方法对道德进行思辨追问，最终必然会陷入无穷地递归、循环论证、武断地终止论证的"明希豪森困境"。[3]

进一步说，伦理学所采用的研究方法——思想实验，其自身也面临多重责难。通常，思想实验是通过思维构造与情节推演，以构造者自身或被试的直觉反应为证据，继而对其进行分析、解读和判定的理论方法，在数学、理论物理学、哲学中较为常用。著名的"电车难题"是思想实验在道德研究中的典型例子。尽管以思想实验为主导的理论分析方法十分重要，但在道德研究中，其自身基础的可靠性、运行逻辑及非伦理特征造成的直觉不稳定性常被质疑。

第一，思想实验基础的可靠性受到怀疑。思想实验的核心是运用直觉。[4]通过直觉，人们对思想实验中的过程和结论做出反应，进而产生判断。从哲学方法论的角度来看，由于直觉具有模态内容，且这些内容不是先验的，因而直觉的内容具有偶发性。这样，以直觉为核心的思想实验，其结论的可靠性和必然性就无法保证。

除此之外，也有学者认为，哲学家是通过证据来保障思想实验回应之可靠性的，并非直觉。如此，具体的直觉回应在哲学上就无足轻重了，因为重要的是支撑该直觉的论据是否足够合理。[5]这样，将证据作为思想实验推演和得出结论的根据/论据，就避免了这种偶发性。事实上，我们对思想实验具体情节的直觉反应很可能是伴随某种证据一同发生的，是对同一认知资源的应用，在这样的情形中，直觉与证据之间并无原则性的差别。[5]也就是说，如果直觉具有偶发性，无论与证据之间是何种依存关系，其相伴相生的存在状态都会致使思想实验基础的可靠性受到怀疑。

第二，思想实验在逻辑上面临着二难困境。思想实验是为了启发有效哲学反应而做出的案例假设，即它期待被试对其所面对的案例做出逻辑严密、可靠负责的反应。这需要被试具备严密的逻辑思维能力和基本的知识储备。完全无知的被试通常无法满足这一条件。但是，具备基本知识储备从而能够对案例做出严肃反应的被试，由于已经被哲学知识浸染过，其立场又难以如白纸般中立客观，这样的反应带有某种既有偏见，难以作为客观的证据。

第三，思想实验以构造者或被试的直觉作为证据基础，而构造思想实验过程中所涉及双方的非伦理特征，通过影响被试所产生的直觉多样性和差异化会导致思想实验结论的不稳定。关于构造者自身非伦理特征和思想实验表述方式的影响，"框架效应"早有论述。特韦尔斯基（Tversky）和卡内曼（Kahneman）的实验①表明，对同一案例的不同表述或架构方式直接影响被试的反应和实验结果。与此同时，海特团队的实验②也显示了被试自身差异化的非伦理特征对其直觉反应所造成的影响。哲学家通常认为，自己的直觉可以显示大众的观点，就像我天生被赋予理性一样，将自己当作一种典型。[7]但是，性别、年龄、受教育程度、工作环境等诸多特性组合造就了个体之间的差异，伦理学家依据自身直觉对思想实验做出的预测并不能被理所当然地当作典型，而是具有较大局限性，至多只能代表同其年龄、经济社会地位、生长环境、道德信念等主要条件相似的群体。[8]

综上，由于伦理学研究所倚重的理论分析方法，特别是思想实验，同道德兼具规范性、经验性与描述性之特征不能充分对接，加之其自身可靠性、运行逻辑与操作中的问题，道德研究在传统的理论分析方法之外，还需要能够对道德生成/天赋、发展、机制进行描述和说明的实证科学作为补充研究手段。这也是神经科学、生物学、心理学、社会学、人类学等实证科学介入道德研究的必然性所在。

---

① 该思想实验以人类理性为基础，对"启发与偏见"的研究说明，对同一案例的不同表述或架构方式直接影响着受众的反应和实验结果。

② 该思想实验向不同社会经济地位(socioeconomic status, SES)和性别的被试讲述某人"违反强社会规范，无害但具有冒犯性"的行为(比如，将过世的宠物狗炖煮食用)。针对这类行为，低 SES 的被试更倾向于"从道德上解释"，并认为该行为应当"被制止或惩罚"，高 SES 的群体则表现得更为宽容，其反应从理智的角度看更合理。在西方传统经验中，哲学的受众通常不会从道德层面解释上述有冒犯性但无害的行为，海特自己对此也保有容忍的态度。但是，做出这种宽容反应的被试压倒性地属于高 SES 群体。通常认为，不同 SES 水平致使两类群体在受教育程度、生活环境等方面产生差别，从而造成了这一差异化结果，说明被试自身的非伦理特征会影响其直觉，从而产生差异化道德评价和判断。[6]

　　事实上，研究者早就注意到了这点，将实证科学的知识和方法应用于伦理学的研究思路有着深刻的思想渊源。近代以来，孔德曾明确提出一个成熟学科所必须经历的三阶段理论，他把对自然界和人类社会进行考察，将科学实证获得的事实作为依据，以此来探寻发展规则的实证精神上升为哲学原理。迪尔克姆认为，伦理学的研究对象是道德事实，因而不能只使用纯粹的理论分析和逻辑推理方法，而应贯彻孔德的实证精神，运用道德统计和社会学的方法来考察道德现象。受迪尔克姆启发，斯宾塞（Spencer）提出用社会进化论的观点研究道德，巴耶特（Bayet）倡导发挥社会学和实证方法在道德研究中的作用，人类学家韦斯特马克（Westermarck）主张以历史学和比较民族志追溯道德的起源等。[3]在心理学研究中，皮亚杰（Piaget）着眼于儿童道德判断，提出认知发展的阶段理论，在此基础上，科尔伯格（Kohlberg）提出"道德发展阶段理论"，尝试从心理学的视角对人类认知和道德问题进行探讨。

　　这些尝试在一定程度上展现了对道德问题跨学科研究的可行性，但是，摩尔（Moore）的"'自然主义谬误'的诽谤"[9-10]为20世纪的伦理学定下了远离自然科学的基调。加之，自牛顿以降，人类知识就进入机械论主导的、崇尚精密实验方法的科学时代，面对实验法的精准有效，在科学家看来，哲学思辨只是围绕旧问题进行的无止境争论。科学家与哲学家对彼此成果的忽略甚至排斥，使得成熟的哲学理论与实证科学在当时未能充分融合、优势互补、形成趋势。

　　直到20世纪60年代末这种局面才有所改善。一方面，由于哲学中，特别是在认识论和心灵哲学领域内，自然主义和认知科学的影响日盛，为伦理学重新尝试融合实证科学奠定了思想基础。另一方面，心理学中行为主义式微使得实证调查的命题越来越多样化，逐渐囊括了伦理学的论题；同时，生物学和认知科学等学科对于所涉及道德问题的研究不断深入，对系统理论指导和实验数据解读的需要更为迫切。于是，从20世纪后半期开始，逐渐有一批涉及学科范围较广的道德理论产生；到90年代，一些哲学家开始针对心灵哲学、认识论和科学哲学，特别是伦理学中的具体问题同生物学家和心理学家合作进行实验。21世纪以来，哲学家和实证科学家不仅在对方学科中抽取有价值的理论成果为己所用，更开始了突破学科边界的合作研究。跨越学科的交叉研究卓有成效，使用实证手段钻研道德问题成为被广泛认可的研究方式，经验的道德心理学由此扩展开来。[10]

二、道德与实证科学之连续性

道德包含描述性事实的一面，决定了其与实证科学之间的连续性。一方面，由于描述性事实是道德的结构性组成部分，道德的完整图景需要实证科学知识填充才能完整；另一方面，对道德本质和发生机制的探析需要实证方法的辅助，其中，既包括神经影像和实验法，也包含调查、人类学观察以及道德概念和实践的历史[1]，即自然科学的实验法、社会科学的经验方法，以及哲学的思辨方法。

因此，相比于迪尔克姆、斯宾塞等人的尝试，以道德心理学为典型代表的自然化道德研究对实证科学的借鉴与融合更为彻底，直接扩展到了自然科学领域；而同神经科学、心理学对道德问题的讨论相比，道德心理学不局限于实证科学的立场和方法，在既有伦理学理论的框架内，结合多学科知识与各种手段进行研究，更注重哲学的引导、解释与反思功能，克服了只见树木、不见森林的局限性。其论域也从与道德判断相关的道德直觉、道德情感、道德推理等具体论题，扩展至实证研究方法在道德研究中的应用边界、推论界限等规范性和价值论层面的讨论。具体来说，在既有哲学理论的框架内，实证的道德心理学分别依托神经科学、进化论和语言学的知识和方法，对道德判断机制、道德起源和道德天赋等问题进行了较为系统的讨论。

1. 基于神经科学对道德判断机制的描述

道德判断机制主要涉及道德判断过程中的诸要素及其作用，关联道德直觉、道德情感、道德推理等具体论题。传统研究主要采用哲学的理论分析方法和心理学的调查法，前者的局限性不再赘言；由于事后归因现象①的客观存在，心理学的调查法也无法准确反映出被试在做出道德判断过程中的实际情况。

道德心理学主要借助神经科学的知识与方法求索道德判断机制：在对脑区功能既有了解的基础上，不断增加被试所处环境的逼真性，使用神经成像手段监测各脑区的活跃程度，得出实验数据；或让大脑受损伤的被试在不同情形中做出道德判断，综合其做出判断的时间、方式以及判断内容来验证相应区域在道德判断中所发挥的作用。基于上述原理，在对影响道德判断机制

---

① 尼斯贝特（Nisbett）和沙赫特（Schachter）的实验揭示了这种事后归因现象的客观存在：被试所报告的原因并非在寻找实际认知过程中引起行为或决定的因素，而是在为自己已经做出的决定和行为赋予看似合理的理由，因而这一过程并不能准确反映实际主导道德判断的真正要素。[11]

诸要素的探讨中，道德心理学以伦理学中康德为代表的理性主义与休谟为代表的情感主义之争为演进的主要线索，大致经历了三个阶段。

第一阶段，尽管伦理学中一直存在理性主义与情感主义的争论，但自康德以来，人们更倾向于认可理性推理在道德判断中的主导作用，遵循理性法则比屈服于情感与直觉的支配更加审慎可靠，理性也因此具有高于情感、直觉的优先地位。道德心理学的先驱皮亚杰和科尔伯格通过道德故事访谈的方法提出的心理发展阶段理论还都是以抽象推理能力的不断成熟为核心，强调理性认知的作用。

而后，随着计算机断层扫描（CT）、磁共振成像（MRI）、功能性磁共振成像（fMRI）等高分辨率神经成像技术的发展，现代神经科学诞生，伴随进化心理学、灵长目动物学等学科的新发现，认知革命进入成熟期，到20世纪80年代，道德心理学对道德判断机制的探究进入第二阶段：越来越侧重对情感及其作用的探索。海特根据"道德失声"现象设计刺激实验，通过道德故事访谈的方法发现了情感的重要作用，认为道德判断是情感的产物，并据此提出社会直觉模型。之后，达马西奥（Damasio）受到盖奇案例[①]的启发，使用躯体标记假设、对脑额叶损伤患者与正常人进行对比性皮肤电反应实验和博弈实验，提出并验证了合理的道德判断只有在相应情绪的引导下才能产生，从生理机制的角度进一步确定了情感的重要作用。此外，门德兹（Mendez）等[12]对额颞痴呆患者的研究、莫尔（Moll）等[13]在道德与非道德情境中利用声音和视觉刺激进行的研究，以及赫克林（Heekeren）等[14]关于暴力刺激与杏仁核脑区对应关系的发现等诸多研究，也进一步从生理机制的层面证实了道德情感与道德判断之间的关联。

但是，对情感在道德判断中作用的过分强调也引发了很多疑问，哲学家对前述模型和观点不断反思，进一步完善和细化了实验设置，由此，关于道德判断的研究进入第三阶段。格林（Greene）及其团队以哭泣婴儿困境[②]、电车难题及其衍生的小车版本等为实验预设情境，使用fMRI技术对不同情境下人们进行判断的脑区反应做了监测，根据被试的反应时间与各脑区的活跃程

---

① 案例的核心在于腹内侧前额叶皮层受损的患者具有正常的认知推理能力，但却无法做出符合社会规范的决策。

② 哭泣婴儿困境：敌方士兵已经控制村庄并正在附近搜查，要杀掉所有村民。你与众多同乡在地下室躲避，此时自己的婴孩忽然大哭，你捂住他的嘴以避免发出声音，否则，啼哭声会引来士兵，地下室的所有人都将罹难。为了救大家，只能如此直到闷死婴孩。以此情境为预设，要求被试判断这样的行为是否恰当。

度，提出了更为精致的双加工模型。双加工模型描述了不同情境中情感与理性的互动，肯定了情感伴随道德判断发生的全过程和理性推理在最终道德判断中的调控作用，并将情绪与理性推理分别同伦理学中的道义论、功利论两大传统相关联，挖掘了影响道德判断的要素与道德判断类型之间对应关系这一新论题，拓展了道德心理学的研究空间。

目前，关于道德判断发生机制已经达成的基本共识是，在不同条件的刺激下，大脑会被激活不同的区域以做出反应，也即随着初始条件的改变，主导人们做出道德判断的要素会发生变化，且这种影响因素不是单一的，而是情感、理性甚而其他未知要素的共同作用。不过，这些要素之间究竟如何互动、在各种条件下发挥作用的程度、还有哪些要素也参与其中等问题尚不清楚，各种理论之间仍存在争论和竞争，这也是道德心理学未来需要继续研究的重要方向之一。

2. 基于进化视角对道德起源的推论

除去上述对道德判断机制的事实研究，道德心理学的论域还涉及道德情操、美德、道德能力等对道德属性的探析。比如，通过对道德情操、美德的探讨来一窥道德起源、道德能力的究竟，主要分为以进化论自然选择思想为核心的适应论和以道德天赋为主要内容的先天论两条路线。

以进化论为基础的观点认为，道德是进化了的人类本性的一部分[15]，道德及其相关属性作为人类进化的副产品而产生，在适应各类环境的过程中不断发展，可以为我们所构造和改进。从进化心理学的一般进路出发，既然人类的认知和动机系统是自然选择的产物，那么道德观念、道德直觉、道德情操等道德系统的重要环节很可能也是进化过程的反射[16]，即副产品。以各种文化中普遍存在的乱伦禁忌之起源为例，关于产生和控制乱伦禁忌机制的猜想，主要有韦斯特马克理论和标准社会科学模型主张的文化传播理论两条路径。

观察到许多物种近亲交配的有害后果，韦斯特马克提出人类的早期童年结伴会触发成年后对近亲的性反感，从而形成一种近交回避机制，即韦斯特马克假设（WH）。而乱伦禁忌正是这一生理机制的副产品。就是说，由于近代病毒纯合而导致近交衰退的客观存在，为了提升生存的内含适合度，人类在进化适应过程中形成了近交回避的生理机制；为了巩固这种机制，进一步衍生出文化层面的乱伦禁忌。目前，人类学证据对 WH 的支持为针对乱伦禁忌起源进行的实证探究做好了准备；以此为基础，实验结果显示，童年结伴的确被用来作为近亲监测和触发自身近交回避的线索，同时，它也可以预测主体对他人乱伦所产生的道德情操之反应的强度。质言之，在根本上是自然选择这一核心原则触发了后来文化层面乱伦禁忌的出现和存续。

而标准社会科学模型的观点与其相反，认为心灵类似于无内容的空白磁带，在适应社会和特定文化类型的过程中记录下周围环境与乱伦相关的信号，这些信号反过来塑造了个体的行为和态度。即生活在禁止乱伦的氛围中，人们自然会对其家庭成员产生性反感。而致使这种性反感产生的原因并非韦斯特马克所讲的近亲婚配所带来的生存威胁，而是通过外婚（exogamy）等文化实践所建立的家族合作关系的红利。但对父母、同辈的研究数据从纵向、横向两方面揭开了该理论的缺陷：其父母、同辈对待性行为的态度无法预测被试对他人乱伦的道德情操反应及强度。不仅如此，如果在统计学上移除父母的态度，被试对他人近亲乱伦所产生的道德情操反应与童年结伴之间的关联就更加显著。因而，至少需要采纳进化论研究者的某些特定假设，标准社会科学模型才能够较好地自圆其说。

可见，在解释关于乱伦禁忌的道德情操起源方面，对于两种较为主流的理论，进化都扮演着不可或缺的重要角色。总体上讲，科学家的研究已经触及道德的起源。其研究结果让我们可以假设，正是进化塑造了人类在远古环境中监测他人行为的心理机制。我们的"道德感"可能正是由该心理机制内处理各种信息的系统拼凑物组合而成。此外，关于近交回避的研究向我们展示出，在道德研究中逐个识别我们的道德推理环节，并使用实证方法来研究作为价值之基础的事实，是可能的，也是可行的。[17]

3. 基于语言学类比对道德先天论的猜想

道德先天论是自古以来人类看待道德的重要传统，苏格拉底"德性即知识"的观点和孟子的"四端说"都站在了道德天赋的立场上，而进化思想的发展和认知科学特别是语言学对道德问题的介入，为这一传统论题注入了新的活力。米哈伊尔（Mikhail）、西雷帕达（Sripada）等研究者试图寻找大脑中的道德模块，并越来越倾向于推测某种道德获得装置。由于道德与语言在各方面的相似性，道德先天论将道德同语言相类比，倾向于认为人类拥有某种天赋的道德能力，并强调其在道德认知和道德判断过程中作为核心机制的重要作用。

首先，道德先天论试图证明和解释道德能力的先天性。借用生成语言学中的刺激-贫乏理论来解释道德习得过程中学习目标复杂性与贫乏的学习资源之间的矛盾，指出很可能存在一种天赋的倾向或抽象表征能力，使得人们从道德学习内容匮乏的孩童阶段开始就能区分复杂的道德规范与一般社会常规。

其次，道德先天论认为存在一种抽象原则，即道德语法，来保证道德的普遍性，同时文化、社会等不同参数作为其他重要变量培养和形成了不同的道德类型，解释了道德的多样性。这一假设同样借鉴了生成语言学的理论。乔姆斯基把语言看作是抽象符号的操作系统，认为语法是高度抽象的原则和规则，其作用在于生成语言，而语法作为一种无形的语言官能，是人类与生俱来的。这种语言机制由遗传所决定，可以在适宜的环境中生长、发育和成熟。[18] 生成语言学意义上的语法作为能力要素，是人类得以形成语言的前提和根本，而人们之所以形成汉语、英语、德语等不同语种，则在于表现要素的不同，也即关键参数的差异，据此，乔姆斯基提出了其著名的原则-参数模型。借鉴这一观点，道德先天论相应地将这种天赋的、对行为具有约束和评价作用的内隐原则称为道德语法，这一高度抽象和概括的道德原则像运算程序一样内在于每个人。它使人们先天地对核心、普适的道德信念敏感，自发地具有识别并遵循这些基本道德信念的倾向，因而是基本道德信念普遍地存在于人类社会的原因。继而，特定的社会、文化等关键参数使道德原则更加丰富、具体，在其语境中自动发挥计算功能，形成不同的道德类型。

根据目前道德心理学的研究成果，这种道德能力可能是道德直觉，表现要素可能是道德启发式，后者同样是道德不可或缺的要素。但是，由于道德探析进展的局限以及道德同语言的差异，两个系统并未形成完全的一一对应关系。什么是道德的能力要素、表现要素？道德语法是否真的存在？这些问题还有待进一步探索。并且，该理论同既有的关于道德直觉、道德启发式、道德的心理学分类理论等并不冲突，很可能是相容的。

三、自然化道德研究的意义

在正视道德多重本质的基础上，自然化的道德研究于发展过程中逐渐融合了哲学与实证科学的成果和方法。在浅层，能够充分发挥实证科学知识和方法为道德理论提供简单证据的作用；在深层，一方面丰富了切入传统道德论题的视角，打开了研究的新思路，另一方面，将实证科学参与道德研究的水平从仅提供经验证据层面的辅助提升到了道德理论的形而上讨论中，让描述性事实作为道德的一部分，直接参与到规范性理论的形成中，进一步深化了实证科学与哲学的融合，成为一种综合的自然主义研究。具体而言，自然化道德研究的主要价值如下。

第一，能够充分实现既有哲学理论对实证道德研究，特别是相关实验的设计、解释功能。随着哲学研究的实证倾向逐渐成为一种潮流，实证科学的成果和实验方法仿佛成为终结哲学论辩的一剂良药。诚然，实证科学介入哲学，特别是伦理学研究，为支撑或驳斥某些观点提供了事实依据，从而在一定程度上增进了人们对一些哲学理论的理解。但是，正是以较为成熟的哲学理论作为研究框架和设计实验环节、解读实验结果的基础，实证研究才有可能发挥出其对哲学论辩的推动作用。

以道德情感为例。在西方哲学中，情感在道德判断和道德动机中所发挥的作用是受到广泛认可的……但持这种观点的哲学家通常以一种高度抽象的方式来呈现自己的观点，没有任何经验证据的支持[19]，这使得情感在道德判断中的作用易受怀疑，且因为薄弱环节不明确而难以改进。要克服这一点，首先，需要整理、分析既有伦理学理论，发现其中的逻辑弱点，有针对性地设计实验，具体包括：检视证明情感在道德判断过程中发挥常规作用这一猜想的经验证据；探明哪类情感参与了道德判断；分别讨论各种道德情感，以明确其在道德判断过程中的具体作用。其次，比对既有理论与实验结果，发现理论的合理与不足，对其加以改进。比如，①fMRI扫描显示，在人们做出道德判断的过程中杏仁核脑区被激活，证实了情感伴随道德判断而发生；②根据心理学访谈、问卷方法区分情感类型，找出与道德关系紧密的情感；③针对具体情感类型，比如愤怒、愧疚，进一步设计实验，深入观察其影响道德判断的方式和程度，以丰富和填补既有理论。

第二，以事实为依据，检验和补充既有道德理论，以推动其发展。心理学、神经科学中的诸多成果可以被用来检验既有道德理论，为其提供事实证据、科学依据，产生怀疑和挑战，将争论引导至更合理的方向，促进各种理论对自身的改进和完善。

以道德动机为例。传统哲学中关于道德动机的理论，以工具主义、认知主义、情感主义、人格主义四种路径最为盛行。在案例中，四种理论能用各自不同的动机-行为过程来解释同一行为。究竟哪种动机过程是产生一个具体行为的真正动因，或者说，是否存在这样一种被称为"动机"的状态，长期以来在哲学中争论不休。而解读神经生理学关于人脑神经官能的研究成果，将人脑中行为产生过程和各部分官能与不同的动机-行为理论过程相对应，我们发现，工具主义的动机理论与神经科学的图景非常匹配，认知主义和情感主义的动机理论面临着严峻威胁，人格主义的版本基本符合。通过神经科学成果的检验，每种理论都在不同程度上暴露了其缺陷，为以后的研究明确了方向。

必须说明的是，尽管科学结论是可错的，但一些成果经过长期的反复验证已经稳定下来，在使用实证科学成果对伦理学理论进行检验时，尽量选择这些稳定的科学结论。此外，在对科学结论的解释层面，虽然将科学结论同道德理论对应的过程中存在假设与折中，但并不代表这种对应是任意的，而是仍然需要遵循基本的科学原理和框架。

第三，实证科学为道德研究提供新的视角和切入点。正如电的重要原则是类比水流在管子里流动与电流在电线里"流淌"而产生的[20]，重要问题的破解不仅需要依靠学科知识的扎实积累和反复讨论，还需要突破常规思维，而这种启示常常来自其他领域。实证科学对道德研究的作用也在于此。神经科学从大脑的运转和功能上直观再现道德判断的诸多细节，生物学从进化的角度对道德能力这一人类特殊属性的探讨，以及通过与人类语言能力类比来探求道德天赋的可能性，将实证科学的现有成果、思路同传统道德研究结合，是道德心理学相比于传统道德研究的优势所在。

以语言学对道德研究的启发为例。语言与道德有很多相似点，其复杂与发达程度为人类所独有，人类社会的各个族群都拥有语言和道德类型，但又因种族和地区而有所差别，这诸多的相似点为二者的类比提供了合理性和基础。通过将二者类比，语言学为道德研究提供了诸多新视角并因此产生了许多有益进展。

第四，将描述性事实作为道德的组成部分，参与道德的形而上讨论。道德心理学的研究成果倒逼哲学家分析"道德"本身的多重属性，从而发现并剖离出了形成规范性理论所不能避开的道德事实，继而在形而上讨论时将道德的结构性事实考虑在内，使道德理论的基础更加坚实。

以美德伦理学的发展为例。近年来，情境论不断质疑美德伦理学，认为美德是一种稳定的心理特质，而要人们在各种不同的情境中保持同一种稳定的心理状态在心理学上几乎是不可能的。尽管情境论的怀疑不能完全否定美德论，但这一提法凸显出，只有在充分考量心理事实的基础上，美德论者才有可能形成可靠的道德理论。而这种心理事实正是需要实证科学介入才能获取到的描述性事实。

不过，尽管道德事实是构建道德理论需要考量的要素，但这并不是从实然事实中推出了应然的规范性理论。只是，有说服力的道德理论应当能够兼容经验事实，以此为基础以严密的逻辑推导出结论。扶手椅式逻辑完美却与现实不相符甚至相悖的理论缺乏说服力，即使是作为道德理想也难让人信服和神往。因而，在既有哲学理论的指导下，将实证科学引入道德研究中，正视并挖掘道德的描述性事实是不断完善道德理论的必需步骤，而这也使得自然化道德研究具有了更为重要的意义。

〈参考文献〉

［1］Abend G. What the science of morality doesn't say about morality. Philosophy of the Social Sciences, 2013, 43(2): 157-200.

［2］Tiberius V. Moral Psychology: A Contemporary Introduction. London: Routledge, 2014.

［3］王钰, 李东阳. 伦理实证研究的方法论基础. 东南大学学报(哲学社会科学版), 2015(3): 5-10.

［4］Ichikawa J, Jarvis B. Thought-experiment intuitions and truth in fiction. Philosophical Studies, 2009, 142(2): 221-246.

［5］Wysocki T. Arguments over intuitions?. Review of Philosophy and Psychology, 2017(2): 477-499.

［6］Haidt J, Koller S H, Dias M G. Affect, culture, and morality, or is it wrong to eat your dog?. Journal of Personality and Social Psychology, 1993, 65: 613-628.

［7］Jackson F. From Metaphysics to Ethics: A Defence of Conceptual Analysis. Oxford: Oxford University Press, 1998.

［8］Doris J, Stich S. Moral psychology: empirical approaches. Stanford Encyclopedia of Philosophy, 2006.

［9］Sinnott-Armstrong W. Moral Psychology, Volume 1. The Evolution of Morality: Adaptations and Innateness. Cambridge: The MIT Press, 2008.

［10］Doris J, the Moral Psychology Research Group. The Moral Psychology Handbook. Oxford: Oxford University Press, 2010.

［11］Nisbett R, Schachter S. Cognitive manipulation of pain. Journal of Experimental

Social Psychology, 1966, 2: 227-236.

［12］Mendez M, Anderson E, Shapira J. An investigation of moral judgement in frontotemporal dementia. Cognitive and Behavioral Neurology, 2005(4): 193-197.

［13］Moll J, de Oliveira-Souza R, Moll F, et al. The moral affiliations of disgust: a functional MRI study. Cognitive and Behavioral Neurology, 2005, 18: 68-78.

［14］Heekeren H, Wartenburger I, Schmidt H, et al. Influence of bodily harm on neural correlates of semantic and moral decision-making. Neuroimage, 2005, 24(3): 887-897.

［15］Machery E, Mallon R. Evolution of morality//Doris J, The Moral Psychology Research Group. The Moral Psychology Handbook. Oxford: Oxford University Press, 2010.

［16］Cosmides L, Tooby J. Can a general deontic logic capture the facts of human moral reasoning? How the mind interprets social exchange rules and detects cheaters?//Sinnott-Armstrong W. Moral Psychology, Volume 1. The Evolution of Morality: Adaptations and Innateness. Cambridge: The MIT Press, 2008.

［17］Lieberman D. Moral sentiments relating to incest: discerning adaptions from by-products//Sinnott-Armstrong W. Moral Psychology, Volume 1. The Evolution of Morality: Adaptations and Innateness. Cambridge: The MIT Press, 2008.

［18］高丽佳, 戴卫平. 生成语言学语言观·认知语言学语言观. 现代语文(语言研究版), 2011(9): 4-7.

［19］Prinz J, Nichols S. Moral emotions//Doris J, the Moral Psychology Research Group. The Moral Psychology Handbook. Oxford: Oxford University Press, 2010.

［20］Roedder E, Harman G. Linguistics and moral theory//Doris J, the Moral Psychology Research Group. The Moral Psychology Handbook. Oxford: Oxford University Press, 2010.

论经济学隐喻的方法论意义[*]

殷　杰　　祁大为

　　规范性研究曾长期影响着经济学方法论的发展。把科学哲学的研究成果，尤其是把波普尔的理论用于解决经济学知识如何构成及其获取方法的问题，是 20 世纪七八十年代经济学方法论者的兴趣所在。他们把考察科学知识的理论当作评价不同经济学理论优缺点的标准，然后依据这些标准制定支配经济学研究的规则。事实上，预设知识是什么，并把该预设作为标准来衡量经济学理论，这种做法本身就缺乏合理性，甚至是有害的。

　　近年来，多元化的经济学方法论研究态势逐渐形成，经济学方法论者从多个维度涉入经济学的研究方法当中。他们大多主张从经济学学科内部设定考察标准，把方法的适用性放在核心位置，而隐喻作为一种方法已经长期活跃在经济学当中，但隐喻的方法论属性并未引起经济学研究者的重视。从隐喻角度探讨方法论的优势在于，隐喻可以使经济学方法论远离如何评价经济学理论和如何认识这些理论的认知地位问题。在这个进程中，麦克洛斯基的《经济学修辞学》强调隐喻对经济学的重要作用，甚至认为"经济学就是漂浮在隐喻之上的"。[1] 在此之后，经济学批判实在论者也强调了经济学隐喻中指称和模型等方面的研究。经济学修辞学和经济学批判实在论都关注到隐喻方法对经济学理论研究的重要作用，尤其是有关类比、模型、寓言以及语用上的语境转换带给隐喻意义方面的探讨，这给予经济学方法论研究以强烈的"指引"意味。所以本文从多元化视角探讨隐喻方法运用在经济学理论中所能够发挥的功能和作用，进而将隐喻视为更新经济学方法论研究的可行方案之一，并在经济学方法论发展的趋势上考察隐喻作为经济学理论研究的"工具"意义。

---

　　*　原文发表于《江海学刊》2019 年第 1 期。

一、经济学方法论为何需要隐喻分析

1. 规范性经济学方法论的困境

哈奇森（Hutchison）批判了经济学方法论的先验分析模式，并在此基础上引入了波普尔的"科学划界"观点，进而针对当时经济学方法论中流行的过分公理化和预设基础上的演绎进行了正面反驳。20世纪70年代前后，波普尔的可谬论和"批判旨趣"持续在科学哲学发展过程中发挥影响，与科学哲学的关注点一样，经济学方法论者在这个时期也把关注点置于对问题性质的探讨上面，这种研究路径与同时期科学哲学的定义域在很大程度上是相吻合的。简单来说，经济学方法论在这个时期主要关注的是经济学理论命题的地位问题，也就是经济学理论的确证、证伪以及逻辑结构等有关经济学知识如何构成及其获取方法的认识论问题。

将波普尔理论用于经济学方法论的构成和评价，其局限主要有两点。第一，基于波普尔理论所形成的经济学方法论，不能合理地解释那些实践经济学家所从事的研究。第二，波普尔理论的信奉者过于专注于认识论问题，这在很大程度上忽略了经济学理论的本体论意义，换言之就是忽略了社会经济现实本质的预设。[2]为了摆脱知识论哲学家们对经济学方法论的束缚，在后来的经济学方法论的探讨过程中大致形成了两种研究路径，一种是倾向于探察经济学家的实践活动，而不是专注于科学哲学"教义"的经济学修辞学，其代表人物是麦克洛斯基；另一种是旨在修正波普尔理论对经济学理论中本体预设的忽略问题，也就是经济学批判实在论，代表人物是劳森。两种研究进路分别用到了社会科学哲学中的实用主义和实在论的发展成果。值得注意的是，他们都关注隐喻方法对经济学理论的解释和构造功能。由此可见，经济学方法论研究中隐喻的功能和作用，对于克服科学哲学的"教义"，乃至对经济学方法论的发展都具有重要意义。

2. 隐喻作为经济学方法论的语用学基础

经济学的主要特征体现为，以语言为媒介并辅以假设、图示以及数学符号的系统表征等。语言的意义及其理解成为经济活动中贯穿始终的主题。经济学的语言属性使得语言理论的任何进展都可能对经济学理论和实践产生影响。比如，借助语义分析方法，经济学家可以对经济学领域中的基本概念进行明确的界定和细致的研究，这有助于经济学理论中基本概念的澄清，为经济学理论之间的争论提供解决的前提。然而，这种语义分析方法也容易使经济学局限于单纯的知识传递过程，忽视关于经济学理论的认知效果以及经济学理论间争论的合理性成分。众所周知，经济学还是一门需要从自然科学和社会科学中大量借鉴"经验"的学科。经济学理论中使用的语言通常是描述性、事实性和解释性的，若脱离隐喻的使用这一切都难以实现。因此，我们要在语言哲学上对经济学语言的普遍特征进行重建，特别是，对经济学中隐喻的使用进行描述和分析。

不同于语义分析方法，语用学强调在语法和语言意义研究过程中语境因素的作用，通过设定语用学讨论语言交往过程的普遍性前提，事实上构造了言语可能理解的先决条件，通过反思该设定的有效性，进而对言语行为的规则质疑或展开辩护。人们在言语交际中，听话者都力图付出最小努力而获取最大的认知效果。听话者将注意力集中在最"相关"的信息上以获得最佳关联点，主动改变其认知语境，可以用最少的"加工"得出说话者的交际意图。实际上隐喻在语用学中表现出的是一种"言此意彼"的意义表达特征，隐喻的意义不仅由语句的特定情境决定，也由使用语句的规则所构成一般情境的规范性质所决定。在这种隐喻的语用学动态发展过程中，隐喻方法发挥着整合语言资源和认知交际目标的独特作用。因此，我们要对经济学中隐喻方法做语用学上的澄清，这样就可以避免造成经济学概念使用的混乱和不必要的争议，进而揭示经济学隐喻表达的实质。

3. 隐喻作为经济学方法论的认识论基础

当我们试图描述经济世界规律的时候，往往会遇到局限条件，同时我们用复杂的经济学理论去解释复杂的经济世界也经常困难重重。经济学家通常的做法是，借助于函数、模型、图表、寓言等隐喻方式介入对经济学对象的认识过程中，通过隐喻的一般性认识原则来解决我们所遇到的难题。在语言的起源中，几乎每一个字都是一个比喻，而每个短语都是一个隐喻[3]，这种特征在经济学理论发展中表现得尤其明显。如何认识经济学隐喻或者说经济学话语中的隐喻是什么，这是经济学方法论首先面临的核心问题之一。一方面，从经济学本质上来说，隐喻不仅仅是一种语言现象，更是人类认知主观结构的基本表现形式。准确地说，隐喻是人类将某一领域的经验用来说明或理解另一领域经验的一种认知活动。[4]这样看来，隐喻不仅在修辞学上有意义，在认识论上的意义更加突出。另一方面，从经济学的真理观出发，经济学语境来源于个体的认知背景，而隐喻陈述真假的判断依赖于个体的和文化的语境及其认知。具体来说，隐喻只有在语境限定和规约下才可以陈述主体和世界的符合关系，在经济学理论的解释过程中，经济学语境中生成的隐喻只能在经济学中展现其真理性的存在。

隐喻的认知功能构成了经济学隐喻的核心内容。经济学家的认知受社会存在的制约，比如预期、供需、数据、指标等是经济社会中的普遍现象，关于它们的隐喻性概念在不同经济主体中均具有普遍性，而再现这些隐喻性概念的语言又都依赖于特定语境中发生在本体和喻体之间不间断的联系。隐喻在经济学领域中的存在，不仅是经济学家用作认知世界的一种语言性工具，更体现为经济学家建构理论的一个非常重要而又普遍的认知机制。经济学隐喻创造事物的认知功能可以把"不可能"变成"可能"，同时经济学隐喻机制还生成了"本体"的"新奇"意义。隐喻是语言现象，更是实现经济学认知的工具，其方法论意义就在于此。

二、经济学隐喻的运行机制

从经济史的发展历程来看，经济学研究领域中的客观实在往往超越所有可能的经验观察，这让经济学语言在表征某些特殊概念方面常常陷入困境。经济学的目的是描述资源稀缺前提下人与人、人与客观实在的对应关系，从而一种能够描述这些客观经济实在的话语就变得愈加重要了。因此，隐喻分析机制的独特功能便在这一过程中逐步进入经济学方法论者的研究视野当中。本质上讲，隐喻不仅是一种语言现象，也是人类借助于一事物对另一事物进行诠释或理解的方法。在自然科学和社会科学发展进程中，隐喻的存在方式不仅仅局限于修辞手段或语言游戏，事实上隐喻已经成为人的思维方式和参与实践的有效方法，甚至已经成为经济学家概念系统的"加工厂"。进一步来说，隐喻的存在方式已逐渐变为，使用经济学语言来描述经济实在"赖以生存的基本方式"。值得关注的是，隐喻方法在分析经济学理论方面也体现出巨大效用，因此，立足于语言哲学的视角，并深入具体的研究路径中来探察经济学方法论中隐喻机制的作用模式，从而归纳隐喻在经济学实践领域中所凸显出的工具价值就显得尤为必要。

1. 经济学隐喻的发生机制

亚里士多德认为隐喻追求的是语句陈述过程中的新理解，隐喻的机制体现为一个概念代替了另一个概念。由于本体和喻体存在语义上的相似性，按照隐喻的对比论观点，隐喻的相似性机制将喻体或意象的某些特征传送或归属于本体，这种机制在经济学的隐喻中体现得尤其明显。在"市场是看不见的手"的解释中，看不见的手与市场机制存在相似性，具体体现在"手"与市场机制的自发调节特征的相似，喻体"看不见的手"描述了本体——"市场的自发调节机制"，这种自发调节机制可以被视为一种模型框架，特别是在市场调节机制中具体表现为，其由看不见的机制中各种属性所构成。该模型框架实质上就是以隐喻为方式，为喻体解释本体提供背景信息和指引，因此，对隐喻本体的理解只能按照这一特定的模式来进行。通过比较本体和喻体的语义特征来发现它们之间存在的相似性，进而建立二者的隐喻关系，这就是经济学中对比论隐喻发生机制的基本结构。

另一种普遍性看法是将隐喻视为一种"语义偏离现象"或是"语义选择限制"中的异常情况，具体来看，经济学中的隐喻严格来说并不是意义的替代，而是对词项的语义内容进行改变。从创生机制上来说，经济学隐喻通常会涉及类比过程，对其中隐喻的认知功能进行解读，以及类比过程中语境意义的创生现象，是我们必须加以关注的。实质上，语境意义是一种意义的自涌，也就是意义的突现，它通过摧毁先前机制建立一种意义的新机制，经济学隐喻作为认知经济学的一种手段，是依赖于语境意义的。从另一个角度来讲，由于隐喻的语义生成依赖于语境的设定和变迁，因而，我们理解经济学话语就是求得认知效果，从方法论角度探讨隐喻也就应该把语境作为出发点。正因为隐喻这种强烈的语境依赖性，我们要更加关注经济学隐喻的意义与语境的动态关联。

众所周知，隐喻大量作用在科学表征过程中，经济学家通常把隐喻的本体和喻体纳入相似的语境并进行解释，进而实现对本体的科学表征。这样一来，理解句子意义的关键就落在了获取它的真值条件上面。而在经济学隐喻中语句意义的确定，是由一组假定为真的经济学理论背景的真值条件所决定的。因为语句的意义由真值条件来决定，语句意义的存在说明语句已经具备真值条件。而在戴维森看来，这种所谓的真值条件不是脱离语境的绝对的真，是依赖文化和人的日常经验的表征。因此，在经济学共同体内部运用隐喻的交流过程中，隐喻的语词和意义是在经济学这一局域性的框架下发生的。也就是说，一旦确定了这个隐喻语句意义的真值条件，在同一语境内甚至同一文化背景下的经济学家都可以有效地理解该经济学隐喻的意义。

2. 经济学隐喻的应用机制

在经济学隐喻分析的实践中，经济学家主要采用由上而下"纵向"的方法，其关注的是隐喻对经济学理论的建构作用。而应用语言学家通常采用"横向"的语料库方法，关注隐喻所在的话语和交际语境，强调的是一种量化研究。所谓"他山之石，可以攻玉"，也就是从隐喻的应用机制角度来看经济学的隐喻分析，"纵向"的方法往往建立在充分的观察和精确的逻辑构造的前提下，而"横向"的语料库隐喻应用机制，使得我们对分析对象形成了数据上的直观把握。

在经济学理论的跨语言和跨文化传播这一语境下，针对不同语言背景的受众，把隐喻机制介入术语使用的分析中可以发现，隐喻对于术语（专业术语和半专业术语）的使用发挥着重要的认知作用。举例来说，在给以英语为第二语言的学生讲授主流经济学的过程中，隐喻的使用可以加速他们对经济学这门课程的理解。进一步说，在这种"二语习得"过程中，把经济学教科书和经济类新闻报道作为文本并纳入隐喻语料库的情况下，经济学隐喻应用机制的价值便在具体的分析中显现出来。首先，语料库的隐喻研究者要定义分析单元，在真实数据中确定隐喻，以及为给定语境中隐喻的解释和理解建立理论框架。尽管通过收集真实的例子来展开隐喻分析时，语料库的选择以及所选例子的数量对于概括得出的结论有制约作用，但是，通过这种方法依然可以使我们对分析对象形成数据上的把握。[5]其次，将主流经济学教科书和经济类新闻报道（如《经济学人》）纳入应用分析，也就是从语料库的机制分析角度来看专业术语和半专业术语，两种术语中的隐喻都可以增强对经济学教学过程的可控度。最后，两种术语存在"家族相似性"，这有助于对主流经济学形成全面甚至创造性的认识。在《经济学人》的"经济学焦点"专栏中，"弹球似的经济"这种半专业术语的隐喻，在主流经济学的有关探讨中也被频繁使用。因为这一隐喻可以与覆盖广泛而本质上又非常简单的概念隐喻联系到一起。由此，研究者就能够确认文献中存在的一些大致判断，并且能够把它们推广到其他领域。[6]

作为专业术语的经济学词汇，它的意义取决于它的定义。虽然定义本身不能避免隐喻的使用，但是定义通常与半专业术语"相伴相生"，至少在一定程度上影响了专业术语的隐喻意义。[6]我们可以把基本供需分析中的"均衡"这一专业术语放在主流经济学语料库的机制分析过程中进行考察，随后我们发现，"均衡"事实上定义的是函数或图表中的一个点，然而它的隐喻意义却很具体、很明确。从知识传播的角度来看，把《经济学人》当作真实语料的一个来源，体现出了作为半专业术语代表的《经济学人》与主流经济学教科书中的专业术语存在着定义上的"家族相似性"。这有利于以英语作为第二语言的学生，提高其综合语言能力，进而提升他们对主流经济学的理解，在这一进程中隐喻机制的应用体现出了重要的实践意义。

在把《经济学人》作为文本的情况下，隐喻的作用体现在了对主流经济学理论"家族相似性"的追求上。而在主流经济学的文本中，隐喻的作用主要体现在依赖语境对定义或概念的厘清。在经济学理论中，隐喻是普遍存在的，有着多种不同的形式和功能，并且对于语言的"表现"和语言学习至关重要。[6]通过对《经济学人》及主流经济学进行语料库隐喻的机制分析，可以发现，半专业和专业术语都是理论负荷的。此外，使用语料库方法进行隐喻分析，由于其机制内在的约束属性，我们减少了研究中认识的主观性和片面性，增强了方法的客观性和科学性，这正是语料库的隐喻分析方法作为经济学方法论的应用价值所在。

三、隐喻的经济学方法论何以重要

在经济学的理论建构以及解释和说明中，隐喻起着"领路人"和"催化剂"的作用。也就是说，决定大多数哲学以及经济信念的，是图像而不是命题，是隐喻而不是陈述。[7]在经济学理论的研究中，隐喻具备了"世界观"、保持经济学理论"开放"和理论建构等功能属性，同时也具备了经济学实践上的操作特征。由此可见，隐喻作为思维方式和认知工具，一直活跃在经济学理论和方法的构建和使用过程中。因而，经济学隐喻在功能上的重要作用，对经济学理论来说具有重要的方法论意义。

1. 隐喻如何保证经济学理论的开放性

隐喻的运用是经济学形成语用认知的重要途径，这种认知不间断地在对经济学理论的构成和解读过程中，使经济学理论稳定地保持着"开放"状态。经济学的重要隐喻蕴含一种品质，即总有一个侧面或其他侧面会通过成功的科学理论得到印证，从而显示出某种未知的含义而令我们惊奇。[1]在经济学中，一个重要隐喻的文字转换永远不会完成。换言之，我们需要对经济学隐喻时刻保持清醒和关注。

一方面，保持经济学语言与经济学概念的适应关系至关重要。经济学家无法对经济学对象做出完全真实的描述，也不能通过外在的和约定的定义就将经济学语言与社会经济的结构简单地绑定在一起，而作为方法的隐喻却能够轻易做到。另一方面，经济学理论术语的生成依赖隐喻。经济学理论术语必须建立在语义网络中才能让理论具有意义，正因如此，经济学理论研究才能够得以展开。也就是说，由于经济学理论是灵活的和多样化的，隐喻可以使经济学术语指称那些本质特征尚未被了解的研究对象，并且能够促成经济学语言的描述与人们一知半解的经济社会特征相适应，为了保持这种适应性，经济学理论的内涵也不应该被严格地定义。所以，我们在经济学理论研究过程中，要追问理论如何可能，就要对理论与世界的衔接点始终保持好奇。此外，由于隐喻是开放性的，由隐喻开启的新的或者并不完善的研究恰好是隐喻功能性的"兴趣点"。正因如此，隐喻成了经济学理论与世界的"黏合剂"，同时它也辅佐着我们在经济学领域中拓展理论的疆界，踏破未知的虚空。

2. 隐喻如何实现经济学理论的建构

隐喻在经济学理论中所发挥的建构功能，是隐喻方法论核心价值的一种体现。从这一功能运用的结果来看，隐喻对经济学研究方法形成具体的和创造性的引导，同时也发挥着经济学理论的"生产"功能。其一，带有隐喻特质的联系定义了经济学理论，隐喻的功能就是将我们的关注点从承载者（基体）转移到隐喻本身。隐喻中的"联系"定义了知识，持续性"联系"的变化，造成了不同的结构、组织、技术或者其他有关经济学的认知。由此我们可以看出，理解一个隐喻与创造一个隐喻是同根的，都需要我们大量的创造性的努力。[8] 其二，隐喻方法对于经济学理论未确定的解释和证实对象，构成了一种微妙的"指引"，为确定的解释和证实对象提供了明确的借鉴。具体到经济学语境中，由于经济学理论和经济学隐喻的语句意义都由命题语词的真值条件决定，而这种真值条件的存在又依附于对同一背景下人类文化的理解，这就使得二者具备了语义生成过程的同源性。可以看出，这种背景构成的真值条件决定了经济学隐喻语句的意义，进而把经济学隐喻命题语句的真值"导入"经济学理论，使得经济学理论中未充分解释和证实对象的语义，被经济学隐喻喻体的原义所取代。随着经济学理论语义规则的改变，并把新的语义概念投之于语形，经济学理论获得了新的语句意义，新经济学理论就此得以生成。因此，隐喻方法成为帮助经济学家摆脱理论语义规则束缚的有效工具，进而在经济学新理论的建构中发挥着特有的"指引"功能。

隐喻理论覆盖了所有其他相关的比喻，这是隐喻对经济学理论建构功能的另一个体现。通过描述众所周知的事物来实现经济学理论的建构和解释，从而把已掌握的某种对事物的洞察力和语词，作为新的（已转变的）经济学理论语境中的工具。经济学家通过观察不断扩大的经济学应用范围后得出，"情况 x 就好比情况 y"。例如，征兵就像对劳动力征税；婚姻是零和博弈；地方政府的开支是对家庭收益征税，等等。[9]

3. 隐喻如何体现其适用性

本质上讲，隐喻的适用性体现在其塑造"世界观"这一功能中。该功能来源于佩珀，他提出了可用于对世界进行观察和认识的根隐喻理论。该理论的核心是确认了四种经受时间检验的根隐喻分类，分别是：形式论根隐喻，强调与对象的相似性；机械论根隐喻，重在强调分析对象的内在机理；有机论根隐喻，在具体的生物学和生理学意义上，将根隐喻分析对象的认知着重置于该意义的生成过程中；语境论根隐喻，实质上强调的是在历史当下的事件中获得对对象系统的、动态的认知。根隐喻由常识证据支持并存在于日常生活和常识语言中。将这些基本隐喻进行"提炼"，生成了关于对象的世界假设，世界假设源自日常生活语言的根隐喻。世界观是世界假设的存在形式，根隐喻是诸多归纳了的、假设的深层隐喻。它通过一种特殊的世界观，用独特的哲学范畴为描述世界的实践提供基础。譬如，一台简单的机器经过一段时间运行后可以支持机械论的世界观，把世界看成能让人们思考和做事的机器。[10]经济学理论研究中也是如此，比如"经济人""看不见的手""边际效应""理性预期"等等，这些经济学隐喻在形成的初始阶段，能够使对应的经济学理论得到有效的解读，在不断的语境化和再语境化过程中，隐喻语词的意义从语义上升到形式化的语形层面，这样，隐喻超越了目标域的简单逻辑机制，重建了隐喻使用者的知识和认知方式，隐喻理论对象的意义因此得到了提高和升华。同时，随着隐喻在重复使用过程中逐渐消失，隐喻的语词意义就内化在了该隐喻所在的经济学理论中，实现了喻体语词意义对本体语词意义的替代，形成了对理论新的解释，经济学家也从中获得了相应的世界观。尽管这样的理解与形而上学假设相似，但这确实为我们认识经济学理论，走进经济学知识提供了便利。可以说，经济学中每一次隐喻的运用都构造了对象世界的表象。

概言之，隐喻方法不但丰富了我们对经济学理论和实践的认识，同时也使得隐喻不再是经济学叙事中的一种不恰当的表征。隐喻能够作为事实的、逻辑的、类比的和模型的工具参与到经济事件，并"制造"出新的经济学知识和研究方法。通过对"联系"与"转换"功能运用的考察，可以发现，隐喻为经济学理论、经济学实践乃至整体社会经济领域与历史的、社会的、文化的语境之间的对话构建了一个有效的"对话平台"，甚至类似于哈贝马斯式的"理想交往"。因此，把隐喻当作经济学方法概念的基底，就构成了一种经济学方法的元理论。

综上所述，隐喻作为经济学方法论为我们提供可理解的概念框架，进而实现经济学理论的建构和发展。具体来看：

从理论意义上来说，如果主流经济学中的概念隐喻生成了一整套相关术语或者句型搭配，那么"具体的"语言隐喻与概念隐喻或者根隐喻之间的联系将不再是问题。[6] 特别是，在主流经济学的供需分析中，"影响"（impact）概念更为凸显了隐喻之于经济学方法论的功能与作用。"影响"这一术语具有某种物理属性，通常它与"市场的力量"对照理解，比如"原材料价格上涨的影响""税收的影响"等。再比如，"出价"在微观经济学语境中也是与"市场的力量"来对照理解的。人们可以使用其他词，但是使用出价或者竞价就是对拍卖会隐喻的直接指称。"影响"和"出价"都来源于隐喻，但它们在具体语境中又有准确的含义，我们可以根据它们的用法来进行含义的选取。

隐喻作为经济学方法论对经济学文本的解读具有重要意义，尤其是持续性的解读。从实践意义上来说，寓言作为"冗长的隐喻"在理论建构和解读过程中，其作用是不可取代的。寓言本质上是一种广泛和持续地使用特殊隐喻和类比的写作体裁。寓言是充分展开的隐喻，而所有的隐喻也是寓言。[1]曼德维尔（Mandeville）的《蜜蜂的寓言》一书主张"私人恶德即是公共利益"，是现代自由主义经济学及经济伦理的基础性隐喻。斯密反对曼德维尔"私人的恶之花会结出公共利益的善果"，以及把私利与贪婪等同看待的观点。需要指出的是，凯恩斯在《就业、利息和货币通论》中用到了曼德维尔《蜜蜂的寓言》中的观点，并将"寓言"用在了写作当中。[9]尽管凯恩斯并不情愿这样做，但是在《就业、利息和货币通论》的语境下，对《蜜蜂的寓言》中的理论主张又给予一个新的解释框架。那就是强调国家应该更多地采用财政政策干预就业，以推进收入均等化来增加消费需求，进而认定奢侈和挥霍对一个国家的经济发展有利。

总之，隐喻不仅"栖息"于经济学中，同时也存在于经济学方法的"工具箱"内。无论是经济史中出现何种争论，还是经济学理论处于当下的何种境况，隐喻都深深扎根于经济学的各种探讨之中，其功能也不仅仅停留在对经济学的认知以及使经济学理论保持开放性上，而且在理论的建构当中，隐喻的意义尤为体现在经济学研究的各类语境中。不过，隐喻的方法论意义是随着解释框架的变化而变化的，因此，每一个经济学概念和术语的意义都需要依赖语境来加以理解。从这个意义上讲，隐喻的经济学方法论意义亦是语境依赖的，也就是说，经济学语境决定着隐喻的方法论意义。

四、结语

语言的使用过程是在不同的语境条件下话语的选择过程，由于语境是动态的，隐喻也就为构成经济解释基础的方法提供了语言语境，使得经济学家能够从中获取一种基于语境视角的新的方法，并可以描述这一方法。换言之，隐喻不仅是一种文字策略，也是不同思想间的互动，更是一种语境的"交易"。[1]隐喻为经济学共同体提供了新的假想对象以及认知机制，从而指引着经济学方法论者用新的思路展开研究。由此我们可以说，经济学隐喻发挥着塑造"世界观"、保持经济学理论开放以及建构经济学理论等方面的功能。在这一过程中，隐喻的方法论特征在经济学理论建构中的作用也愈加明显，并对经济学实践和理论的研究产生了重要的指导意义。当今，包括经济学在内的各学科都处于多元化发展时期，学科间相互渗透、交叉发展已是常态。将包括语用视角下的隐喻在内的多学科发展成果用于对经济学方法论的研究，已成为趋势。

参考文献

［1］McCloskey D. The Rhetoric of Economics. Madison: University of Wisconsin Press, 1985.

［2］Lewis P. Recent developments in economic methodology: the rhetorical and ontological turns. Foundations of Science, 2003(1): 51-68.

［3］孔多塞. 人类精神进步史表纲要. 何兆武, 何冰译. 南京: 江苏教育出版社, 2006.

［4］束定芳. 论隐喻的本质及语义特征. 外国语, 1998(6): 11-20.

［5］Cameron L, Low G. Metaphor. Language Teaching, 1999, 32: 77-96.

［6］Henderson W. Metaphor, economics and ESP: some comments. English for Specific Purposes, 2000, 19: 167-173.

［7］Rorty R. Philosophy and the Mirror of Nature. Princeton: Princeton University Press, 1979.

［8］Stern J. Metaphor in Context. Cambridge: The MIT Press, 2000.

［9］Backhouse R E. New directions in economic methodology. London: Routledge, 1994.

［10］胡壮麟. 认知隐喻学. 北京: 北京大学出版社, 2004.

正义理论的语境论路径*

殷 杰 胡 松

自《正义论》发表以来，政治事件的伦理判断和道德评价进入了政治哲学的视野，使正义理论的普遍主义建构成为主流。普遍主义旨在建构一套抽象的、完备的、适用于所有正义问题的道德学说。然而在全球化的背景下，政治事件呈现出多元性和复杂性的趋势，往往会造成抽象的正义理论与政治现实的偏离，使得政治哲学研究陷入一个似乎无解的困境。由此，语境之于政治哲学的作用引起了学者们的重视，他们试图通过分析语境要素与正义原则的互动关系来解决这一难题。具体地说，哈贝马斯将商谈理论和交往行动理论用于正义理论建构，福斯特（Forst）认为应该深入分析人们的伦理、法律、政治、道德等规范性语境，G. 米勒认为社会成员之间的关系影响着人们对正义的理解。基于此，语境论路径主张正义理论的建构需要以具体问题为导向确定研究的对象，以实际案例定位抽象原则，并通过不同问题间语境要素的比较来确认正义理论的实质内容。

一、政治自由主义的语境论意蕴

普遍主义主张正义原则应该建立在人们的道德直觉之上，并适用于每种出现正义问题的情形。它不受人们的主观意向性、社会历史语境等要素的影响，本质上是一种理想的、抽象的、脱离社会实践的正义理论，从而受到了各方的强烈怀疑。在回应各种怀疑的进程中，罗尔斯意识到普遍主义的问题所在，转而尝试建立一套"政治化"的正义理论。可以说，罗尔斯将其普遍的正义理论限制在政治的范围内，是一种语境论思想的体现。

普遍主义是罗尔斯在批判功利主义和重建契约论的过程中逐渐形成的。

---

* 原文发表于《求索》2019 年第 2 期。

他认为正义之首要主题是社会制度的基本结构[1]，而自由平等的人能够自主地选择一种好的正义理论。基于此，普遍主义建构正义理论的方法有两个显著特征：首先，应该在基本的政治理念和原则上达成明确的政治共识，面对多样的正义原则人们要做的就是选择。契约论的作用就是为人们的选择建构一个理想的环境，如"原初状态"和"无知之幕"的假设。其次，建构的本质是一种选择的过程，正义理论的建构来自对不同政治价值深思熟虑后的判断，即"反思平衡"。契约论的作用在于让实践理性按照理想的方式来选择正义理论。质言之，普遍主义建构的正义原则是一种"程序正义"，即在"原初状态"假设的条件下，人们只遵从同一的基本原则，需要考虑自由和平等、公平和正义等显性的政治价值，并将语言、文化、宗教、阶级等隐性的政治价值排除在外，同时也排除了政治实践中的偶然性和特殊性。也就是，对正义最好的证明就是人们在基本的正义问题上达成一致，这种最基本的正义理论受到多方面怀疑。

其一，普遍主义建构的正义理论无法对特殊社群的规范和实践产生效力。"原初状态"假设的目的在于为人们选择"基本善"建立理想的条件，正义理论仅仅需要人们就基本的政治价值达成一致。然而，现实的政治生活中语言、种族、文化、宗教、阶级、教育等要素会影响人们对政治问题的看法。"无知之幕"消除了道德的因素，人们追求自己特殊善的过程中，善观念的内涵是不同的。[2]这意味着，将抽象的、基本的正义理论用于具体的政治实践时，往往会造成理论与实践的偏离。

其二，无法用一种理论统摄多元化的正义理论。契约论证明的实质上是程序正义的观念，人们在这种程序中做出的任何选择，其结果都是正义的。政治哲学家对政治价值的不同侧重，造成了正义原则多样化的现状。普遍性的正义理论则是独立于事实、独立于语境的，是柏拉图式理解的典范，而在实践中需要处理的问题多种多样，抽象的原则是无法处理的。当涉及具体的政治问题时，人们通常会根据特殊的情况应用不同的原则。例如，接受基础教育的权利需要平等地分配，而高等教育的机会并非如此。这意味着，哪些原则是适用于当前政治实践的，普遍主义无法给出可行的答案。

罗尔斯在与特殊主义的论战中，清醒地意识到现代社会长期存在着多元的、互不融合的完备性学说：首先，社会文化、价值、宗教信仰等方面的多元化是现代民主社会的持久性特征，即"理性多元化事实"；其次，只有通过国家权力强制力，才能使民众认同某一学说，即"压迫性事实"；最后，人们对不同学说的承诺会使他们的理性观念产生分歧，这种分歧必然会带来社会理性观念的分裂。这意味着，人们就正义理论的内容达成共识，是保证社会长治久安的前提。在确保人们自由权利的同时，还需要确保社会观念的多元宽容。换言之，他认识到普遍性的正义理论回答的是人们政治理想的问题，多元化的现代社会何以实现稳定，是政治的正义理论需要回答的问题。

为了回答稳定性问题，罗尔斯明确采用了语境化的方法，为的是迎合还未成形的直觉，这些直觉有关自由、平等和正义，并且他提供了一个模型来控制这些未成形的直觉。[3]具体地说，罗尔斯提出了"重叠共识"、"权利优先于善"和"公共理性"的概念，通过对这些新概念的解释，他找到了解释上述问题的新途径：第一，重叠共识是政治正义的构成条件，它发生在某种政治文化传统内部，是达成共识的内在语境；第二，权利优先于善是政治正义的基本价值观，当政治价值同各种形而上的道德信念冲突时，政治价值高于一切；第三，公共理性是政治正义的普遍性基础，它是各种统合性宗教学说、道德学说和哲学学说就基本政治观念达成的共识，是获得公民文化认同的基础。质言之，政治的正义理论就是要求持有不同信念的人们都做出让步，在基础的政治问题上取得共识从而确保社会稳定。

罗尔斯将普遍性的道德正义限制在政治正义的范围内，这种深入政治问题的思路，是普遍主义向语境论的妥协，实质上是一种语境论思想的体现。首先，"重叠共识"描述的是一种语境论的问题情景，而不是一系列共享的信念或原则。[3]其次，"重叠共识"的达成是一个由特殊的基本要求到普遍的要求逐步深入的过程。再次，"重叠"的中心不是人们之间的妥协，而是建立特殊的、范围不断变化的政治正义观念。最后，正如罗尔斯所说，政治的正义观念范围限制越严，共识就越具体，参与的因素越全面，讨论就越充分，正义原则也就越可信。[4]

概言之，普遍主义的正义理论建构在一种理想的契约处境上，原初状态过于抽象，而无知之幕太不透明，无法产生一个确定的解决方案[5]，而从理想回到实践，正义理论的可行性就成为主要问题。基于此，罗尔斯将普遍的道德正义修正为特殊的政治正义，即从《正义论》到《政治自由主义》的理论转变，这是因为对于平等的诉求，更倾向于从形式转向实质，后者更充分地阐述了有利条件的范围。由此，罗尔斯找到了合理解释现代民主社会中，文化价值的理性多元与社会秩序的稳定统一之间矛盾的新途径。

二、语境论正义理论的方法特征

政治哲学的终极目标是对政治生活有所反思，对政治活动中的思维和实践方式有所评价和批判，对实现个人价值的政治行为有所矫正和规范。正义理论用来处理实际的政治问题，最重要的是经济关系，突出地表现为分配正义。关于分配正义，普遍主义的方法是在平等和公平之间寻求平衡，给出的答案是"平等原则"和"差异原则"。有别于普遍主义的宏大建构，语境论从具体的社会实践出发，关注的是广义上的分配正义，诸如资源、利益、权利、机会、财产、收入等要素的分配方式。

在语境论看来，第一，分配的内容不只是基本善，还包括与政治相关的善，诸如生活物品、医疗福利等有形之物，以及选举权、受教育权等无形之物。第二，分配的方式不只是市场机制，每一种特殊的善都应有其特定的分配方式。第三，分配的机构不只是政府，还应包括现实生活中存在的各机构，如黑市、家族网络、宗教组织等等。第四，分配的标准不只是平等，还包括按劳分配、应得分配、按需分配等等。这体现出了普遍主义与语境论"一"与"多"的矛盾。具体地说，普遍主义寻求在一种理想环境下选择正义原则，正义原则基于一种标准通过政府机构以一种方式来分配。语境论认为，现实社会是多样的，正义原则以及分配内容、方式、机构和标准等是多元的，从而形成了对正义理论不同视角的阐述。我们关注的是以哈贝马斯和福斯特为代表的法兰克福学派的"政治伦理转向"，以及英美哲学中 D. 米勒（D. Miller）的语境论思想。

20世纪80年代以来，哈贝马斯尝试将"规范语用学"用于政治理论的研究。他认为，正义的（好的）政治和法律制度需得到人们的一致认可，是人们在对话、协商、交流的过程中达成的共识，而达成某种共识的对话程序必须具有合法性。现代社会存在着复杂、多元的矛盾，消解这些矛盾的前提条件是"生活世界"，它为我们的语言和行动提供了确定性。[6]生活世界的概念有两重含义：一是语言、符号或文化的形式语用学世界，是人们交往的前提；二是日常生活的世界，是交往行动发生的场所。哈贝马斯在涉及理解共识时使用的是前者，而涉及政治理论时使用的是后者，从而规范语用学的方法由语言学领域进入政治哲学领域。进一步说，现代道德存在认知的不确定性、动机的不稳定性和义务的不可归属性等内在限制，需要通过法律的功能加以弥补。而法律的事实性和有效性构成了其内在张力，前者指法律凭借强制力必须得到遵守，后者指此法律必须被尊重。[6]调和上述张力的方法是民主的政治程序，它由两部分组成：一是法律商谈理论，它为公民舆论和意志的形成提供了规范性的程序；二是社会交往理论，根植于生活世界中的正式的公共领域（国家机构）和非正式的公共领域（民间团体）共同发挥社会整合作用。概言之，正义的民主协商程序是实现分配正义的制度保障。

福斯特指出，自由主义和社群主义争论的核心是"权利"与"善"的优先性问题。他认为，罗尔斯的"无拘自我"是剥离了主体利益和依附的存在，忽视了自我是被嵌入于或置于现存的社会常规之中的[7]这一事实，而社群主义沉迷于对"善"的解释又走向了另一个极端。事实上，主体在不同的语境中具有"不同的有效性标准"[8]，从而"权利"是否优先于"善"取决于具体的语境。人在不同的社群中具有不同的身份，如在家庭中的身份是丈夫、在工作中的身份是医生，同时又是某党派的成员等等。正是这些身份对规范性的不同要求，使得正义规范是"内在于语境的和超越语境的"。[8]受哈贝马斯影响，福斯特将人和社群的概念划分为伦理、法律、政治、道德四种规范性语境。[8]具体地说，伦理的社群包含了人们基本的约定和义务；法律的社群保证了人们自由平等的权利；政治的社群中人们既是法律的制定者又是守法的公民；全人类的道德社群保证了道德个体被尊重的权利。由此，可以确定特定问题所对应的规范性语境，从而明确了个体语境所适用的标准，以及这些语境间的互动关系，揭示出人们理解正义的分歧所在。

D. 米勒认为"社会成员之间的关系"这一语境要素决定了分配适用的正义原则。他认为，正义原则是特定于语境的，就是说我们需要回答分配什么、分配给谁、分配的依据等语境敏感的问题。这些问题是随语境而变化的：一方面，在封闭的社会内，社会成员间存在着团结的社群、工具性联合体以及公民身份等基本的关系模式[9]，团结的社群要求正义原则遵循按需分配，工具性联合体的最佳分配方式是应得分配，公民身份要求成员能平等地享有各种政治权利。另一方面，在全球正义视域中，不同宗教和文化背景的社会成员对所分配的善品、分配机制及分配依据的原则的理解存在差异，这三种元素共同决定了正义概念与语境构建的多样性。概言之，在这些概念中我们发现了三种可能性分歧的来源——对所分配的善品的不同理解；对规制分配的原则的不同理解；对这些原则被使用其中的社会语境的不同理解。[10]正义的首要任务是保障基本人权，而关于受教育权、医疗权、政治权等的分配原则需要深入语境的比较。可见，社会成员之间产生联系的方式多种多样，如家庭、政党、宗教团体等等，没有一种正义理论能够适用于所有的社会关系，在每组社会关系中分配得正义与否取决于成员间关系的类型。可以看出，语境论独特的研究逻辑和分析方法不同于普遍主义的研究方法，倡导确定可行的正义原则时不是去寻求抽象的道德标准，而是采取某种方式解释做出决策的语境，并告诉我们应该遵循哪些原则[11]，从而具有更强的针对性和实践效用。例如，肾脏移植手术时，在先到先得和按需分配的原则之间做出选择的依据是，肾脏和受体之间的生物匹配度。概言之，社会中存在着 $P_1 \cdots P_n$ 等抽象的正义原则，在具体的应用层面由特殊的问题、一种政治协商机制或一组社会关系构成了分配的语境 $C_1 \cdots C_n$。语境论主张在一组分配语境 C_1 中可以确认一种最适合的原则 P_1，即 C_1 和 P_1，C_2 和 P_2，$\cdots$，C_n 和 P_n 的对应形式。[11] 这样，语境论建构正义理论的方法就需要充分地阐述 C_1 的特征，明确地解释 P_1 的内涵，并通过 C_1 与其他相关联的语境进行比较确认正义的需求。[11] 具体来看有以下三个步骤。

第一步，以问题驱动确定研究对象的语境。语境论的目标是解释具体且实质的实践问题，将理论发展看作是对政治问题及其语境进行反思的结果，我们只需要考虑在语境中提出的观点，并使之具有可理解性。[12] 充分地阐述语境可以在基本环境、行为环境、文化语境、情境语境和语言语境等五个维度中展开。[13] 研究者依据具体的问题，在诸多语境因素中进行选择，从而确定该事件特殊的历史和社会背景。需要指出的是：一方面，一套正义理论不可能用以解释所有的社会实践，以问题驱动能够明确正义理论应用的领域；另一方面，研究者通过详细阐述相关联的语境特征并剥离不相关的因素，标明了分析的层次和分析的实质焦点[14]，正义理论由此获得清晰的理论边界。概言之，以问题为导向并充分阐述语境特征对正义理论起到了锚定的作用。

第二步，以实际案例定位抽象原则。建立在人们道德直觉之上的抽象原则创造了一个封闭的、脱离现实的语言世界，当被用来揭示政治事件的因果机制时，这些看似中立的道德标准内在的不确定性，往往会造成理论与实践之间的冲突。这是由政治语言的特质及研究者的语言语境共同造成的：其一，政治语言常被忽视的一个作用是它的煽动性，其目的不仅仅是准确地描述社会现实，更在于塑造我们对言说者的看法和态度，比如发表演说、竞选的口号等；其二，不同社会文化语境中的研究者基于自身目的和意图对抽象原则的解释各异，比如自由民主可以用来标榜正义，也可以是入侵别国的借口。真实案例更丰富、更复杂、更具启发性[15]，为抽象原则附以案例可以更有效地呈现出研究者之间的分歧所在，有助于我们理解原则的真实含义。换言之，通过案例将抽象原则定位于实践问题，可以使我们改变实践或修改理论。[15]

第三步，对比不同问题的语境确认正义的需求。如上所述，关于语境和原则的对应关系，不能用一套正义原则解释所有的社会问题，当出现新的社会问题时需要对正义原则进行细化和修正。政治事件具有动态性和偶然性的特质，即使在一个稳定的社会内部，不同的历史时空中，人们对正义的理解也存在差异，比如中国古代社会的税制存在着向土地征税和向人头征税两种形式，在王朝建立初期由于人口凋零向土地征税是保证税赋切实有效的方法，在王朝后期由于土地兼并和人口增长向人头征税是提升赋税收入的可行方式。语境主义注重动态活动中真实发生的事件和过程，即在特定时空框架中不断变化着的历史事实[16]，语境与理论的构成是密切相关的，通过对比和评价不同问题中的语境要素，可以获得细化和修改原则的依据。[17]

综上所述，正义理论被普遍接受的前提是：首先，具有确定的成员身份从而形成一个特定的分配领域；其次，具有合理的制度框架，从而通过制度的调整使正义原则发挥效用；再次，可依据正义原则改变制度结构，当社会关系与原则相对应时就可以实现正义。概言之，语境论以具体问题驱动，通过实际案例和特殊语境的关联与互动，建立起抽象原则与社会实践的对话平台，为正义理论的研究指出了一条多元融合的方法路径。

三、语境论正义理论的定位与意义

语境论支持普遍主义的"反思平衡"方法，正义理论的建构源于对诸多原则深思后的判断，从而发现、修正或抛弃理论本身相冲突的部分。进一步说，语境论认为反思的对象还要包括一系列相对不熟悉（但真实）的问题和案例[15]，从而避免对正义原则的直觉判断。语境论在原则与案例之间的反思目的：一是制定一种特殊视角的正义理论，这就要求我们必须深入日常生活中去寻找判断的标识；二是制定一种具有实践效力的理论，从而使人们的政治生活能以此为依据。可见，语境论独特的思维逻辑和理论旨趣兼具普遍主义和特殊主义特征，这就需要语境论在二者之间进行再定位，回答这一问题是对语境论作为一种政治哲学研究方法的丰富和完善。概言之，语境论是一个整体关联的视角，融合了各方的优势，为自由主义和社群主义提供了一个对话的平台。

首先，语境论扩大了正义理论的论域，使其能深入探讨法律、制度等实质内容。正如汉普夏（Hampshire）所说，人们总是会证据不足地说明一种生活方式，并且证据不足地去确定美德的优先顺序，从而证据不足地去支持某种生活方式的道德禁例和禁令。这揭示了普遍主义的内在缺陷：其一，正义理论不可能脱离社会实践中具体的政治问题，单纯在纯理论层面上对原则和观念进行辩论，其理解只能建立在一些理性化的、并不可靠的直觉知识上；其二，从语义学的角度看，抽象原则的应用中可能并没有达到它们所假设的理性条件，原则和概念的语义内容取决于它们在实践中的含义。语境论的策略是：其一，将"文化"纳入解释的范畴，文化被视为影响人们理性行为的复杂性因素，它塑造了理性行为的外在条件，解释了制度的运作，并在不同的时间内维持社会实践。需要注意的是，应该避免将文化视为一种全能的工具，试图去解释一切[18]，以免使语境论陷入泛语境化的泥潭。其二，将人们的种族、阶级、教育等形而下要素纳入解释范畴，不同的社会地位和利益关系直接影响人们对政治问题的看法，突出了主体的内在心理意向性的作用。其三，强调宗教、哲学、道德等形而上信念对人们解释政治价值的影响，揭示出真理的获得会不可避免地受到社会、历史、文化等因素的影响，突出了社会语境和非理性因素的作用。换言之，语境论将人的心理意向性和社会语境结合起来，将抽象原则情境化和现实化，将正义理论与具体问题相关联，从而使正义理论获得了实质的内容和可行的方法，也被称为"实质的语境主义"。[19]

其次，语境论将普遍的正义理论作为基石，批判性地和有选择性地得出日常信仰[20]，终极目标是通过知识的积累获得具有普遍性的正义理论。在分配正义的论题中，语境论主张实现正义的基础是人与人之间的共识，标识出一种特殊主义的视角。事实上，语境论的普遍主义策略是只在特定语境内进行普遍化，在研究问题不断扩展和深入的过程中体现出普遍性。换言之，一个问题构成一组语境和原则，随着对更深层次的、更复杂的问题的解释，局部语境和原则是在知识层次上不断地累积和丰富中趋于普遍的。普遍主义和语境论的分野，体现的是实在论和建构论之间的张力。沃尔泽对比了普遍主义哲学家的思想，发现他们的观点都反映出了强烈的实在论观念，依据这种观念，正义理论的目的在于论证其自身的正当性。语境论则是一种关于正义所表征内容的描述，深入了理论的本质内容。那么究竟什么才是一种正义的理论？既不能说正义理论是关于正当理由的某种虚构的说明结构，也不能说正义理论就是关于实际政治事件中存在的各种观点和原则。也就是说，正义理论既不是单纯的关于实在政治观点的规范性现实的反映，也不是完全虚构的反实在的建构。应该如语境论所揭示的，正义理论是一种兼有实在和建构特质的尝试描绘出已经融入人类生活中有关对错的规范和理解的观念，在事实的基础上尝试明确表达那些已经融入特定传统和生活方式的现有规范和价值标准的理论，从而弥合了上述二者之间关于正义理论本质的争论。[19]

最后，语境论是一个整体关联性的视角，其核心要义最终还是在于方法论问题。一方面，语境论认为正义原则和政治价值不是一种静态的结构，而是放在社会实践中整体考虑的，语境论是把它们与历史语境、社会语境等因素之间的互动作为一个整体来处理，关注其后讨论、解释和评价理论的一种动态方式。政治理论家可以在原则和语境之间进行分析和取舍，通过深入语境分析，对各种事实进行直观判断，并就语境对特定事实的影响做出批判性的评估。另一方面，语境的隐含意义非常广泛，其中蕴含着大量可分析的信息。语境论把诸如文化、宗教信仰、道德标准等人们的内在语境要素与诸如公民身份、阶级、意识形态等社会实践的外在语境要素相关联和互动。在社会实践的进程中，依据语境的内部视角和外部视角不断地修改和细化原则，使得正义理论展现出实质且丰富的内容。概言之，语境论以一种动态的结构，从社会实践的内部视角和外部视角进行分析，本质上是一种整体论的研究视角，而这种多元化的研究视角和方法，为正义理论的多样化研究提供了一个新的平台。

综上所述，语境论以问题导向、案例研究的方法建立了语境要素与正义理论的互动关系，并尝试从多种角度阐释正义理论的实质内容，在政治哲学中产生了一定影响。首先，语境论以问题驱动的逻辑和分析方法，揭示研究者的内在语境和社会的外在语境要素的互动关系，其兼具普遍性和特殊性的方法论特征，在解决正义问题时具有明显的优势。其次，语境论以一种案例研究的方法对具有动态性、偶发性的政治事件进行分析，使得正义理论具有了实质的内容。最后，抽象的正义原则和社会实践通过语境相关联，使得正义理论可以对社会实践提出指导性意见。当然，正如福斯特所说，语境论的正义理论并不意味着所有冲突的价值之间都能达成共识，如何在冲突中保持宽容，认识和承认各方的优势，在协商、讨论和相互理解的过程中达成共识[21]，是今后语境论的政治哲学研究所要努力的方向。

参考文献

［1］Rawls J. A Theory of Justice. Cambridge: Harvard University Press, 1999.

［2］Nagel T. Rawls on Justice. Philosophical Review, 1973, 82(2): 226-230.

［3］Thomas A. Value and Context: The Nature of Moral and Political Knowledge. Oxford: Oxford University Press, 2006.

［4］Rawls J. Political Liberalism. New York: Columbia University Press, 1993.

［5］Sandel M J. Liberalism and the Limits of Justice. Cambridge: Cambridge University Press, 1982.

［6］Habermas J. Between Facts and Norms: Contributions to a Discourse Theory of Law and Democracy. Cambridge: The MIT Press, 1996.

［7］金里卡. 当代政治哲学. 刘莘译. 上海: 上海三联书店, 2004.

［8］Forst R. Contexts of Justice: Political Philosophy beyond Liberalism and Communitarianism. Los Angeles: University of California Press, 2002.

［9］戴维·米勒. 社会正义原则. 应奇译. 南京: 江苏人民出版社, 2001.

［10］Miller D. Citizenship and National Identity. Cambridge: Polity, 2000.

［11］Miller D. Justice for Earthlings: Essays in Political Philosophy. Cambridge: Cambridge University Press, 2013.

［12］Herzog D. Without Foundations: Justification in Political Theory. Ithaca: Cornell University Press, 1985.

［13］Kasavin I. To what extent could social epistemology accept the naturalistic motto?. Social Epistemology, 2012, 26: 351-364.

［14］Dilley R M. The problem of context in social and cultural anthropology. Language & Communication, 2002, 22: 438.

［15］Carens J. A contextual approach to political theory. Ethical Theory and Moral Practice, 2004, 7: 120.

［16］殷杰. 语境主义世界观的特征. 哲学研究, 2006(5): 94-99.

［17］Modood T, Thompson S. Revisiting contextualism in political theory: putting principles into context. Res Publica, 2018, 24: 339.

［18］Keating M. Culture and social science//della Porta D, Keating M. Approaches and Methodologies in the Social Sciences: A Pluralist Perspective. Cambridge: Cambridge University Press, 2008.

［19］Lægaard S. Contextualism in normative political theory//Thompson W R. Oxford Research Encyclopedia of Politics. Oxford: Oxford University Press, 2016.

［20］巴利. 作为公道的正义. 曹海军, 允春喜译. 南京: 江苏人民出版社, 2008.

［21］Forst R. Toleration in Conflict: Past and Present. Cambridge: Cambridge University Press, 2013.

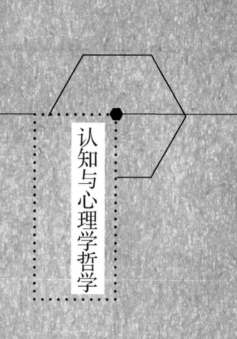

认知与心理学哲学

身体与道德发生机制的认知维度探析*

殷 杰 张 祯

20 世纪 90 年代认知科学领域发生了巨大变革，一些研究者开始意识到认知过程并非抽象意识符号的加工，而应该放眼实践，从身体和身体经验以及与环境的交互中，探求人类认知的演化和发展，所以第二代认知科学应运而生。从离身认知走向具身认知，这也是身心二元走向身心一体的过程，在认知科学中属于一次质的转变，表明人们开始重视身体与环境之间的交互作用，而不单单将认知看成是独立于身体之外的表征。本文就以第二代认知科学中的具身认知为研究背景，从具身认知的视角探讨身体参与道德发生机制的重要性。

一、身体经验形成道德概念表征

传统认知科学中主体对客体的道德概念表征通过跨模块的抽象符号表达，将道德的抽象符号储存于大脑中，对大脑长时或短时记忆中储存的相关道德符号进行信息的提取和加工。随着认知水平的发展，传统认知科学中机械性的抽象符号表征由于缺少概念认知过程的系统性与灵活性，在理论和实践上受到越来越多的挑战。以第二代认知科学的具身认知观点来看，道德概念作为一个抽象概念，只能通过身体运动时的感知而获得，不同的感知运动在大脑中产生不同的感知经验，所以道德概念的表征就是身体感知经验的联结，通过与动作相关的身体内部感知与外部经验共同作用而形成。可以看出，此时研究者们已经认识到，认知的表征和操作是基于相关身体内部感知和外部物理情景的，这样的认识也使得具身认知理论受到越来越多的支持与关注。"具身"由梅洛–庞蒂（Merleau-Ponty）提出，具身认知的本质解释是

* 原文发表于《科学技术哲学研究》2018 年第 2 期。

身体、知觉和世界是一个统一的整体。人的知觉存在于身体的主体之中，身体存在于世界之中。[1]也就是说，认知是身体活动产生的，而不只是大脑对信息的加工。人在认知的过程中，身体是知觉的基础，并且身体充当中介，使得知觉可以感知到世界，从而形成认知。

在具身认知研究视角下对道德概念进行研究，我们以概念隐喻理论和知觉符号理论两个理论为基础模型，强调身体在道德概念形成过程中的基础作用。

1. 道德概念是基于身体形成的

将抽象的道德概念转化为具体的认知过程，以及将道德概念视为神经表征的知觉符号进行储存，都通过身体感知经验来实现。主体所能表征的道德概念，以及主体对道德概念的认知都依赖于主体所拥有的这个身体。主体对于道德概念的感知方式由其活动方式决定，即在主体为感知道德概念而进行活动的过程中，产生了直接的身体感知，从而形成了对概念的直接认识。莱可夫（Lakoff）和约翰逊在其概念隐喻理论中主张通过隐喻的系统映射方式实现对道德概念的理解。比如"生活中帮助他人是道德的，而偷盗是不道德的"这个例子就是建立在先前丰富的身体感知经验基础之上的。"帮助""偷盗"都是动作，而这些动作由人的身体发出，其动作结果也由人的身体承担。对于做好事和做坏事最后的行为结果，大脑都会将其与道德和不道德的记忆相匹配，这样使人能够结合身体感知，对抽象概念进行理解，这就是一种映射的表达方式。"隐喻"一词可以理解为一种系统的映射，人可以在身体的感知基础上形成关于具体概念的身体图式，如上—下空间图式、冷—暖温度图式。[2]通过身体图式，构建一个信息网络，使得对抽象概念的理解变得更加丰富。这个表征关系和过程就体现在认知层面，即与身体图式相关的身体感知会和抽象的概念表征建立起固定的联结。[3]

2. 身体的特殊感觉——运动通道加工形成道德概念

对道德概念的表征是主体对客体产生的感知经验记录，所以对概念进行认知时，身体会激活个体相应的感知经验，并且通过大脑来还原或者模拟对客体产生的知觉体验。在巴萨卢（Barsalou）等提出的知觉符号理论中，知觉符号是外部事物在大脑中的一种神经表征，大脑的选择性注意会把一部分信息单独储存在长时记忆中，并且相关的知觉符号会联结在一起组成一个符号网络，当需要认知加工时，这些储存在一起的知觉符号网络会被激活，将所有已储存的信息进行加工，从多个方面进行表征，从而让大脑形成更完整的概念认知。根据知觉符号理论的观点，道德概念是可以通过知觉符号进行表征的，身体感知或情景的物理特性都可以形成知觉符号，最终从感知、情景上对道德进行认知，这一过程类似于隐喻的作用，即将抽象的心理概念隐喻于具体的物理经验中。[4] 在概念隐喻理论中强调隐喻的单向性，而在知觉符号理论中更注重隐喻的双向性，亦即隐喻在具体概念领域与抽象概念领域的作用是双向的。[5] 从道德概念的角度出发，道德作为抽象概念与通过身体经验所产生的具体概念是作用与反作用的关系。例如，道德清洁效应中的身体清洁，当个体做了不道德的事情就会倾向于用清洁身体的方式达到心理上的平衡。有实验证明了"洗手能减轻罪恶感"，研究中被试在回忆不道德行为的过程中，没有用湿巾擦拭过手的被试比用湿巾擦拭过手的被试展示出更多的道德负面心理。研究发现，被他人的不道德故事启动不道德情绪体验之后，人们会不自觉地倾向于对身体所处的外部世界进行清洁。从知觉符号理论的观点来看，通过他人的不道德行为，自身不道德概念的知觉符号网络被激活，产生对不道德概念的认知，但用湿巾擦手这一过程，就是个体抽象道德概念对具身经验产生的反作用。因为物理清洁身体的经验和心理清洁具有关联性，所以清洁身体的行为能够使个体的道德罪恶感减轻。并且当个体希望清除自身不道德的心理时，就会激发个体希望进行清洁身体的行为倾向。

综上所述，道德概念作为一种抽象概念，在认知过程中通过身体的感知经验实现表征。无论是概念隐喻理论还是知觉符号理论，都肯定了身体经验与道德概念表征之间的联系。它们的区别在于前者强调具体经验以及概念与经验之间关联性的建立，后者侧重情景互动中模拟加工的直接作用以及抽象概念表征对身体的作用。具身认知强调，概念的认知过程同时也是身体与外部环境的互动过程，大脑通过特殊感觉——运动通道形成具体的心理活动，在身体的这种特殊感觉运动通道系统中，进行的复演再激活就是概念加工的基础。[6]

二、身体参与影响道德行为

镜像神经元的发现为身体参与大脑认知过程的研究提供了来自神经科学的有力证据。研究发现，灵长目动物大脑中存在一种神经元，这些神经元不仅在被试做出动作（如抓握）时会被激活，在被试看到其同类做出相同动作（如抓握）时也会被激活。人类大脑皮层多个区域的神经细胞具有镜像功能，这些区域构成了人类的镜像神经元系统。[7]镜像神经元的存在意味着可以通过调动身体经验来模仿所看到的道德行为，这也让我们更合理地对我们身边所发生的道德行为产生完整的认知。接下来，笔者将分别从身体的肢体表达、物理感知系统和语言的参与三个方面论述身体对道德行为的影响。

首先，对于身体的肢体语言，大脑会将这些语言作为新的身体感知储存在大脑储备库中，而这种储存是大脑在无意识的状态下进行的认知活动。此时，身体的肢体语言可以对大脑的控制力和主动性产生影响。研究发现，当人摆出开放、扩张性身体姿势时，可以增加大脑和身体中循环睾酮的含量，使人的精神处于更兴奋的状态，这同时也导致了人们冒险心理的产生，从而做出一些不道德的行为。比如，扩张性坐姿的学生比收缩性坐姿的学生更容易在考试中作弊，甚至在日常与老师的沟通中更容易发生矛盾并使用过激的语言。另外，一项统计表明，司机座驾空间的大小与违章现象的产生存在明显关联性，司机坐在宽敞的驾驶座上所造成的非法停车和交通事故比例，要明显高于司机坐在狭小的驾驶座上。这是由于更宽敞的座椅使司机在驾驶时可以将腿舒展开，形成上述所说的扩张性姿势。身体语言对大脑认知造成影响，使大脑处于放松警惕的舒适状态，在这种状态下违章现象更容易发生。由此我们也可以明白很多缺少道德约束的人，在走路或说话时身体的动作会很浮夸，这其实就是扩张性姿势的体现，这种姿势究其根本就是身体的一种肢体语言，并且这种肢体语言也会在潜意识里影响我们的道德判断和道德行为的参与方式，这种身体参与对于道德认知来说也是一种作用与反作用的关系。在经典的"耳机测试"实验中，参与者头戴耳机听同一段音频，他们被分为两组分别按照一定频率进行上下点头或者左右摇头，摘下耳机后进行态度测试，结果证明听同一段音频时，点头的人对音频内容的认可度要明显大于摇头的人。通过实验我们可以得出，肢体语言或者身体状态的不同表达方式，会对我们最终做出的某一行为产生影响。正面积极的身体参与方式往往更容易形成道德行为，而负面消极的身体参与方式更容易造成不道德行为。因此了解身体参与的重要性，不仅有助于我们进行道德思考，而且有助于我们形成更积极的行为方式。

其次，在身体物理感知系统的基础上，身体参与会对道德行为产生影响。传统认知主义将认知看成是在大脑中的符号运算，身体只是一个载体。而在具身认知理论中，身体的物理感知会对人类的认知和行为产生影响。关于身体温度感知、环境明亮度对比等诸多实验，证明了身体物理感知经验与道德行为的相互作用，同时也表明在道德行为中，身体的参与是必不可少的一个环节。在一个测试颜色与道德行为关联性的实验中，被试看到与道德有关的黑白两种颜色的词语。根据日常生活经验，黑色象征黑暗、罪恶和恐惧，白色象征阳光、善良和安全，在实验中，对道德和不道德的概念认知会分别激活相应的颜色隐喻，实验结果显示，当被试看到白色词语描述道德性质的词时，其反应速度远远快于白色词语描述不道德性质的词，黑色词语的实验结果却恰恰相反。[8]这个实验证明黑白视觉对道德概念的认知会产生影响，说明人在对颜色进行认识的过程中，身体的视觉经验被启动，不仅仅识别了颜色，而且身体感知系统产生的经验与相对应的颜色进行联系与整合，完成对认知的系统构建过程。当再次看到之前已经认识的颜色时，认知系统启动，从中选出相对应的颜色认知，反过来对所看到颜色的理解产生影响。由此可见，对道德概念的理解就建立在生活中的具体事件及身体体验中。另外，在视觉体验中，明亮的环境给人以安全感，而在黑暗的环境下更容易产生不道德行为，甚至造成犯罪事件。[9]研究发现，手拿热咖啡与手拿凉咖啡的被试相比，前者更倾向于友好地对待他人，更容易做出道德行为，这也证明了物理温度体验对人类的道德行为所产生的影响。由此我们可以看出，身体的物理感知系统与道德行为有着非常明显的关联性，这个关联性不仅关系到我们身体自身的感知系统，同时也关系到我们身体所处的外部环境。不同的外部环境影响了身体自身感知系统的偏向性，进而使身体形成不同的行为。通过对一系列相关实验的整理归纳可以得出结论，身体更容易在明亮、安静、整洁、甜蜜、柔软等环境氛围中产生道德行为。

最后，语言的参与对道德行为产生影响。通过 fMRI 技术，科学家能够在人说话的过程中观察人脑内部神经系统，证实存在特定的精神实体，并且这个精神实体还参与到与他人的交流过程中。科学家们已发现大脑处理信息的过程不仅仅调动了大脑中的部分脑组织，而是调动了整个大脑和身体。当我们需要对外界的语言进行理解时，即使我们的身体没有发生运动，大脑中负责动作和交互的那部分区域会被激活，也可以理解为我们将语言的内容进行了一种精神上的模拟。脑组织的"赫布型学习"模式，使人类大脑具有适应性。对语言进行多次输入，一个神经元可以带动相关的另一个神经元活动，在细胞受到多次连续的刺激后，细胞间会产生贯穿连接细胞生长代谢的物质，使得细胞可以更便捷地相互激活。[10]在不同的神经关联网络中，存储着大量身体感知经验信息，所以当我们听到外部世界的对话时，即使我们的身体静止不动，也会激活负责动作和交互部分的神经元网络，进行思想上对动作的模拟。通过大脑内部的语言意义构建过程，人们可以理解语言所表达的含义，同时能够将语言意义放置于语言环境中。如果某个词常出现在特定的行为情境中，那当我们听到这个词时，大脑的运动区域就会活动起来。比如积极向上的词经常出现在道德行为的情境中，听到这个词就会激活大脑的运动区域进行理解，同时，大脑的运动区域通常可以完成积极词语暗含的道德行为。我们之所以能理解这些积极词语，是因为大脑运动区域的激活，使身体也参与到把听到语言转化为理解含义的过程。有研究者通过绘制身体特定区域图，来研究语言和行为之间的关系，发现当我们听到一个词后的几百毫秒内，运动神经就会参与到语言处理的过程中。所以理解语言的能力是建立在相关动作基础上的，这种解释类似于前面提到过的隐喻思想，亦即身体会参与到语言处理中。比如，扶起路边倒地的老人、捐款、献血都与道德相匹配，而偷盗、贪污、作弊与不道德相匹配，在听到这些道德或不道德词语时，这些抽象概念与道德或不道德的行为相匹配，无论现实中是否真的发生这些行为，很多相关的运动神经和感知体验被激活，在语言理解的过程中必然离不开身体的参与。

因此，具身认知理论强调身体在道德或不道德活动过程中的重要性，甚至在一些情景中，身体的参与对于一个人是否能够形成道德行为起到了决定性作用。除了具身认知得到神经科学的理论支持外，一些道德相关的具身性实验也进一步证实身体的不同感觉通道最终会对人的道德行为产生影响。身体不仅是形成道德概念表征的关键，而且是形成道德行为的重要影响因素。

三、身体与环境交互构建道德意识

道德意识既是心脑机制运作过程的产物，也是个体将社会情境通过身心互动的方式转化为具身经验的过程。从神经科学的角度来看，道德意识构建可以看作是从感性机制到知性图式的发展。通过具身感知，以大脑中的镜像神经元为基础，经过多种信息的定向重组与加工过程，形成共时空、形而中和概象化的知觉图式。[11]其中，人类镜像神经元系统是个体体验道德情景产生道德意识的感性基础，它是表征人类道德共情活动的主要神经系统，可以理解他人行为和意图，成为道德发生机制的大脑物质基础、心理信息载体和客观标志。然而，人如果只有感性认识，就不能更加充分地增加道德经验、把握道德意识，所以道德判断很大程度上并不是源于感官，而是来自知性的思考。因此，知性图式是基于身体获得的道德经验，将多种经验信息重组加工，通过镜像神经元系统获得共情体验来理解道德或不道德行为的内涵原因，形成概念化的道德意识。[12]比如，个体对道德情景进行自我情感鉴定时，要借助脑内的奖赏-惩罚系统来感受对象与自我的活动意义。[11]

在历史上对于个体道德意识的发生存在两种相互对立的观点，一种是道德先天自觉论，一种是道德后天灌输论，这两种理论都无法对道德意识的产生过程进行完整的解释，因为它们只是片面地对道德的来源进行内在人性或外在环境的分析。神经科学的实验证据与发展理论都证明，道德意识的产生是主体与客体、身体与环境之间交互的结果。单纯依靠身体本身，或者缺少身体与环境的相互作用，个体都无法形成道德意识和道德观念。皮亚杰看到了这两种观点的片面性，从发生认识论出发，以理论中的具身认知思想为线索，探讨身体和环境与道德意识产生的关联性。他认为意识的具身思想体现在身体经验与环境相互作用的动态建构过程中，关注了一直被忽视的环境在认知形成过程中的重要作用。皮亚杰在发生认识论中强调"认识起因于主客体之间的相互作用"[13]，认为道德意识不是由单独的主体认知或者客体本身组成的，也不是两者简单的拼凑，而是在主客之间作用与反作用的基础上构建起的认知框架。

皮亚杰的道德认知理论对人类道德意识心理学具有重要贡献。他从儿童认知发生理论与儿童道德发生理论的一致性出发，从儿童在游戏中实践与思想的对应性来论证道德判断的产生和发展，最终说明儿童道德意识的起源。他认为道德认知理论是一个动态的构建过程，儿童随着年龄的增加，通过动作与环境相互作用，实现道德规则从无意识到他律意识，最终形成自律意识。针对道德意识的动态构建过程，笔者从身体与环境交互的具身视角进行下述梳理。

首先，身体与环境之间的生物调节是身体动作趋向道德化发展的原因。将身体的一些遗传性动作或者后天学习模仿的动作整合起来，最终形成个体自觉性的道德行为和道德意识。就像儿童与外部世界互动的过程中，不断通过身体形成相互联结的神经刺激，丰富身体自身的经验，通过奖罚、冷暖、明暗等多种体验，最终形成身体行为与外部环境相匹配的道德意识。在这个过程中，道德行为丰富了逻辑感性经验，个体逐渐能够使用简单的抽象能力将具体事物抽象化，使大脑和身体的知觉记忆得到储存，不断提高道德认知水平，进而个体对道德行为的发生拥有了更强的目的性。由此可见，道德意识的产生和发展基于身体与环境的相互作用，通过身体不断参与认知实践的方式，在变换的环境中调节身体的行为，最终构建起自觉的道德意识框架。

其次，道德意识的具身模拟性质，关涉身体与环境的交互影响。在道德意识的构建过程中，启动镜像神经机制的运作，激活身体的具身模拟模式，是道德发生机制中的一个重要环节，也是身体与环境交互影响的结果。道德意识也可以理解为一种道德想象或者有意识的道德行为模拟过程。模拟是指观察一个事物所诱发的运动系统的激活。[14] 当一个人进行观察时，其本身的运动系统处于活动状态下，而这种活动状态的产生是因为进行了动作的模拟操作。也就是说，无论观察还是具体操作，其实都激活了同样的神经机制，只是激活程度有所差别。赫斯洛（Hesslow）认为模拟是意识的重要组成部分，同时也是思维过程的组成部分，认为意识是由不同环境模拟下的生理系统激活产生的，模拟的三个核心分别为行动模拟、知觉模拟和预期。[7] 道德模拟过程其实就是一种有意识的道德想象，只有将这种模拟状态放在特定的环境情景中，才能更准确地了解别人的心理状态，也就是我们平常所说的换位思考。所以，无论是感觉运动通道的再激活，还是模拟过程中的身体表征，最终都离不开身体与环境之间的交互作用。

最后，道德意识为使身体适应社会环境而改变。处于社会环境中的人，由于社会舆论的存在，为了维护自身的道德声誉，会主动有意识地做出道德行为，从而提升自身的道德形象。笔者赞同道德进化论的观点，认为道德意识的养成是后天学习约束的结果，这也是儿童和成人对于同一件事情的处理和认知通常存在差异的原因。儿童的世界是纯粹的利己主义，而成人更多地体现利他性。为了适应身体所处的社会环境，成人的肢体和语言表达就会更倾向于友好，并从共情的角度考虑他人的物理感知体验。人们通常会立足所处的社会环境，注意自身行为，从正面积极解释自己的行为，时刻警惕他人的欺骗，实现身体与社会环境的融合，缓解来自周围环境的压力。[15] 这些技巧的运用其实就是环境反作用于身体的意识结果。因此，当人处于道德选择时，在道德意识的作用下，会进行道德发生机制的模拟分析；由此也能看出，在道德意识的形成过程中，身体和环境是被放在一起讨论的。

目前，第二代认知科学的相关理论受到越来越多学者的关注，具身认知得到神经科学的证实，具身道德的相关行为学实验也在改变着人们对道德的认识。具身认知视角下道德发生机制中道德概念、道德行为和道德意识的形成都离不开身体的参与。

　　道德概念是理解道德发生机制和道德规范的基础和前提，人们通过道德判断，分辨道德与不道德行为，进而调整人与人、人与社会之间的行为规范。在这样的道德发生机制中，强调身体参与的重要性可以指导人们更好地认识自己的身体。学会通过调节或运用身体，实现道德发生机制在社会中的良性运转，成为具身道德实现社会价值的关键一步。

参考文献

［1］梅洛-庞蒂. 知觉现象学. 姜志辉译. 北京: 商务印书馆, 2001.

［2］殷融, 叶浩生. 道德概念的黑白隐喻表征及其对道德认知的影响. 心理学报, 2014(9): 1331-1346.

［3］Landau M J, Meier B P, Keefer L A. A metaphor enriched social cognition. Psychological Bulletin, 2010, 136(6): 1045-1067.

［4］方溦, 葛列众, 甘甜. 道德具身认知的理论研究. 心理与行为研究, 2016, 14(6): 765-772.

［5］Barsalou L W. Perceptual symbol systems. Behavioral and Brain Sciences, 1999, 22(4): 577-660.

［6］Barsalou L W, Simmons W K, Barbey A K. Grounding conceptual knowledge in modality-specific systems. Trends in Cognitive Sciences, 2003, 7(2): 84-91.

［7］叶浩生. 具身认知的原理与应用. 北京: 商务印书馆, 2017.

［8］Sherman G D, Clore G L. The color of sin: white and black are perceptual symbols of moral purity and pollution. Psychological Science, 2009, 20(8): 1019-1025.

［9］Chiou W B, Cheng Y Y. In broad daylight, we trust in God! Brightness, the salience of morality, and ethical behavior. Journal of Environmental Psychology, 2013, 36: 37-42.

［10］Beilock S. How the Body Knows Its Mind: The Surprising Power of the Physical Environment to Influence How You Think and Feel. New York: Atria Books, 2015.

［11］丁峻. 意识活动机制的神经现象学解释. 自然辩证法通讯, 2009, 31(6):71-75.

［12］丁峻. 自我意识建构的具身机制及知识范式. 心理研究, 2012(4): 3-7.

［13］Piaget J. The Principles of Genetic Epistemology. London: Routledge, 1972.

［14］Ambrosini E, Scorolli C, Borghi A, et al. Which body for embodied cognition? Affordance and language within actual and perceived reaching space.Consciousness and Cognition, 2012, 21(3): 1551-1557.

［15］唐芳贵. 具身道德的心理机制及其干预研究. 北京: 中国社会科学出版社, 2015.

现象意识与取用意识分界的再思考[*]

——兼评克里格尔对意识现象的分类

王姝彦　申一涵

一、现象意识与取用意识

自从福多（Fodor）在 20 世纪提出心理模块理论以来，对意识现象的研究就一直是哲学家们在心灵哲学领域的主要工作之一。根据目前流行的观点，意识通常被区分为现象意识和取用意识。这个区分是由布洛克（Block）在 20 世纪末发表的几篇经典文章中提出来的。[1]按照布洛克的区分，现象意识被看作一种内在的而非关系的属性，而取用意识则是一种可以合理控制语言或行为能力的状态。他认为，这两种意识并非完全一致地存在于意识者的大脑之中，但现代认知科学主要关心的是取用意识，而非现象意识，因此现代认知科学并不能对我们了解现象意识给出有意义的帮助。同样，塞尔也否认取用意识是一种真正的意识概念。[2]更多哲学家则认为，只有现象意识才是日常用法中所意指的东西，也是心灵哲学讨论中真正关心的内容。[3]

无论哲学家们如何评价现象意识与取用意识的地位，至少对我们关于意识问题的研究而言，这个区分本身是有价值的，因为我们的意识活动总是处于对外部世界的感觉与关于这个感觉的意识之间。

根据布洛克的区分，"现象意识"概念刻画了我们意识活动的基本特征，包括我们一切最原始的感觉活动，如运动、声音、感知、情绪、以身体表征的情感等等，这些经验活动被通称为"感受质"。这些经验意识由于无法用语言表达出来，因而被看作是神秘的、无法理喻的。由之，现象意识也得到了哲学家们更多的重视，他们希望从中得到更多有关人类意识活动性质的理解。查默斯（Chalmers）将这种现象意识问题称为"一个难题"，他认为：意识的

---

* 原文发表于《世界哲学》2018 年第 4 期。

真正困难问题就是关于经验的问题。当我思考和感觉时，有一信息加工过程匆匆而过，但也有一主观的方面……这主观的方面就是经验。[4] 在他看来，在意识概念的核心意义上，它应当是指某个有机体具有某种意识状态，或者简言之，该有机体是有意识的，因此，我们可以用"有意识的"来说明这种心理状态，而无需用其他术语，如"现象意识"或"感受质"等。查默斯甚至把有机体的这种心理状态简单地称作"经验"，而将更为直接的意识称为"觉知"。[4]

与此相反，"取用意识"则被看作是对我们的感觉活动的一种身体性反应，包括了我们对知觉活动的语言表达、推理以及对行为的控制等等。这些意识活动被看作是依赖于我们的现象意识，也就是依赖内在于我们感觉活动的意识。例如，当我们知觉对象的时候，关于我们所知觉之物的信息就是取用意识；当我们反思的时候，关于我们思想的信息就是取用意识；当我们记忆的时候，关于过去事件的信息就是取用意识。由此可见，取用意识是直接地或间接地与我们关于意识的外在活动相关的，即与思想和行为的控制有关。

基于上述分析可以看到，现象意识往往是与我们的内在经验有关，这些经验直接来自于我们的感觉、情感以及知觉和欲望等等。它们显然是内在于我们的意识活动的，也就是我们通常所说的主观活动。然而，哲学家们在讨论意识问题时处理现象意识的方式却是希望能够说明现象意识的公共特征或意识性质，这似乎就背离了其主观特征。相反，取用意识是作为一种外在于现象意识的"客观"意识，也就是与我们的推理和语言活动密切相关的意识类型。因此，我们通常会把取用意识解释为一种外在的活动。同样，对我们行为的解释也往往容易接受某种外在的理解，亦即所谓的可观察特性。由此，取用意识就具有了某种"客观"性质。然而，对人类的意识活动无论做出何种区分（关于意识活动的区分问题仍无一个能被一致接受的主张），意识状态作为人类认识活动中的一个基础部分，总是发生在人们的头脑之中，也都与人们内在的观念或思维活动相关。由之，取用意识的客观性问题似乎就变成了一个两难的问题：如果承认取用意识是客观的，我们就得放弃对意识的主观性推断；如果坚持意识活动的主观性特征，我们就无法真正谈论取用意识的客观性。解决这一两难问题，就成为当前心灵哲学家们亟须努力的一个方向。

二、意识现象的结构性说明

克里格尔（Kriegel）对当代心灵哲学中讨论的各种意识现象给出了一种

系统分析，特别是给出了围绕各种现象经验的存在和性质所展开的当代争论。其中包括对自成一类的、不可还原的认知现象学的争论，即关于思想的现象学的争论，另一个争论的焦点则涉及能动作用的现象学。这些争论的结果是提出了一个一般性的问题，即究竟有多少种自成一类的、不可还原的、最为基本和原始的现象学可以为我们用于描述意识之流？[5]

依据布洛克的分类，意识活动应当只是包括了现象意识和取用意识，并由之可以看到其主/客、内/外的区别。与布洛克不同，围绕意识活动主客关系的分歧，克里格尔则提出了六种现象经验，即与思想和判断相关的现象经验、意志与能动作用、纯粹的理解、情感、道德思想与经验以及自由的经验。在此基础上，他试图做出一种系统性解释，用统一的框架去阐明这些现象经验的作用，即给出一种现象领域的结构性说明。然而不难看出，从意识现象出发去讨论现象经验，其困难就在于，当我们讨论不同于感觉现象的内在意识活动时，我们又只能使用表达感觉现象的语词，如用"看"或"听"等感觉动词去表达内在的欲望或情感。克里格尔在此力图表明，内在的感觉是通过外在的经验表达的，而对现象经验的结构性说明就是要通过对不同现象经验的分类说明这一点。[6]

按照其看法，这些不可还原的现象学就是我们的经验现象学，即六种现象经验提供的现象学。表面上看来，克里格尔是要为意识现象学提供一个完整的结构，由此表明一切意识现象最终都可以用原始的现象学加以说明。虽然其目的是为更好地展现意识结构的特征，但以结构性说明作为解释似乎并没有真正解决"意识难题"，即我们意识经验的主观性如何能够被表征为意识内容的客观性。无论我们采用还原主义还是取消主义或原始主义，我们都无法清楚地说明意识经验对我们究竟意味着什么。例如，按照还原主义的方法，任何一种意识活动都可以用我们最初的经验活动加以解释。然而，我们无法用还原主义的方法说明意识内容是如何带来意识经验的，换言之，从共同的意识对象中无法得到不同的意识经验。同样，如果按照原始主义的方法，我们则需要首先说明最初的原始经验的特征，并解释这些原始经验如何能够作用于我们的意识活动。但这显然也是无法做到的。因为说明原始经验一定是以意识活动的存在为前提的，而意识活动本身就构成了原始经验的内容。因此，我们仍需进一步考察布洛克关于两种意识的区分，由此表明现象意识的主观性和取用意识的客观性。

三、现象意识的主观性与取用意识的客观性

这里要指出的是，对现象意识与取用意识的区分，首先是要看到它们分属于不同的意识领域。马尔科姆（Malcolm）曾提出"意识"一词的两种不同用法，即及物的和不及物的用法。[6]他把意识活动理解为某种我们可以通过讨论"有意识的"这些词的用法而确定的内在状态。这就保证了内在意识活动的外在表征可以用于解释意识的性质。他甚至直接表明：主流的哲学传统主张，意识的状态、事件和进程只能为人从内部知觉到，绝不能为那个人的观察者知觉到。事实恰恰相反。略为带点倾向性地说，意识的现象与其说是从内部知觉到的，倒不如说是从外面知觉到的。[6]借用这个观点，我们可以说，现象意识与取用意识的区别就在于它们分属于不同的意识层次：前者似乎符合"不及物的"意识，而后者则属于"及物的"意识。

作为"有意识"状态的主体在意识内部所发生的意识活动，显然不需要任何外部对象的存在作为意识产生的原因或根据。相反，这种意识活动的存在恰恰是意识主体的性质所在，即正是由于具有这样的意识活动，我们才能够作为意识主体与其他动物或智能机器区分开来。在此意义上，现象意识构成了意识主体存在的根据，甚至是意识主体产生自我意识的根据。虽然这种意识活动通常被看作是纯粹主观的，但是，当谈论某种意识活动时，我们并不关心发生在意识主体内部的不可观察的活动，我们所关心的是这种活动所具有的某些特征是否能够满足我们对意识本身的理解。不仅如此，所谓"主观的"也并非指完全不可名状的内部状态，而是相对于可以观察的、与外部现象对立的另一种不同的东西，因而就被称作"主观的"东西。这样看来，"主观的"东西并非因为其存在于主体内部而被看作是主观的，相反，是因为必须有一个东西是不同于外部可观察的东西，它才被称作"主观的"。在这种意义上，被看作主观的"现象意识"概念所指向的就是意识现象的性质，而不是意识活动的内容。我们可以把这种层次上的意识问题称作"元层次的意识"。

与之不同，取用意识关心的是意识活动的内容，无论是用功能性解释还是用层次性解释，这些都以我们使用语言为前提条件。虽然哲学家们对取用意识的考察并没有停留在分析语言用法的阶段（如马尔科姆对"意识"一词用法的分析），但我们对意识对象的观察的确构成了取用意识的主要内容。这就意味着，我们通常观察的不是意识本身，而是意识的对象。也就是说，我们不是根据意识活动的性质而确定我们所意识的对象，相反，我们是根据对

意识对象的观察而形成我们的取用意识的，这种观察本身就是意识活动的内容。我们可以把这个层次上的意识问题称作"对象层次的意识"。

有了这两个层次的区分，我们就可以较好地理解现象意识的主观性以及取用意识的客观性。由于元层次的意识只是涉及意识本身的性质，而这正是意识主体存在的根据，因此，这种层次的意识一定属于构成主体的关键，因而也就成就了意识的主观性特征。这种主观性也就是意识主体的存在根据。这种元层次意义上的意识活动之所以是主观的，完全是与作为客观的可观察的"对象层次的意识"相对应的。就意识活动的性质而言，意识原本无所谓"主观"或"客观"，或者说，意识活动本是人类思维活动的构成方式。就与外部对象的关系而言，意识活动应当属于主观的范畴，因为它们属于意识主体的内在活动。因而，在这种意义上，无论是现象意识还是取用意识，都应当属于主体的内在活动。它们之间的区别仅仅在于，现象意识直接是对意识活动性质的本质规定，而取用意识则突出了意识活动的对象存在，这正是谈论取用意识客观性的意义所在。

让我们回到前文所提出的取用意识客观性的"两难问题"：如果取用意识是客观的，我们是否必须放弃对意识活动的主观性规定？或者说，如果我们坚持意识活动的主观性特征，我们是否就无法讨论取用意识的客观性？根据我们在上文所做的区分，即把现象意识和取用意识看作分属于不同层次的意识活动，但它们都属于意识主体的内在活动，显然，这里的"两难问题"就不再存在了：对意识活动的主客区分不过是我们便于讨论这两种意识活动的便利方式，而不是使两者处于对立立场。因此，在这种意义上，我们讨论现象意识的主观性和取用意识的客观性，完全是兼容不悖的。

然而，这并非意味着这两个层次的意识活动是一致的，相反，它们有着完全不同的表征标准。对于现象意识而言，表征方式更多显示在意识活动对内部信息的编码和重组，因而会出现分段表征和整合表征。前者是一种对意识活动片段的编码分析，比如我们内在情感活动的当下感觉，这些感觉并不依赖于外部对象的刺激，而仅仅来自于我们的想象、记忆或内感觉。后者则是一种对分段表征的整理重组，是把现象意识表征为一种独特的意识活动，如痛苦感觉与愉快感觉的区分等。然而，对于取用意识而言，表征方式则是对内在意识活动的语言和身体表征，包括文字符号和身体语言等。这种意识活动只能以这样可观察的方式为我们所理解和掌握，或者说，这种表征方式本身就是取用意识。如果说现象意识是以内感官的方式而为我们所理解的，取用意识就是用外感官的方式，这种外感官主要就是语言和身体行为。正如康德把时间解释为内感官形式，而空间则是外感官形式，现象意识就如同我们对时间的感觉一样，虽然我们都可以感知到时间的存在，但却无法清晰地表达出时间的确定性质；相反，取用意识则如同我们对空间的感觉，我们可以很清楚地了解到空间的存在，并把空间作为确定事物存在的主要依据。由于以内感官形式而为我们所理解的现象意识无法直接可观察，也无法用外在的形式加以刻画，我们只能通过取用意识去把握这种意识活动。

四、两种意识区分的根据

克里格尔提出，我们可以用原始的现象学经验去还原我们对意识现象的结构性分析。尤其是，在其著作的最后结论部分，他专门分析了六种意识现象的最后一种，即自由的意识（包括了知觉与想象）如何能够被还原为最原始的意识活动。[5]然而，他借助于萨特对知觉与想象区分的说明试图表明原始意识现象学的作用，并没有解释清楚各种不同意识区分的真正意图。

首先，克里格尔提出的六种不同意识的区分，以感觉现象作为划分这些意识的标准。但他最后给出的结果却是以心灵—世界之间的关系作为意识划分的主要依据。[5]的确，克里格尔提出的心灵与世界的适应方向的态度特征、世界与心灵的适应方向的态度特征以及中性（空无）的适应方向的态度特征，说明了意识活动的基本特征，即从心灵到世界的作用结果。然而，这并没有说明心灵与世界的适应关系如何构成了意识活动的主要内容。如果意识活动的产生仅仅被解释为心灵与世界的互动关系，那么，这样的解释根本无法说清心灵与世界之间是如何互动的，更无法说明区分不同意识活动的根据所在。

其次，按照克里格尔的解释，用感觉现象和非感觉现象区分我们的意识活动的性质，我们似乎会得到对意识活动的经验说明。然而，如果意识活动的性质只能或主要通过我们的经验活动加以说明，我们就无法真正获得对意识性质的解释。正是因为我们无法凭借感官经验的内容（如感受质）去理解意识活动的性质，所以，我们需要一种具有反思性特征的模式，对我们的意识现象给予合理的解释，无论这种模式是神经生物学的还是神经心理学的。显然，克里格尔对意识现象的解释无法为我们提供这样的模式说明。

再次，克里格尔用感觉经验作为区分意识活动性质的说明标准，这就混淆了意识活动本身与我们对意识活动性质的解释。或许我们无法得知意识活动本身的性质，就像我们无法借助感官能力知道空气的存在，但我们却可以通过对意识活动性质的解释去了解意识活动本身的性质，就像我们可以借助于仪器工具知道空气的存在一样，因为在仪器工具所产生的作用与空气的存在之间有某种必然的联系。

最后，我们需要认真地面对布洛克提出的两种意识的区分。布洛克区分的目的正是要说明现象意识不同于取用意识的地方就在于，我们可以用取用意识去理解现象意识，但却无法真正说明现象意识本身的性质。或者说，我们无法给出现象意识存在的外在描述。进一步说，我们对取用意识的说明正是为了表明现象意识的存在。这样，这两种意识区分的根据就不在于它们的不同性质，而在于它们之间的相互解释关系，或者说，在于我们对意识性质的不同理解，而不在于我们对意识现象的观察结果。

由上，现象意识和取用意识的区分可以说只是一种对意识性质的解释策略，用于说明我们的意识活动是如何产生的以及如何判定意识活动的有效性等问题。在此意义上，对意识性质的所有解释都应当被看作并非对意识性质本身存在问题的说明，而只是对我们的解释活动的有效性的说明。

五、一种反还原论的思路

让我们回到最初的问题。对现象意识和取用意识的区分，是布洛克试图从现象上说明这两种意识状态相互独立性的基本策略。这原本是希望能够帮助我们更好地认识意识现象，然而，这个区分提出之后，不少哲学家却提出了各种反对意见，主要集中在对现象意识的定义上。正如我们前面所指出的，如果我们把现象意识仅仅理解为一种主观的经验现象，并由此与作为客观行为和语言活动的取用意识区分开来，那么，我们就必须面临如何以其中一种意识活动解释另一种意识活动这个问题。无论我们如何回答这个问题，事实上，我们采用的都是一种还原论的思路，也就是把一种活动解释或还原为另一种活动。这样，我们就一定面临这样两个问题：其一，必须给出这种还原的根据，即为何一种活动可以还原为另一种活动；其二，必须给出这种还原的理由，即我们为何要进行这样的还原。

显然，对第一个问题的回答正是布洛克以及塞尔等人力图证明的理论，即用取用意识去说明现象意识的性质。塞尔还特别反对认为存在独立的现象意识，并把布洛克提出的现象意识与取用意识的区分看作是多此一举的做法。[2]其实，对这个问题还可以有另一种回答，即证明取用意识并非哲学家们所关心的意识活动，而唯有现象意识，或者说常识意义上的意识活动，才是哲学家们讨论的焦点。例如，丹尼特（Dennett）反对把"感受质"解释为一种神秘的意识现象，他用进化论解释人类的现象意识，尤其是根据神经科学的研究成果说明现象意识不过是神经活动的结果。[7]然而，这样的回答依然是延续着还原论的思路。

众所周知，自奎因提出对经验论还原论的批评之后，哲学家们似乎并没有完全放弃以还原论的方式处理心灵和意识的性质等问题。布洛克对现象意识与取用意识的区分，也是遵循着这种还原论的思路。然而我们必须看到，还原论是以不同科学之间的比较为前提的，也就是说，对一种科学的还原是以解释其他科学为主要任务的。这样，还原论就必须遵循这样一条基本信念，即相信存在着一种基本的、统一的科学，可以用于解释其他科学中的问题，或者说，可以使得我们把其他科学中的问题或要解释的现象，还原为这种更为基本的统一科学的解释方式。按照这种信念，现象意识与取用意识的区分显然就无法适用于这种解释方式。首先，对这两种意识现象的解释并不分属于不同的科学领域，相反，它们都在我们的经验常识之中，因此，这里并不存在某个更简单的科学。其次，即使是用取用意识去说明现象意识的方式，也并不是把现象意识简单地还原为取用意识，而不过是试图用取用意识去说明现象意识的性质。显然，这里有可能存在的还原论思路也不完全是科学的还原论，而是常识上的还原论。

对第二个问题的回答，也就是我们为何需要这样的还原，直接引出了当代心灵哲学的共同特征。自阿姆斯特朗提出一种唯物主义的心灵哲学理论以来，唯物主义的还原论逐渐成为当代心灵哲学的一个主流观点，这种简单的还原论思路的确符合常识性的心理要求，但却对我们理解意识状态的性质无补，甚至还带来了理解上的混乱。

首先，意识现象是一种复杂的人类心理活动，对意识现象的认识也是人类认识自我的重要内容。截至目前，人类已经以各种方式去研究意识现象的各个方面，然而，所有这些研究都无法得到对意识现象的完整理解。人类目前对意识现象的无解状况，恰好表明我们对意识现象的研究方式似乎存在着某种困难或误区。这种困难或误区就在于，我们总是习惯于把意识现象区分为不同的层次或类型，试图通过这种区分去认识其中各个层次或类型的意识内容。但这就完全割裂了作为一个整体的意识活动，使得意识研究变成了各个具体领域内的工作。由此，我们当然无法得到对意识的完整认识。

其次，意识活动是一切生物体共同拥有的心理现象，这种活动在非人的生物体中也有表现。当然，根据我们目前的观察，人类拥有的意识活动比其他生物体更为复杂。在这种意义上，对人类意识活动的研究应当有助于对更为简单的其他生物体中的意识活动的研究，而不是相反。因此，我们对意识现象的研究就不应当是还原论的，而应当是整体论的。前者只是把复杂的意识现象归结为简单的神经活动或身体的刺激反应，后者才是真正从意识活动的整体出发去考察意识现象的真实状况。

当然，这种以整体论的方式去考察意识现象的策略，并不会一劳永逸地解决意识活动的性质问题。如何用更为全面和科学的方式去解释意识现象，这还是一个需要进一步讨论的哲学问题。在此意义上，把现象意识与取用意识的区分看作是一种层次区分，对这个哲学问题的讨论依然具有一定的启发意义。

参考文献

［1］Block N. Evidence against epiphenomenalism. Behavioral and Brain Sciences, 1991(4): 670-672.

［2］Searle J. The Rediscovery of the Mind. Cambridge: The MIT Press, 1992.

［3］Goldman A. Consciousness, folk psychology and cognitive science. Consciousness and Cognition, 1993, 2: 364-382.

［4］查默. 勇敢地面对意识难题//高新民，储昭华. 心灵哲学. 北京: 商务印书馆, 2002.

［5］Kriegel U. The Varieties of Consciousness. Oxford: Oxford University Press, 2015.

［6］马尔科姆. "意识"一词的两种用法//高新民，储昭华. 心灵哲学. 北京: 商务印书馆, 2002.

［7］Dennett D. Consciousness Explained. London: Little, Brown, 1991.

意识的本质、还原与意义[*]

——科赫意识思想简论

殷　杰　尚凤森

20世纪90年代以来，对意识现象的神经机制的探索促进了意识科学的发展，并真正奠定了意识问题作为一个明确的科学研究问题的地位。在某种意义上，如果说对于物质、生命、宇宙的自然科学探索可以抛开人的存在的本真意义而孤立客观地研究，那么关于人的意识的研究则直指人类的存在方式和实践活动，关于意识的自然科学研究必须解释客观的物质过程与主观的意识体验之间的关系。

科赫（Koch）作为当代著名的认知神经科学家，他的研究旨在探讨如何从神经生物学的角度填补物质的脑与现象体验间看似不可逾越的鸿沟。他详细阐述了当代意识神经生物学的前沿问题，描述了自己对意识进行经验解释的探索历程，并根据经验证据对哲学中的心—身问题、决定论的二难推理以及自由意志等问题进行了反思。通过对意识的神经相关物的研究，科赫提出了他关于"意识是什么"的科学观点。下面我们将从三个方面对科赫的意识思想作一个概要的评述，包括意识的本质、意识的还原论方法和意识的意义，以及对意识的这种理解所蕴含的形而上意义。

一、意识的本质：从涌现到单子

在科赫关于意识的思想中，就"意识的本质是什么"这一问题，他经历了从意识涌现于复杂神经网络系统到意识是复杂系统的一个单子的转变。科赫充分肯定意识的现象学方面，认为主观体验从根本上不同于任何作为涌现现象的物理事物。一种蓝色根本不同于眼睛视锥细胞的放电活动。前者内在

* 原文发表于《社会科学辑刊》2018年第3期。

于我的脑，无法从外部判断，后者具有客观属性，可以被外部观察者获取。现象属性来自不同于物理现象的领域，服从不同的规律。[1]至于这种意识的现象属性到底是认识论意义上的还是本体论意义上的，科赫似乎更趋向于后者。他明确表示，意识是复杂存在物的一个根本的、基本的属性[1]，它内在于复杂系统的组织——系统组分连接在一起的方式。意识本身是复杂系统的一个单子，不能被进一步还原为更初级属性的活动。这与梅青格（Metzinger）主张的认识论上的不可简化形成了鲜明对比：确实是一个个体的第一人称视角。我们对于现实的模型是一幅个体的画面。不过构成这种特殊状况的所有功能性或再现性的事实都可以被客观地描述出来，并接受科学的审查。[2]

科赫将自己的意识理论定位为属性二元论，一种比查默斯的信息两面论更为精妙的两面论版本。查默斯诉诸信息的两种属性解释意识的现象属性。他认为信息具有两个基本属性：一个外在、一个内在。一个信息加工与最小意识状态、最小感受质是相关联的。[3]因此具有可区分的物理状态的任何事物——无论是两种状态还是数十亿个状态都具有主观、短暂、有意识的性质。

科赫认为查默斯的这种构想是粗糙的，他仅仅考虑了信息的总量，但是信息总量对于意识而言并不是决定性的，意识并不会完全随着信息的累积而增加。产生意识的关键是系统的体系结构，是个体信息之间的交互结构。科赫和托诺尼提出了整合信息理论，用以解释物理世界如何以及为什么能产生现象体验。根据整合信息理论，①处于一个特定状态的任何物理系统产生的有意识体验的数量等同于处于那个状态的该系统产生的整合信息的数量，这个数量要高于由系统的部分所产生的信息数量；②系统整合信息产生于该系统内部大量高度分化的状态，整合信息一旦产生就必须作为一个统一整体的一部分进行分辨，且不能被分解为一组因果上独立的部分。整合信息理论不仅通过系统内每个状态的整合信息总量说明该系统状态相关的意识总量，还通过引入感受质空间具体说明了每个体验的独特的品质。他们认为感受质的维度等同于系统能够占据的不同状态的数目。处于任何一个特定状态的神经系统在感受质空间中都有一个相关联的形状（科赫称之为晶状体），该形状产生于信息关系。如果这个网络转换为一个不同的状态，这个晶状体就会改变，它反映了网络的信息关系。每个有意识体验都可以被其相关的晶状体完全及完整地描述，且每个状态的感受不同是因为每个晶状体是独一无二的。科赫认为这种晶状体不同于机械的、因果交互作用的低层网络，因为这种晶状体是一种现象性体验，而因果交互的低层网络是一种物质事物，这两种彼此不可还原的不同属性通过整合信息的数学形式体系关联在一起。

可见，一方面科赫认为意识产生于物质内部极其复杂的交互作用，没有物质就没有意识；另一方面，他认为意识体验是物质的一种根本属性，不可还原为且不是涌现于其低层的物质载体，它是物质构成中的一个单子。

那么，科赫这种属性二元论在将现象体验的不可还原性泛化为世界的根本特征时，是否会接受查默斯二元论所面临的泛心论？我们认为关键的问题是要明确科赫是将意识作为一个复杂体的内在属性来解释的。与查默斯将意识作为信息的内在属性不同，科赫认为意识是由于信息间的交互作用而产生的一种属性。意识等同于系统内部因果交互作用而产生的整合信息，当交互作用不再时，就不会有整合信息的产生，也就不会有意识的产生。因此从逻辑上看，整合信息理论通过将问题的视角从有机体是否有意识转换到有机体意识程度的高低，从而阐释出了一个更为精妙的泛心论版本。

此外，科赫认为意识内在存在的复杂性避免了查默斯二元论在内涵上所面临的否定意识是生物演化现象的推论。德日进在《人的现象》一书中断言物质有一种组织成日益复杂的组群的内在冲动，是复杂性养育了意识，并明确表达了复杂性与泛心论之间的关系：我们在逻辑上被迫假定，某种心灵的……初级形式存在于每个微粒中，甚至存在于那些大分子以及之下的微粒中，它们复杂性的层次如此低微以至于其心灵无法被感知。[1]整合信息理论则更为合理，它承诺了复杂性是生物演化呈现的规律，是一个不间断的过程，心智存在于生物演化的整个过程。该理论认为只要一个系统同时具有整合和分化的信息状态，那么该系统就会有感受和一个内部的视角。系统的复杂程度越高，其整合信息就越大，该系统的意识就越丰富。就生物而言，意识是其整合系统的根本属性，生物复杂体演化的层次越复杂，它的意识范围就越广泛。

二、意识的神经机制

当然意识作为不可简化的主观事实并不意味着回归二元论。事实上，在当代，意识研究是在物理假说的背景下展开的。意识状态依赖于物理状态，即意识依赖于脑的所有层级，包括从神经系统到神经元、分子甚至量子上的机制，具体的科学问题涉及无意识与有意识心智活动之间神经表征的差别、产生意识状态所需的神经活动的最小集合、分布式脑活动与统一的意识体验之间的关系等等。

在意识的神经机制问题上，科赫的观点可以概括为两个方面：第一，他仍然延续了克里克所坚持的寻找意识神经相关物的最小集合——我们暂且将其命名为局部理论——与整体理论相区分。

从自然科学的角度研究意识问题，第一个重要的问题就是有关意识活动的神经基础问题，或者说有没有产生意识的有关神经中枢的问题。如果有，那么这些神经基础在哪里？是如何分布的？这正是科赫从事意识探索试图要揭示的目标。克里克和科赫认为，意识的神经相关物研究最重要的是要强调"最小"，即产生或导致意识的特定的突触、神经元和回路，没有这种限定，脑的全部都会被视为相关物。[4]查默斯将其概括为，意识的神经相关物是这样一个最小的神经系统，在这个系统中的状态可映射到意识的状态，在一定条件下，这个最小的神经系统的状态足以反映意识的状态。[5]

这种寻找特定神经回路的局部理论与将意识视为全局涌现属性的整体理论形成了鲜明的差异。例如，格林菲尔德就认为产生意识体验的并不是特定脑区的特定神经元集群，而是大范围同步活动的神经元。意识是整体功能量变到一定程度时涌现出来的质变。埃德尔曼也强调意识的全局性质，他认为把意识归结为特定区域特定神经元的特定活动实际上是犯了一种"范畴性错误"，也就是要事物具有它所不可能有的性质。科赫认为，这种整体理论的通病在于难以用实验加以验证，并且无法解释为什么大量的脑活动和行为并不需要意识感知。实验结果所显示的脑的某些部分与意识内容的关系比其他区域更紧密、更专有[1]以及脑损伤的病例所证明的脑中一些区域增加一点和被损伤，并不会引起现象体验的缺失[1]的结果似乎更倾向于证明局部理论。

巴尔斯的全局工作空间模型也是建立在意识的全局可用性基础之上的。巴尔斯假定人的心智中存在着一个意识的剧场，无意识的专门处理器会通过竞争和合作将自己携带的信息写入该剧场，只有获得更多其他无意识专门处理器支持的信息才能被我们意识到。巴尔斯将这种全局播报、全局可用性视为意识。但是科赫指出，尽管全局工作空间模型很好地抓住了非意识的、局部的加工与有意识的、全局的加工以及内容通达性之间的转变，但是它没有解释为什么信息的全局可用性就意味着意识会产生，意识是如何产生的仍然是一个谜。[1]

第二，如果说克里克对意识的神经机制的探究倾向于对意识作本体论的还原，那么作为克里克后继者的科赫就是确定无疑的方法论还原主义者，并且他明确反对本体论的还原。

物理主义是现代科学的基础，它规定了物质世界是因果封闭的，在因果链条上不存在非物质的东西。复杂系统可以通过组分的活动和组分之间的相互作用来解释。系统组分间的相互作用以及系统与外界之间的交互作用是遵守能量守恒定律的，因此，有些神经科学家坚持意识现象可以被彻底地还原为物质的脑的神经活动。以斯蒂奇等为代表的本体论还原主义者认为，人们用以解释其行为的意识体验不过是一种纯粹的虚构，随着未来神经科学的完善必然会被取代，因此有必要消除心理学层面的基本术语，而用神经生理状态的术语来解释人的行为。

克里克阐述了一种本体论上的还原思想。他说："你"，你的喜悦、悲伤、记忆和抱负，你的本体感觉和自由意志，实际上都只不过是神经细胞及其相关分子的集体行为，你只不过是一大群神经元而已。这一假说和当今大多数人的想法是如此不相容，因此，它可以真正被认为是惊人的。[6]克里克主张一些实体就是由另一种实体构成，这是一种本体还原论的形式。但是随后克里克对于还原论的解释似乎又偏向一种方法论上的还原论。克里克说：科学的信念就是，我们的精神（大脑的行为）可以通过神经细胞（和其他细胞）及其相关分子的行为加以解释。[6]他强调，还原论毕竟是推动物理学、化学、分子生物学发展的主要理论方法。它在很大程度上推动了现代科学的蓬勃发展。除非遇到强有力的实验证据，需要我们改变态度，否则，继续运用还原论就是唯一合理的方法。[6]

从科赫对于意识的本质的理解上看，科赫反对物理主义的本体论还原。同一论、消除论滤出或者消除了现象意识的实在性，而涌现论仍然没有解释现象意识是如何产生的。涌现论是当代认知科学家所广泛持有的观点。意识是系统的涌现属性表明意识是由系统的整体所呈现出来的属性，而不是被系统的个别部分呈现的属性，也就是说系统拥有不会显现在其部分中的属性。科赫认为按照这种定义，当少量神经元联结在一起时，意识并不出现。[1]同时涌现对于系统内部彼此交织、互相作用的刻画是不充分的。涌现与物理思维的基本训诫——无中不能生有——不一致。如果当初这里什么也没有，那么增加一点也不会有什么差别。[7]正如在再入动力核心模型所展示的涌现观念中，意识与其神经关联物只是一种蕴含关系而不是一种因果关系一样，而物质活动如何产生意识仍然没有获得解释。

科赫主张意识是真实的，并且在本体论上有别于其物质基质，是独立于其物质基质的。对意识的神经机制的解释并不意味着可以将意识直接解释为其神经基础。意识是复杂存在物的一个根本属性，且不能被进一步还原为更初级属性的活动。

三、科赫意识理论的意义

波普尔写道：常识倾向于认为每一事件总是由在先的某些事件所引起，所以每个事件是可以解释或预言的……另外，常识又赋予成熟而心智健全的人……在两种可能的行为之间自由选择的能力。[7] 詹姆斯将其称为"决定论的二难推理"，即一个确定性的世界里，我们如何构想人的创造力和行为准则。

事实上，知识和客观性的重要性以及个体责任和民主理想所蕴含的自由选择一直是西方人文主义思想中一对深刻的矛盾。古希腊时期的伊壁鸠鲁阐述了这个根本性的二难推理。他提出科学、自然的可理解性问题与人的命运问题是不可分离的，在确定性的原子世界里，人类的自由、独立的意志是如何存在的呢？这种矛盾在 17、18 世纪随着牛顿力学等自然法则的发现达到了顶点。牛顿的发现表明，人类一旦知道了初始条件即可以推算出后继状态，也可以推演出先前的状态。一切都是确定的，过去和未来扮演着相同的角色，这导致了拉普拉斯妖的出现。这个小妖有能力去观察宇宙的当前状态并预言它的演化。但是物理学在取得了辉煌成就的同时，其确定性理论却构成了我们认识和确证人的自由本性、创造性和责任中最顽固、最严重的困难。[1] 如果科学不能将人的经验的一些基本方面结合在一起，那么科学的目的是什么呢？这个二难推理使得西方传统中伟大的思想家们不得不在异化的科学与反科学的哲学之间作出选择。

笛卡儿的二元论试图确证物理世界中心智的存在。他假定每一个实体都有一种独一无二的特性。物质的实体就是具有广延特性的实体，而心智的实体则是具有思维特性的实体，因此物质与心智是两种截然不同的实体，物质世界的确定律并不适用于心智世界。笛卡儿说"我思故我在"，难道有人会怀疑自己正在思考这件事吗？即使他真的怀疑，而怀疑本身也是一个心智事件。然而，当代认知科学的研究表明，大部分的思维过程，例如智力的运行、推理以及语言机制等等都是无意识的。去掉了无意识，那么意识呢？意识被视为自我意识、自我、自由的基础，是一切意义的来源，没有了意识，一切将不复存在。因此，如何解释意识这个知觉现象，成为解决二难推理的关键所在，即在我们将我们自己视为世界上有意识、自由、自觉、理性的行为者时，这一概念要如何与我们关于物理世界的整个科学概念取得一致性。

在对意识问题的思考中，科赫自始至终都怀有一份深切的人文关怀。在通过严格的经验实证框架探索意识根源的同时，科赫始终坚持在现代世界观的物理假说和演化假说范围内反思意识存在的本真意义。这表现为，首先，科赫坚持意识的物理主义假说，科赫认为：绝大多数世俗意识形态、宗教……显示出人类中最美好的一些东西。可是总体上，它们对于理解我们存在之谜而言只有有限的作用。唯一确定的答案来自科学。[1]如果我们诚实地寻找关于宇宙及其中一切事物的一个单一的、理性的即理智上一致的观点，我们必须摒弃不朽灵魂的经典观念……我们必须学会以世界之所是、而非我们想其所是那样来理解世界。[1]其次，科赫也坚持意识的演化论，他认为，在时间的宽回路中，有感觉能力的生命的崛起不可避免……物理定律不可抗拒地支持意识的产生[1]。在这一点上，科赫的意识观点与德日进的演化观点相同，即宇宙演化的欧米伽点是通过最大化其复杂性和协同性而得以知觉自身。

那么，科赫的理论是否完备地描述了意识的本质特性呢？如前所述，整合信息理论假设任何物理系统的状态可以被映射到感受质空间中的一个晶状体上，每个感受状态都对应于一个唯一的晶状体，且能够被该晶状体完全、完整地描述。看见红色的晶状体的某种独一无二的几何学形式不同于看见绿色相关的晶状体，而颜色体验的拓扑结构也不同于看见运动或闻到鱼的拓扑结构。[8]但是物理状态到感受质空间之间的映射关系如何被证实？这需要对系统输入和输出的关系进行详细的论证。科赫本人对于这一理论持乐观和开放的态度，认为这至少是往正确的方向迈出了重要的一步。

当然，科赫的意识观点存在着两个大多数人不愿意承担的形而上结果。其一为泛心论。如果意识是组分间整合与分化的机制，那么甚至简单的物质都有一点点意识。根据整合信息理论，所有事物在某种程度上都具有感觉能力，差异仅仅在于意识能力的大小而已。其二，自由意志不过是一种感受，意志发生的时间晚于脑做决定的时间。从脑到心智的因果关系比较明显，但是自由意志和脑的因果关系还不清楚。自主的自由意志并没有如我们所想的那样实际地支配了一个行为，它与意识体验的感觉形式一样，是由皮层—丘脑回路触发的。

当代意识研究的基本格局是意识的现象学问题、意识的实证科学问题和意识的形而上学问题三个层面互相交融、互相促进和互相制约。[8]尽管科赫及其前辈克里克在对意识的神经相关物进行研究时，是从实证科学的角度解释意识的神经机制问题，但是也必然会涉及如何理解意识这个根本的形而上问题。

从笛卡儿开始，研究者对于世界和人的理解一直摇摆在物质论与二元论之间。自认知革命爆发以来，越来越多的学者开始注意到意识问题似乎是解决这种纠结状态的关键。因为意识作为对心智的构建性表征的显现，如何理解意识就意味着如何解释物质世界转化为精神世界的方式，也就是如何解决心与身—脑关系问题，所以才会有物质论、二元论、泛心论等不同的理解。

作为一名科学家，尤其与克里克具有长期学习和合作关系，科赫的意识理论在形而上所映射出来的泛心论立场的确让人有些意外，因此他同时用"浪漫"和"还原"这两种看似矛盾的词语来描述他自己。但是这种方法论上的暧昧并不意味着泛心论在形而上的矛盾。泛心论不是二元论的升级版，它从根本上不同于二元论在存在论上的假定。泛心论的版本虽然很多，但是共有的基本观点都主张物质内在地具有感知能力，物质既有主体性（心智）的一面，也有客体性（物质）的一面。也就是说，在存在论上，泛心论主张物质和心智是同一存在的相应的和互补的方面，它们不是分离的实体。而二元论则将物质和心智视为两种异质的实体，造成了两者之间的存在论鸿沟在逻辑上是不可跨越的。同时物质论将物质视为最终的实在，也面临这种存在论的鸿沟，感知能力（主体性、意识体验）从完全无感知能力的（客体的、物理的）物质中涌现或演化，这是不可构想的。[9]

在某种程度上，正是物质论、二元论在解释心与身—脑关系上的困境，促进了泛心论在当代意识哲学—科学研究中的复兴和发展。当然，与朴素的泛心论不同，当代的泛心论需要更精致、严密的论证达成理论上的一致与完整。与怀特海过程哲学所秉持的思辨路径不同，科赫运用科学实证路径试图在兼顾意识现象学方面的同时，从演化的角度解释为什么意识是内在于物质基质的一个根本属性，为形而上的泛心论提供了新的论证和启发。

⬡ 参考文献 ⬡

［1］Koch C. Consciousness: Confessions of a Romantic Reductionist. Cambridge: The MIT Press, 2012.

［2］Metzinger T. Being No One: The Self-Model Theory of Subjectivity. Cambridge: The

MIT Press, 2003.

［3］Chalmers D. Facing up to the problem of consciousness. Journal of Consciousness Studies, 1995(3): 200-219.

［4］科赫. 意识探秘: 意识的神经生物学研究. 顾凡及, 侯晓迪译. 上海: 上海科学技术出版社, 2012.

［5］Chalmers D. What is a neural correlate of consciousness?//Metzinger T. Neural Correlates of Consciousness: Empirical and Conceptual Questions. Cambridge: The MIT Press, 2000.

［6］克里克. 惊人的假说: 灵魂的科学探索. 汪云九, 齐翔林, 吴新年, 等译校. 长沙: 湖南科学技术出版社, 1998.

［7］普里戈金. 确定性的终结: 时间、混沌与新自然法则. 湛敏译. 上海: 上海科技教育出版社, 2009.

［8］李恒威. 意识: 从自我到自我感. 杭州: 浙江大学出版社, 2011.

［9］de Quincey C. Radical Nature: The Soul of Matter. Rochester: Park Street Press, 2002.

适应性表征：架构自然认知
与人工认知的统一范畴[*]

魏屹东

一、认知科学的"范式统一难题"

认知科学发展到今天，已经形成了各种相互竞争的理论，诸如计算-表征主义（也称认知主义）、联结主义、动力主义，以及发展出的研究纲领——具身认知、嵌入认知、延展认知、生成认知以及情境认知。[1-7]这些不同认知理论与研究纲领的形成表明：一方面，认知科学正处于繁荣发展时期；另一方面，认知科学还没有形成统一的范式。在何种框架下可使认知科学统一起来，这是目前认知科学及其哲学面临的一个重大理论问题。笔者将这个问题称为认知科学的"范式统一难题"。它是库恩"范式更替"理论所涉及的话题：科学在其发展初期往往处于前范式时期，整个学科没有形成常规统一的科学范式。[8]正因为如此，在英语的表述中，认知科学这个概念中的"科学"一词通常使用复数 sciences，以表明这门科学是由不同的学科包括计算机科学、认知心理学、脑科学、哲学、语言学等组成的学科联盟，并没有形成统一的理论框架。显然，与成熟的物理学、化学、生物学相比，认知科学还处于库恩所说的"前范式时期"。

那么，认知科学已有理论和研究纲领中是否有一种理论和纲领能脱颖而出成为统一范式呢？就目前的发展态势来看，这种可能性不大，因为就连最成熟的计算-表征主义和联结主义也遭到了许多怀疑和诘难，而新研究纲领还正处于发展期，不仅还不成熟规范，也难以说明一些问题，比如认知与意识、心智与智能的关系。退后一步，这些理论和研究纲领是否有可能通过一个综

---

[*] 原文发表于《哲学研究》2019 年第 9 期。

合性的概念框架得到统一呢？我认为不仅有可能，而且可能性很大。正如牛顿力学通过"万有引力"统一了伽利略理论（地上的）和开普勒理论（天上的）一样，认知科学也很可能存在这样一个概念来统一"离身的"认知科学（第一代）和"具身的"认知科学（第二代）。[9]那么如何获得这样一个统一的概念框架呢？最可靠的路径是，详细考察目前认知科学的各种理论和研究纲领及其发展状况，发现存在于其中的共通性。这种共通性就是所要寻找的统一范畴或概念框架。

沿着这一思路我们发现，认知科学的已有理论和研究纲领之间并不是不可"通约的"，它们之间共享着同一种属性——"适应性表征"。我给这个概念所下的定义是：认知系统具有在特定环境或语境中自主地表征目标对象的能力，且这种能力能够随着环境或语境的变化而自主调整和提升。这里的认知系统是指信息使用和信息处理系统，包括自然的人脑和人工的智能机，负责感知、推理、学习、交流、行动等认知活动；表征是认知系统中承载内容的物理状态，即被主体把握的感知对象，内容是表征所关涉的对象。根据这个定义，适应性表征不仅是自然认知系统的本质属性，也是人工认知系统的核心属性，因为后者源于前者，是前者的衍生物。因此，在最根本的意义上，适应性是有机体在生存压力下自然进化的结果，表征是认知系统追寻目标对象的一种范畴化能力。

显而易见，"适应性表征"是基于进化生物学的，但它区别于所谓的"适应论"。适应论是其批评者对他们认为误用了适应概念的称呼。批评者认为适应论的核心论题（有机体往往是最优的）不是一个经验论题，而是一种方法论，应得到经验检验而不仅仅是做假设。这说明适应论的解释还是不充分的，应该转向有机体适应的历史及其与环境的关系研究。[10-12]瓦雷拉等将"适应论"看作生物适应环境的自然选择观。[13]这是一种新达尔文主义，在认知科学的表征观中占据核心地位。这说明表征主义本身是适应论的，或者说与新达尔文主义是一致的。瓦雷拉等依据"自然漂移"进化观修正了正统的适应论，并将"自然漂移"作为具身行动的认知基础，以此来修正进化和认知中的"适应"蕴含的"最优"，以"生成"替代"表征"，形成了具身的生成认知科学。根据生成认知科学，行动是直觉引导的，认知并不是表征，而是具身的行动，我们认识的世界并不是给定的，而是通过我们身体的结构耦合的历史形成的。这意味着认知即生成，其过程是通过一个由多层次相互连接的、感知运动的子网络构成的更大网络执行的。相比而言，"适应性表征"要着重表明，生成过程就是适应过程，适应不一定是最优，不论是基于自然选择还是自然漂移；生成同时也是表征过程，因为表征也是生成的、包含意向内容或语义的，如心理图像在脑中的生成，所以以生成取代表征并不可取，特别是我们现在常用的符号表征，生成认知科学难以说明。由于生成是基于生命的，认知自然而然地就是具身的行动，它不可避免地与活生生的历史交织在一起。这与语境论的观点是一致的，因为语境论的根隐喻是"历史事件"，历史事件包含意义，现在就是过去的历史事件的当下耦合。因此，"适应性表征"概念既吸收了生物进化论的优点（适应环境），也汲取了语境论（历史关联）和生成认知科学（结构耦合）的长处，实现了三者在语境基底上的整合，凸显了表征的环境适应性、历史关联性和意义耦合实在性。

如果"适应性表征"这个概念能够反映认知系统的本质属性，那么这种表征能力的认知理论也应涉及这种能力。这里的重点不是要论证适应性表征是如何产生的（进化生物学已经说明生物是适应环境进化的，由此得出的一个自然推论就是，自然认知系统及其衍生认知系统也是适应性的），而是要着重论证两个问题：一是适应性表征如何成为认知系统的一种范畴化能力，或者说，它是否反映了认知系统的本质属性；二是适应性表征是不是不同认知科学理论的共通性，或者说，认知科学的已有理论和研究纲领是否具有适应性表征的特征。

总之，笔者的中心假设是：认知系统，无论是自然的（人脑）还是人工的（计算机），都是适应性表征系统，或者说，认知（思维）包括心智是适应性的。这是一种有别于已有认知理论和研究纲领的认知观——适应性认知（思维）和适应性心智。适应性体现了自主性和调节性，表征体现了意向性和中介性，这些特征均是作为智能主体必须具有的，否则，就不能表现出智能行为。由此得出的一个推论是：所有知识，不论是自然科学的还是人文社会科学的，也无论是基于理性的还是基于经验的，都是适应性表征的结果。区别在于：基于理性的知识往往是系统化的和抽象的，如科学理论；基于经验的知识往往是零散的和具体的，如实践后的感悟。

二、适应性表征作为认知系统的范畴化能力

有意识大脑的认知现象是非常复杂的，但它是适应性的。进化心理学和认知神经科学的研究表明：大脑能够建立起一套灵活的适应机制。这种适应

机制是一系列监控行为的规则并能够随环境条件灵活应用，最终产生无穷无尽的行为。[7]因此，说明这种复杂现象的理论必然要适应这种复杂性，其表征也必然要求是适应性的。那么"适应性表征"如何具有作为认知系统核心属性的范畴化能力？这是笔者要着重论证的第一个问题。

就自然认知系统（人脑）而言，它拥有的心智有两个显著特征：意识和表征。没有人会否认我们有意识，尽管意识通常与心理学和哲学上的一些概念如心灵、自我、自由意志等纠结在一起，科学上也难以把握和定义，我们也不知道意识从哪里开始，但我们有意识这种现象无法否认，也容易理解，那就是我们醒着、有知觉，能感到疼痛，知道我是谁，能区别活的和非活的东西。这些事实有力地表明我们是有意识的，尽管我们的某些行为是无意识的，如一些不经意的行为。表征也容易理解，因为我们说话做事总是先在大脑中形成心理表象，如回忆、想象、做计划，然后，要么以意会知识的方式存在于心中，要么以言语、文字或图像等方式表达出来。这是一个有意图、有目标，包含内容或意义的认知过程。由于我们有意识是不言而喻的，故而这里集中探讨表征问题。

表征这个概念及其同源词源于动词 represent，即将事物呈现为这样或那样，其衍生的含义主要有三种：①表征是把事物呈现为这样或那样的一个行动，如对事实的描述，这是最初意义；②表征作为这样或那样的表征工具，如符号、图解、模型，这是二阶意义；③表征作为工具的属性允许这类工具被系统地用于将事物呈现为这样或那样，这是把术语"表征"用作类型（type）和记号（token），如命题表征和记号表征，这是高阶意义。显然，这三种意义都依赖有心理和意向的主体，因而所有类型都涉及心理表征。在这个意义上，表征就是一种内部模式，一种表象系统，包含着一个预想的行为模式的表达，用以解释行为这样的事实，因此意义是这种内部模式产生的，且整合现在的感知、过去的记忆和未来的渴望这些状态。

虽然表征这个概念有多种用法，使用者会以不同方式阐释其意义，但其本质上是语境依赖的，因为它是主体在特定语境中为解决特定问题而使用中介客体描述另一个它所指涉的目标客体的过程，这种表征关系能否成立，最终取决于主体能否根据特定问题在特定语境中使中介客体适应于目标客体。这里所说的表征是指反映真实外在对象的心理表征，也就是将物理实在的心理图像客观化的过程。而表征的心理状态是将真实性条件作为它们本质的一个方面的那些状态，即作为它们例示的基本说明的一个方面。因此，表征是对真实存在客体的心理反映，没有真实指称的纯概念不是表征，至多是指代，如上帝。这是对表征的科学实在论界定，涉及表征对象的实在性问题。如果使用命题表征，就存在表征内容的真假问题。心理表征是基于感知的，感知有准确和不准确之分，但没有真假之别。

进化生物学业已表明，进化意味着适应，因此人的几乎所有能力包括心理表征也是适应性的。有了心理表征能力，就有了认知能力，有了认知能力当然就有了心智和智能。这就是生命-心智连续性论题所表明的。根据这个论题，生命的演化、心智的形成与生物行为的社会性密切相关。有机生命的产生是心智形成的自然条件，生物主体的社会化是心智形成的社会条件，这两个条件共同塑造了我们的心智，使心智具有了意向性和表征力。意向性使我们能够关涉外物，表征力使我们能够使用语言描述外在世界的某些方面，能够使用抽象符号象征外在事物的意义。这种使用语言和符号表征的能力使人类超越了所有其他生物，成为"万物的尺度"，彰显了主体性。这种由意向性通过适应性表征产生的主体性是人之成为人的认知标志。

主体性的形成标志着智力的凸显。这是为什么呢？这就要从适应性表征这个概念谈起。适应性表征包括两方面：适应性和表征。适应性是有利于提高主体适合环境的特性，既是主体对环境变化所做出的一种调整过程，也是主体适应环境的一个特点，本身就暗示了生物对环境的依赖性。表征作为整合概念，几乎是有意识生物都具有的能力，由于这种能力是基于身体的，因而是一种认知适应性，而且蕴含了心智对外在事物的再现，是蕴含了意义的过程。这意味着，适应性表征这个概念将主体对外在事物的感知和表征能力结合在一起，体现了心智的有意识和表征这两个主要特征。

对于非生物的人工认知系统，其认知过程也是适应性的吗？在说明人工主体的认知理论中，从心的表征理论到心的计算理论，均主张认知主要涉及对我们周围世界的心理表征进行心理操作（生成、转化和删除）的概念，而计算机就是这样一种能够自动操作符号的机器。这意味着，计算机只不过是人的心理表征在物理上得以实现的符号操作装置。根据心的表征理论，认知状态是具有内容的心理表征关系，认知过程是对这些表征进行的心理操作，命题态度，诸如相信、计划、知道，就是一种意向表征关系，说明了从内在心理到外在世界的一种适应性，比如"我相信黑洞存在"，就是将自己的"信念"与"黑洞"这个"我"相信的"事实"相匹配，尽管"黑洞"只是广义相对论预言的一种宇宙客体。心的计算理论接受了表征理论，认为认知状态就是具有内容的计算心理表征的计算关系，认知过程就是具有内容的计算心理表征的计算操作，关系、结构、操作和表征都是计算的（数字的）。这就是人工智能中的物理符号系统假设。它表明物理符号系统是一种信息使用和信息处理装置，包含一组符号实体，这些符号实体是某种物理模式，在机器内能够产生随时间变化而演化的符号结构的集合，因而具有产生智能行为的条件。这里的智能是可以没有心智的，就像智能手机没有心智一样，但它是适应性的。心的计算理论将认知状态和过程分为计算操作和心理表征两个部分，计算机就是以某种编码方式实现这两部分的人造物。如果心智在脑中对心理表征的操作及心理表征本身形成了大脑的一种计算编码，那么这种系统编码的结构在某种程度上就意味着心理表征形成了类语言系统，也就是福多假设的"思想语言"。根据这个假设，认知和推理是在类语言系统中被执行的，因为人在执行推理和计划时，有一个用于表征其环境的心理系统。计算机也与此类似，因此人工认知系统也应是适应性的，尽管缺乏心性，如信念和期望。

心的联结理论则进一步强化了认知系统的适应性表征。根据联结主义，认知状态和过程是心理表征在思想语言中的计算操作，只是计算的结构和表征必须是"联结"的。"联结"是指一种采取定位表征的交互激活竞争网络和分布式表征的多层次前馈网络。这种网络结构能够实现表征，通过传递兴奋或抑制具有一定的计算能力，通过联结所有单元的激活传递规则实现编程。例如，某种能够朗读英语文本的网络，其处理模式与人脑类似，它学习的内容越多，行为表现就越好，就越接近人的朗读行为。因此，正是适应性确保了多智能体系统能够学习自己的运行方式，使其在某种程度上依赖于自己的经验。[4] 由此推知，适应性表征所包含的两个方面也同时是两个判断标准：适应性的主体可以是有生命的植物、动物和人类，也可以是无生命的智能机。在适应性方面，有生命主体和一些无生命主体都有适应能力；而在认知表征（符号表达）方面，植物和低等动物如昆虫，没有意向表征能力，人类有心理表征能力，智能机有操作能力。因此，适应性表征体现了认知过程是通过概念或符号进行的，是一种范畴化适应能力。

接下来的两部分将要论证，已有认知科学理论和研究纲领，虽然各不相同，也存在分歧甚至对立，但"适应性表征"却是它们的共有属性。这就好比"盲人摸象"，不同认知理论这些"盲人"只是刻画了认知这头"象"的某些方面，而不是全部，"适应性表征"恰如认知这头"象"的整体属性或共通性。而正是这种共通性才将不同认知理论联系起来并作为一种统一概念框架，或者说，不同认知理论恰恰是适应性表征的不同进路或表现方式。

三、离身认知科学的适应性表征

根据莱考夫和约翰逊，离身的认知科学主要是认知主义和联结主义。[9]这里也将动力主义作为过渡归入第一代认知科学加以考察。

首先，认知主义通过智能组自主地操作符号适应地表征。认知主义也称符号主义，是认知科学的第一个范式，源于计算机科学特别是图灵机。它将大脑对语言的处理看作信息加工（符号操作）过程，并将符号表征发挥到极致。根据这种范式，计算就是思维，思维就是符号操作，符号操作包含语义，而表征涉及所有这些方面，只要操作设计好的算法（程序）就能够展示出智能，无需意识的参与。这意味着，无意识认知也是存在的，认知与意识、认知与身体之间本质上不必然联系。这与心灵哲学关于自我意识对认知是必要的信念是对立的。人们会问，基于符号计算的离身认知如何与具身的经验世界联系呢？这个问题一方面涉及"符号接地"问题，即符号如何获得意义（意义与经验相关）；另一方面涉及如何定义认知以及如何看待认知与意识、心智、自我之间的关系。这是认知主义面临的非常复杂和棘手的问题。在我看来，如果将认知定义为计算，即符号的操作，人脑和人工智能系统都适应，但后者无意识，由此推出认知可以无意识进行；如果将认知定义为有意识经验，则排除了人工智能认知的可能性。就人的认知来说，认知与意识、心智、自我这些概念是相互交叉的，有时混用不加区分，这些概念是对意识现象的不同方面的描述，或者说是对认知系统所表征的不同性能的刻画。一句话，认知、心智、自我只不过是意识这个整体的不同表现方面而已。不过，认知主义的"计算策略"有三个不足：一是序列性，即基于逐一使用的序列规则（串行运算）；二是局部性，即符号或规则任何部分失灵都会导致系统崩溃（分布式运算会好些）；三是离身性，即抽象的符号操作远离生物学的原理。这样，新的问题又出现了，那就是无身的人工智能如何适应其环境呢？这是人工主体的适应性表征问题，也是人工智能面临的难题，如机器人如何适应变化的环境。由此看来，具身认知是经验的，离身认知是超验的，人工认知系统需要的正是这种超验能力。

由于认知主义本质上是人工智能的表征理论，将其用于人的认知系统就会产生上述一系列问题。具身的主体人能适应性地表征，不必然推出离身的人工主体也能适应性表征。事实上，认知主义的符号计算策略在处理简单的任务如爬楼梯时，还不如蟑螂这种昆虫速度快和灵活。不过，人工智能通过各种搜索和学习方法以及相应的算法，弥补了离身性带来的灵活性缺失的一些不足，一定程度上能够适应性地表征目标系统。这是基于理性以解决问题为导向、以非生物质料为载体的认知研究策略，超越了具身性带来的约束和限制。在认知科学中，人们按照符号处理模式来研究人的心理活动，心理表征也因此是通过符号操作来实现的。例如所谓的"终极算法"就是将不同算法综合起来，其中的遗传算法遵循的就是程序的"适者生存法则"。[3] 因此，认知无论是作为无意识的符号计算的"计算心智"，还是作为有意识的经验运作的"现象心智"，本质上均是适应性的，因为"有意识觉知"的元素是由"计算心智"的信息和过程引起或支持或投射的。[14-25] 这意味着有意识觉知是"计算心智"元素子集的外在化或投射，通过这种投射机制，认知的无意识符号操作就能与有意识的经验联系起来，从而适应性地表征。

其次，联结主义模拟神经系统通过调节节点间的联结强度适应地表征。联结主义又称神经网络，与认知主义几乎对立，因为它不再以符号表征为出发点，而代之以大量神经元的简单非智能元素的适当联结，这种元素间的适当联结会产生全局性属性的认知能力。联结主义把认知看成是动态网络的整体活动，由类似于神经元的基本单元和节点构成，方法上采用分布式表征和并行加工。由于联结主义模式在许多方面体现了大脑的特点，可通过简单单元所构成的相互联结的网络结构来描述心理表征，而且联结与节点形式可根据实际情况发生变化。比如在表征语言处理时，节点可以是一个语言的基本单位，如单词；联结可以是与之相关的因素，如语义相似性。该模型中包含的许多处理单元可通过激活传递信息，但不传递符号信息，只传递数值。每个节点都与许多其他节点相联结，节点之间同时协同进行数字信息处理，从而构成一个复杂的网络体系。节点之间联结的权重值可通过学习进行调节。这个调节过程显然是适应性的，体现了自组织系统的涌现属性，认知就是在大量神经元的联结中涌现出的表征能力。鉴于联结主义模型与大脑在许多结构上的相似性，它具有适应性表征能力也就是顺理成章的了。

最后，认知动力主义通过元素的动态耦合适应地表征。作为认知科学第三种范式的动力主义是针对认知主义和联结主义面临的困境提出的动力学假设，它将认知视为一个复杂的动力系统，认为认知是大脑、身体和相关环境方面之间的一种交互建构的过程。动力系统最初是数学上的一个概念，旨在用一组方程描述自然世界中随时间演化的系统的属性，使用数学中的状态空间、吸引子、轨迹、确定性混沌等概念描述与环境相互作用的认知主体的内在认知状态。就时间而言，这是认知主义和联结主义所缺乏的。在演化的意义上，认知系统是动力学系统应该是正确的，因为认知始终是处于实时的环境中的，不存在没有时间的认知过程。但认知动力主义与前两个认知理论在表征问题上持完全不同的见解：一方认为认知依赖表征，符号的或网络的，另一方则主张认知无需表征，因为认知行为是身体感知与行为同时协调的适应性结果，是神经机制与环境在运动中彼此建构的产物，并不依赖任何抽象的计算与表征，如果说有表征，也是在某类非计算的动力系统中存在的状态空间的演化。[26-30]这意味着，动力主义并不一概拒绝表征主义，只是它意指的表征不是符号计算意义上的，而是状态空间演化上的。在笔者看来，认知动力主义蕴含了认知的具身性观念，对认知随时间变化的连续性给出了一种自然主义的说明，这是其他认知理论所不能给予的，因为它们忽略了时间概念，这正是认知动力主义的优势所在。但动力主义以状态耦合取代表征的做法是不可接受的，因为如何耦合仍然是模糊的，虽然它使用数学方程来刻画，但那些方程是难以精确计算的，况且使用数学方程本身也表明：认知是可计算的，可计算就意味着可表征。这与动力主义主张无需表征的观点相矛盾。本质上，动力主义的核心乃是关于认知的适应性表征问题，因为动态演化蕴含了适应性，耦合蕴含了状态的表征。

四、具身认知科学的适应性表征

相比于离身认知科学，具身认知科学更彰显了认知的适应性表征特征。第一，具身认知通过强调认知的亲身性适应地表征。具身认知是针对认知内在主义或脑中心主义而提出的，后者认为认知仅发生于脑中，身体对于大脑的认知功能是中性的，也就是身体对大脑的认知过程不产生影响，并不是说身体与大脑没有联系。而具身认知着重强调身体对于认知的不可或缺性，认为身体运动不仅影响认知，而且会改变大脑结构从而塑造认知，即大脑之外改变大脑之内。[1]这意味着"具身认知"就是"具身行动"。"具身"强调两点：一是认知依赖于不同的经验，这些经验来自具有个体感知运动的身体；二是个体的感知运动能力本身嵌入一个更广泛的生物的、心理的和文化的情境中，这就是嵌入认知所倡导的，即认知是嵌入而不是延展到身体和环境。"行动"

强调感知和肌肉运动过程，强调知觉和行动本质上在活生生的认知中是不可分离的。这与梅洛-庞蒂强调身体本身的空间性和运动机能的观点是一致的。根据知觉现象学，认知是一种抽象范畴运动，它受制于身体本身，因为它必须以目标意识为前提，靠目标意识支撑，而目标意识作为意向性指向身体本身，把身体当作对象，而不是贯穿身体。因此，认知作为抽象运动包含一种客观化能力，一种象征功能，一种表象功能，一种投射能力，这种能力已经在"物体"的构成中发挥过作用，把感觉材料当作相互表征的东西，当作能用一种"本质"表征整体的东西，给予感觉材料一种意义，内在地赋予它们活力，使之成为系统，并把众多的体验集中于同一个纯概念性核心，使得在各种不同视角下可辨认的一种统一性出现在感觉材料中。在我看来，具身认知强调将认知嵌入身体和大脑神经元及周围环境而适应地表征，只是这种表征不是心理图式和符号操作，而是身体功能呈现，突出身体对认知的不可或缺性，这本身就意味着认知是适应性的，因为身体在进化过程中逐渐拥有了适应性功能。

第二，生成认知通过强化行动适应地表征。生成认知最初源于"具身心智"，它是在综合了控制论、生物自创生理论和理论生物学等学科基础上形成的，经过多年的发展，已经形成一个自创生生成主义流派。[19] 生成认知强调两点：第一是知觉存在于由知觉引导的行动；第二是认知结构出自循环的感知运动模式，能够使行动被直觉地引导。[13] 生成主义把认知看作是活的情境化的生物在时空上延展的自组织活动，而且这种活动是基本的、动态的、非线性的，植根于生物主体与其环境的相互作用，不依赖于心理表征。在拒斥心理表征方面，生成主义与动力主义、具身认知是一致的，都反对传统认知主义，但不拒斥认知适应性和知识表征。生成主义不仅强调生物主体的自主性，更突出其自主适应性和保持其系统的完整性和稳定性。认知就是生物主体在适应性相互作用中建构意义的过程。这似乎暗含了一种目的论，因为意义建构被理解为一种目标引导的行为，无需心理表征这种假设。一种激进的生成主义认为，基本心智是基于行为的而不是基于表征的，比如机器人直接与其环境相互作用而无需心理表征，这些相互作用是非线性和循环的，因而不可能区分出内在的心智和其外在的环境，这意味着心智构成的相互作用根植于生物主体先前的相互作用的历史，并由这种历史形成和解释。[24] 在笔者看来，表征尤其是心理表征，是不能被取代的，原因很简单，这不符合我们能思维、能想象、能回忆这样一些基本事实。这些不可否认的事实表明，心理表征不仅存在，而且是作为一种内在认知模型，知识表征正是这种内在认知模型的外在化，不能由于它不能被观察或其细节和发生机制还未被弄清楚就要被取消。也就是说，表征作为认知是形式（表征工具如模型）和内容（表征对象如自然类）的统一，主观性与客观性的统一，内在性与外在性的统一，取消了表征就等于不承认意识的意向性，也就取消了意义，认知行为就没有办法被理解了。

第三，延展认知借助中介（工具）适应地表征。延展认知基于具身认知进一步认为，认知不仅可从大脑延展到身体，还可从身体延展到环境，具身心智正是通过延展心智实现的。然而，延展认知同样遇到了三个挑战：一是对何为"认知"的界定，不能因为某些过程与人类认知相似就认为这些过程延展到身体和环境；二是必须说明因果关系与构成关系的区别，即认知过程因果地依赖于身体和环境，与构成性地依赖于身体和环境完全是两码事；三是需要关注延展认知系统假设与延展认知假设之间的区分，因为主张认知系统包括脑、身体和环境，与主张认知过程跨越这些区域是有本质区别的。在笔者看来，适应性表征的意向性就已经蕴含了认知向外延展的意思，因为意向性的含义是"关涉""指向外物"，就是从内在的大脑连同身体延展到外在的物体。只是延展认知论题更强调延展过程中中介的作用，比如使用工具笔和纸的计算比起仅仅使用心算更让我们得心应手，特别是复杂的计算。因此，延展认知强调计算使用的笔和纸作为工具构成了认知的一部分，认知不仅延展到了大脑和身体之外，还将不属于身体的工具看作认知的构成部分。笔者不赞成这种观点。笔者认为中介工具虽然有助于认知的发挥，如强化了推理，但它们毕竟不是认知系统的构成部分，至多是认知过程的延伸，就像望远镜是眼睛的延伸一样，我们不能说望远镜是眼睛的构成部分，它只是观测过程的一个辅助工具。认知状态和过程就发生在脑中，它是认知具有的意向表征能力，正是这种能力将认知映射到脑之外的环境中，表面看好像是认知延展到脑之外的世界，其实这是一种错觉和误解。即使像笔记本在功能上等同于记忆，也不能说笔记本是认知的构成部分，外在工具只不过是认知的协作部分，主体利用工具作用于外在对象恰好说明了认知是适应性的。

第四，情境认知通过在当下境遇中行动适应地表征。情境认知是当代认知科学中的一个新纲领，认为知识与行为不可分，所有知识都处于与社会、文化和物理环境相联系的活动中。情境是指一个行为、事件或活动的具体场景或境遇，其概念一定是自然化的，即它是具体的而非抽象的，是接地的而非符号的，强调身体姿态和情境行动的基础性，反对认知是对模块系统中的符号进行计算并独立于大脑的感知、行动模式系统的传统认知观。事实上，认知的情境化本身就意味着认知要适应其境遇，因为认知总是情境化的，它总是以这种或那种方式被具体地例示，不存在非具身的认知结果。[27]在笔者看来，情境认知首先强调认知的境遇或环境的嵌入性，弱化信息加工的作用，凸显环境条件的约束性和认知加工的语境依赖性，这些特征均蕴含了认知适应性。情境化凸显了世界本身就是它自己的最好模型。明斯基设想的"心智社会"隐喻更表明了认知的情境适应性行为。[11]根据这种隐喻，心智是由许多被称为智能体的处理器组成的，每个智能体都执行简单的任务，它们并没有心智，但当它们组合为系统时，就产生了智能。这个过程是不同智能体之间相互协同、共同适应环境而涌现的结果，也即协作产生智能。由此看来，认知表征一定是情境适应性的，因为认知必须适应于那种情境。从生物符号学的视角看，重要的不仅是生物上的适应性，更是符号学上的适应性。适应性取决于关系——只有在给定的语境中，某物才能去适应。[22]由此，笔者可得出结论：认知是主体在语境中的适应性行动，其功能呈现就是适应性表征。

五、对一些潜在疑问的回应

对于上述关于适应性表征的论证，人们很可能会提出一些疑问：适应性表征是否过度依赖于心理表征假设？是不是物理符号假设这种强表征主义的翻版？如何应对反表征主义的挑战？接下来笔者尝试回应这些可能的疑问。

心理表征在认知心理学中被称为表象，包括记忆和想象，介于感知和思维之间，是一种类似知觉的信息表征，心理旋转实验有力地说明了这种思维方式的存在。[12]大量的研究表明，表象具体有心理模拟（空间性表征）和概念刻画（命题性表征）的能力，在认知过程中发挥着重要作用，如提高记忆力和想象力。[5]例如，表象计算模型的研究将视觉表象视为类似于视知觉的人脑中的图像或类语言表征，主张表征与知觉的功能等价。已有研究有力地表明，心理表征作为认知假设，无论从直观感觉还是实验探究，都是存在的，可作为一切知识表征的前提。只要大脑反映外部世界，它就要将其内化，尽管我们还不清楚大脑在细节上是如何组织和表征外在世界的。这意味着，表征就是在实际对象缺席的情况下重新指称这一实在的任何标识或符号集，而心理表征作为内在认知模型处理所记忆或储存于大脑中的信息或知识的内容与形式；这些内容（语义）与形式（结构）既包括感觉、知觉和表象，也包括概念、命题、图式和模型，反映了主体对事物认知的不同广度和深度。因此，心理表征对于认知过程不仅仅是一个依赖不依赖的问题，而是必须的问题。这就是心理表征对于认知的根本性和必要性。在这个意义上，认知系统就是表征系统，它意向地指向外在客体并将其内在化，进而再将内在的心理表征外在化为知识形态，这种认知表征主义是难以反驳的。

不过，相对于强表征主义，适应性表征是一种弱表征主义。在认知科学中，物理符号系统假设被视为标准观点，它将心智解释为表征或信息使用装置，其中的符号作为客体，既可物理地实现又具有语义内容。事实上，这种物理装置仅是无心的符号加工系统，与有心的有机认知系统在质料和结构上完全不同。但在认知实现的层次上，两种认知系统除有心无心而使主体行为在灵活性和对环境的敏感性方面表现出强弱之外，在具有适应性表征的特征方面几乎没有差异。比如，无心的恒温器可以根据外界温度变化自动调节温度，这是物理系统的适应性表征，它的适应性行为虽然无需意识或心智，但是由某种至少是环境因果地引起的表征状态引导。物理系统都能表现出对变化环境的敏感性，更遑论有机系统了。正如斯特里尔尼辩护的那样，行为的灵活性需要表征，没有表征就不会有信息的敏感性。没有表征也不会有对世界的灵活性和适应性反应。向世界学习，使用我们所学以新的方式行动，我们必须能够表征世界，表征我们的目标和选择。而且我们必须从那些表征做出适当的推理。[28]因此，人的表征是包含信念和期望的，是包含目的和内容的，即使是物理系统，也是人设计的，其中负载了人的信念、目的和期望。

反表征主义的挑战自认知主义产生以来就从来没有停止过。吉布森（Gibson）、德雷福斯、乔姆斯基，以及一些新近的具身认知主张，对表征持取消主义立场。吉布森的视觉感知生态理论认为，视觉感知不是由表征、记忆、概念、推理等这些术语促成和刻画的，输入视觉系统的不是一系列静态的视觉图像，而是当主体在环境中移动时光线簇的平滑转换，他称之为"视网膜的流动"。显然，吉布森的理论蕴含了两个基本假定：一是环境的基本方面以特定方式（共振）构成背景光；二是有机体的视觉系统进化出能探测光线的特定结构。这两个假定不足以对表征主义构成威胁，因为第一个是隐喻式的，第二个是进化解释，恰恰说明视觉系统是适应性的，是将客体通过其形状、色彩和结构归入一个概念的范畴化过程，而范畴化就是一个依赖表征的过程。德雷福斯质疑计算表征主义的符号加工模型，认为感觉是整体的，符号则是原子的，它们是完全分离的；自然语言的理解不仅仅是一个如何表征知识的问题，更是一种知道如何做的能力，这种能力融入熟练的技能（如打网球）中，而无需在心中表征。事实上，他所持的是知觉现象学的观点，不过，德雷福斯在阐释获得技能的五个阶段中并没有完全否认表征，因为在初学阶段还是需要心理表征的，只是到了专家阶段表征由于融入技能中被掩盖了。乔姆斯基认为所谓涉及认知能力的表征状态并不是真实地表征的，它们是不恰当地被理解为被表征的客体或实体，事实上根本不存在代表意义的内在属性，它们是为了解释的需要而预设的。[18]然而，乔姆斯基并没有给出严格的论证。笔者认为，他的"先天语法"概念不仅是基于进化适应性的，也暗示了类语言的思想客体的存在。具身认知在机器人设计中被称为"人工生命"，布鲁克斯（Brooks）认为，智能行为涌现于机器人的各种子系统的相互作用，不需要建构和操作机器人世界的表征，使用世界作为它自己的模型是更好的选择。在建构智能系统的庞大零件中，表征是错误的抽象单元。[16]在笔者看来，智能系统中子系统的相互作用呈现的结果就是表征，因为表征系统在弱的意义上就是使用信息的系统，而且布鲁克斯没有区分智能系统与环境，没有区分智能体的环境与其目标，也就没有说明假定的任何表征没有完全包含在系统内，而是强调认知是行动引导的。即使具身认知否认表征的存在，也不能否认适应性，因为它本身就是适应系统。具身认知反表征的错误在于忽视了它本身就是表征的模式，虽然不是以符号的形式出现。这涉及表征的多样性（生物表征、物理表征、语言表征等）及其相互关系问题。

总之，认知的适应性表征包括两方面：一是生物适应性，通过感知（视觉、听觉、触觉等）表征和（潜在）心理表征进行；二是非生物适应性，通过符号操作和知识表征（命题、规则、逻辑形式）这些人造物进行。无论是在物理层次还是生物层次，适应性表征作为主体的本质属性都是存在的。需要指出的是，"适应性表征"作为认知理论的统一概念框架，并不能替代已有认知理论。相反，它的功能就是将不同的已有认知理论内在地联系起来，形成一个能够更加合理地解释认知现象的方法论。

六、结语

综上，在概念表征的意义上，作为动词的"计算、表征、联结、耦合、嵌入、具身、延展、生成"这些概念，本身就蕴含了认知系统是适应性的意思。计算意味着适应并遵循规则；表征意味着在追寻目标中彰显意义；联结意味着不同元素之间的协调关联；耦合意味着系统与环境之间的协调；嵌入意味着认知系统介入相关的神经系统或环境中；具身意味着认知不仅仅是大脑的功能，身体的感觉运动能力对于认知系统也是至关重要的；延展意味着认知不仅植根于大脑和身体，也适应性地延伸到环境的相关方面；生成意味着演化，是具身和延展的结合。从认知建模的视角看，计算表征主义是心智的一个模型，联结主义是大脑的一个模型，动力主义是人行动的一个模型。回过头来看，最初的计算表征范式倒是超越生理的感觉感知而凭借符号操作来说明认知，而后来的研究纲领反而回到了依赖于感觉感知通过所谓的交互耦合来说明认知了；前者是高级的、抽象的、离身的、表征的（有内容的），后者是低级的、具体的、具身的、非表征的（耦合的），但它们都是系统性的和适应性的。这意味着"适应性表征"概念有可能消解有机生命与无机非生命、有意识心智与无意识智能在认知行为方面的界限。笔者坚信，对认知系统的发展和理解必然会经历一个从具身到离身再到新的具身的过程，即从人的认知到机器认知到人机合一认知的过程。就人工智能而言，它将会经历从离身的人工智能到具身的人工智能的发展过程。

参考文献

［1］贝洛克. 具身认知: 身体如何影响思维和行为. 李盼译. 北京: 机械工业出版社, 2016.

［2］德雷福斯. 计算机不能做什么: 人工智能的极限. 宁春岩译. 北京: 生活·读书·新知三联书店, 1986.

［3］多明戈斯. 终极算法: 机器学习和人工智能如何重塑世界. 黄芳萍译. 北京: 中信出版社, 2016.

［4］弗洛里迪. 第四次革命: 人工智能如何重塑人类现实. 王文革译. 杭州: 浙江人民出版社, 2016.

［5］戈尔茨坦. 认知心理学: 心智、研究与你的生活. 张明, 等译. 北京: 中国轻工业出版社, 2015.

［6］哈尼什. 心智、大脑与计算机: 认知科学创立史导论. 王淼, 李鹏鑫译. 杭州: 浙江大学出版社, 2010.

［7］Gazzaniga M S, Lvry R B, Mangun G R. 认知神经科学: 关于心智的生物学. 周晓

林，高定国，等译. 北京: 中国轻工业出版社, 2011.

［8］库恩. 科学革命的结构. 金吾伦, 胡新和译. 北京: 北京大学出版社, 2003.

［9］莱考夫, 约翰逊. 肉身哲学: 亲身心智及其向西方思想的挑战（一）. 李葆嘉, 孙晓霞, 司联合, 等译. 北京: 世界图书出版有限公司北京分公司, 2018.

［10］梅洛-庞蒂. 知觉现象学. 姜志辉译. 北京: 商务印书馆, 2001.

［11］明斯基. 心智社会: 从细胞到人工智能, 人类思维的优雅解读. 任楠译. 北京: 机械工业出版社, 2016.

［12］史忠植. 认知科学. 合肥: 中国科学技术大学出版社, 2008.

［13］瓦雷拉, 汤普森, 罗施. 具身心智: 认知科学和人类经验. 李恒威, 李恒熙, 王球, 等译. 杭州: 浙江大学出版社, 2010.

［14］魏屹东. 语境同一论: 科学表征问题的一种解答. 中国社会科学, 2017(6): 42-59, 206.

［15］亚当斯, 埃扎瓦. 认知的边界. 黄侃译. 杭州: 浙江大学出版社, 2013.

［16］Brooks R. Cambrian Intelligence: The Early History of the New AI. Cambridge: The MIT Press, 1999.

［17］Burge T. Perception: First Form of Mind. Oxford: Oxford University Press, 2022.

［18］Chomsky N. Language and nature. Mind, 1995, 104: 52-53.

［19］de Jesus P. Autopoietic enactivism, phenomenology and the deep continuity between life and mind. Phenomenology and the Cognitive Sciences, 2016, 15: 265-289.

［20］Margolis E, Samuels R, Stich S P. The Oxford Handbook of Philosophy of Cognitive Science. Oxford: Oxford University Press, 2012.

［21］Gibson J. The Ecological Approach to Visual Perception. Boston: Houghton Mifflin, 1979.

［22］Hoffmeyer J. The unfolding semiosphere//van de Vijver G, Salthe S, Delpos M. Evolutionary Systems: Biological and Epistemological Perspectives on Selection and Self-organization. Dordrecht: Springer, 1998.

［23］Horst S. Cognitive Pluralism. Cambridge: The MIT Press, 2016.

［24］Hutto D D, Myin E. Radicalizing Enactivism: Basic Minds without Content. Cambridge: The MIT Press, 2012.

［25］Jackendoff R. Consciousness and the Computational Mind. Cambridge: The MIT Press, 1987.

［26］Wilson R A, Keil F C. The MIT Encyclopedia of the Cognitive Sciences. Cambridge: The MIT Press, 1999.

［27］Solomon M. Situated cognition//Thagard P. Philosophy of Psychology and Cognitive

Science. Amsterdam: Elsevier, 2007.

［28］Sterelny K. The Representational Theory of Mind: An Introduction. Oxford: Blackwell, 1990.

［29］van Gelder T. What might cognition be, if not computation?. The Journal of Philosophy, 1995(7): 345-381.

［30］Waskan J A. Models and Cognition: Prediction and Explanation in Everyday Life and in Science. Cambridge: The MIT Press, 2006.

量子机器学习与人工智能的实现[*]

——基于可计算性与计算复杂性的哲学分析

王凯宁

　　量子机器学习是量子计算与人工智能研究相交叉形成的一个新领域，其目标主要是设计从数据中学习的量子算法，通过利用量子态的叠加和纠缠等特性，实现对现有机器学习算法的加速。当前，作为实现专用人工智能最核心的技术手段，机器学习已经影响到了科技、社会及人类生活的各个方面。无论是数据挖掘技术、生物特征识别、自然语言处理还是医疗诊断辅助，乃至自动驾驶技术和智力竞技游戏等新产品和新技术的开发与进步都与机器学习密切相关。然而，随着各行业信息化程度的提升，技术数据也呈现出急速增长的趋势，这种增长既表现为数据量的指数式扩张，又表现为数据类型、数据结构的爆发式增长。这种增长态势既为机器学习提供了足够的数据支持，又反过来对其处理速度提出了挑战。一些以经典物理学为基础的机器学习算法已经表现出难以及时处理和分析海量数据的问题，由于量子计算在物理原理上就具有"并行"运算的特性，因此人们期望借助量子计算来改进机器学习算法以解决运算效率问题，量子机器学习正是在这样的背景下逐渐发展起来的。

一、量子计算与量子机器学习

　　量子机器学习方法的出现与量子计算理论和技术的发展密不可分。量子计算的思想可以追溯到贝尼奥夫（Benioff）利用量子力学来描述可逆计算过程的设想[1]，但其概念是由费曼（Feynman）提出的[2]。费曼设想了一个利用量子力学的特性（叠加和纠缠）完成特定计算任务（对量子物理系统进行模拟）的模型，他认为这个模型相比经典计算机有巨大的效率优势，后来他将

---

　　* 原文发表于《科学技术哲学研究》2019 年第 6 期。

其称为量子力学计算机。[3]当然，量子计算相对于经典计算的加速性，是在秀尔（Shor）提出有实际意义的量子算法之后，才受到了大量物理学家和计算机学家的关注。秀尔设计了一个量子因子分解算法[4]，该算法极大地优化了经典因子分解算法，使解决该问题的时间复杂度实现了指数式降低。并且，由于因子分解问题是经典加密系统的理论基础，因此如果该问题能够被高效地解决，就意味着传统数据安全体系的全面崩溃。正是在这种意义下，研究者们对量子计算的加速性产生了极大兴趣，开发了更多量子算法，来解决数据处理时计算效率低下的问题，为后来量子计算与机器学习的结合创造了条件。

作为人工智能研究的重要分支，机器学习主要是利用特定算法从已有数据中进行"学习"的，通过理解先前输入的数据来建立规则，进而对后来的数据进行分析或预测。在 20 世纪末，机器学习逐渐发展到可以完成一些与人类思维密切相关的计算任务，如图像和语音识别、模式识别及策略优化，等等。完成这些任务需要对大量数据进行处理，因此量子计算在数据处理方面的高效性开始受到研究者的关注。卡克（Kak）将量子计算的思想应用到了传统神经网络中，提出量子神经网络计算的概念。[5]随后，很多研究者设计了各种不同类型的量子神经网络模型，考察了量子特性对于优化不同结构数据的效率，为人工神经网络的量子化发展奠定了基础。在此基础上，普里布拉姆（Pribram）等人还讨论了利用量子力学来理解人脑信息处理过程的可能性。[6]当然，量子神经网络的理论研究仅仅是量子机器学习发展的一个方向，传统机器学习中的聚类算法、决策树模型等多种算法都已经出现相应的量子版本。这些算法都属于目前主流的量子机器学习研究，其思路是沿用传统机器学习的整体框架设计，仅在特定的计算阶段调用或设计一些利用量子特性实现加速数据处理的量子算法，来提高传统算法的整体运算效率。

事实上，除了这一类量子机器学习的研究之外，基于经典－量子的划分，我们能够发现，当前量子计算与机器学习的结合还体现在另外两类研究中。第一类研究是利用量子算法的设计思路，在整体上重新设计机器学习算法，从而完成原先难以实现的计算任务。与主流研究相比，这类量子机器学习的优势在于全部的算法步骤均能在某种针对具体任务而特殊设计的专用量子计算机上实现，这就可以回避目前通用量子计算机在物理实现方面存在的困难。但其难度主要体现在算法设计方面，因为这需要对量子系统的动力学特征与传统机器学习过程进行深度比较，以找出其相似性，才能完成算法的重新设计。这类算法的典型代表是量子退火算法[7]，其利用量子隧穿效应来寻找量子势的极小值，从而在寻找全局最优解类的组合优化问题方面表现出相对于传统算法的加速性。该算法目前已被应用于面向用户的专用量子计算机上。第二类研究是利用经典机器学习算法解决量子物理学中遇到的问题。这方面的实际应用主要集中于量子多体物理领域，因为该领域的研究对象是大量微观粒子，物理学家们需要处理的是全部粒子的量子态或者多体量子系统的波函数所对应的信息数据，这种数据的规模会随着多体系统中微观粒子数量的增多而呈指数性扩张，因此机器学习强大的数据处理能力，对于解决量子多体系统中的具体问题而言具有很强的实际价值。目前这类量子机器学习已出现一些代表性的研究，如利于监督学习在凝聚态物理中寻找相变点的位置，利于生成式随机神经网络求解量子多体系统的基态，等等。相比主流的量子机器学习而言，这两类研究由于不具有通用性或应用范围仅限于较窄领域（量子物理领域），其研究也相对较少，因此狭义上的量子机器学习指的主要还是利用量子算法对传统机器学习中的部分运算步骤进行加速的那一类。

二、量子机器学习的计算复杂性与弱人工智能的实现

就主流的量子机器学习而言，要实现对现有经典算法中关键过程的加速，一般需要通过三个步骤来完成，分别是：经典数据的量子化转换，运行相应的量子算法，利用量子测量完成计算数据的读取。这三个步骤都会涉及计算复杂性的问题。

正如前文所述，量子计算加速性的根源之一是量子态的叠加性，这对于数据处理而言是非常强大的能力。因为机器学习归根结底是要分析大量的数据，所以第一个步骤，即用量子叠加态来编码经典数据是执行量子算法的前提。从经典数据到量子数据的转换，需要通过存储器来实现。对于数字型数据，其实对应于一个量子化的数字逻辑电路，或者一个量子子程序，通过执行该子程序将寄存器的状态制备到训练数据对应的状态。[8]相比于经典寄存器存储 n 比特的二进制数据需要 $2n$ 个不同的存储单元，量子寄存器的优势非常明显，它只需 n 个量子位就能达到同样的存储能力。当然，除了节约存储单元的优势外，量子寄存器在数据寻址方面也必须要具有相应的优势。因为与经典算法相同，量子算法在执行"学习"任务的过程中，也需要经常随机抽取或者检索寄存器中的数据，因此这种以量子态为基础的寄存器也应该是可以随机存取的。劳埃德（Lloyd）等人（在理论结构层面）设计了一种能以指

数级程度提升内存调用效率的量子随机存取存储器[9-10]，在数据寻址方面实现了 O 级的算法复杂度，为经典数据的量子化表征奠定了基础。

完成量子机器学习的第二步，即量子算法的设计和运行，是实现人工智能的核心。通常来说，无论对于经典计算还是量子计算，运行步骤是输入的数据量 N 的多项式函数的算法被认为是有效算法。在计算复杂性视角下，所谓的难问题就是那些找不到多项式时间算法的问题。由于在经典计算机中，很多需要专用人工智能来解决的问题都属于这类难问题，即经典算法在处理数据时所需的运算步骤是数据量 N 的指数级函数，因此量子机器学习的任务就是开发经典算法的量子版本以降低计算复杂性，从而把难问题变成易问题。基本上我们不可能找到一个通用的量子算法，将全部经典计算机的运行过程都直接移植到量子计算机上。事实上，目前已有的量子算法都是针对特定计算任务的，它们大多能实现平方级或指数级的加速效果。更重要的是，现代科技、经济乃至生活中遇到的很多优化问题都能够转化为线性方程组求解问题，因此量子算法的提出对于诸多领域专用人工智能的实现会起到非常重要的作用。量子机器学习的第三步是通过量子测量完成计算数据的读取。从哥本哈根解释的视角看——其他量子力学解释对测量有不同理解——测量会使量子叠加态坍缩到一个经典的确定态上。对数据而言，原来以叠加方式存储在 n 个量子寄存器中的 2n 比特可能数据，就会因测量而转变为 1 比特确定的数据。但需要注意的是，这种转变不是完全决定论的，要使最后获得的 1 比特数据是我们期望得到的可用数据，就需要使其在测量时能以更高的概率出现。如果从计算复杂性的视角来看待测量过程的话，我们就会发现，测量实际上是为量子机器学习的加速性设定了某种限制。假如可以不进行测量，量子计算在理论上就能够无限地提升计算效率，只要量子寄存器的数量 n 足够大，那么运算效率就可以是无穷高。但是，人作为一种经典世界中的生命形式，是无法认识到以量子叠加态形式存储的数据的，因此，量子测量过程必不可少。正是在这种意义上，研究者们在设计量子算法时既需要考虑如何尽可能高效地利用量子叠加性，以降低运算过程的时间复杂度；还必须考虑如何利用量子纠缠等其他量子特性，使有用数据在测量时能以足够高的概率出现。这两方面设计思想的博弈导致量子机器学习的加速性会存在一个上限，当然这个上限也是因问题而异的。

在讨论了量子机器学习的一般过程之后，让我们来看看人工智能需要面对的计算复杂性问题。笼统地说，人工智能，按照麦卡锡（McCarthy）的设想，就是要让机器的行为同人所表现出的智能行为一样。但是这样的说法过于模糊，因而塞尔对强人工智能和弱人工智能进行了区分，强人工智能涉及意识问题，即要使智能机器实现思考和感知等人所具有的认知能力；而弱人工智能则更凸显智能机器的工具属性，即专注于解决特定领域问题的智能研究。[11] 由于意识问题的复杂程度远远超出了计算复杂性的范围，因此当前人工智能与计算复杂性研究的交集主要还是落在弱人工智能领域，特别关注的是 NP（非确定性多项式）类问题。

按照经典计算复杂性理论，NP 类问题是指目前还找不到多项式时间算法求解，但能在多项式时间内验证解是否正确的那些问题。这类问题之所以重要，是因为弱人工智能想要完成的很多具体任务的内核都是此类问题。例如 AlphaGo 围棋程序需要执行的胜率评估任务就是这样的问题，它需要预测自己和对手未来落子的位置，以评估各自的胜率，向后预测的步数越多，评估就越准确。但计算的复杂性程度会随着预测步数的增加而呈指数增长，因而如何将其计算复杂性降低到多项式程度，以便在适当的时间内完成计算任务，是该程序设计的核心要求。

那么，既然以 Shor 算法为代表的量子算法能有效处理某些特定的 NP 类问题，那么是否意味着所有 NP 类问题都能找到合适的量子算法以实现有效求解呢？遗憾的是，目前的理论研究还不能给出一个肯定的回答，Shor 算法等只是一些特例，目前大量 NP 类问题的计算复杂性即使在量子计算的语境下也未能被实质性地降低。不过，这并不会阻碍量子算法在弱人工智能领域的应用，因为虽然目前还没有确定性求解 NP 完全问题的有效算法，但是一些基于量子人工神经网络方案的启发式算法能够做到在有效时间内给出一个相对较好的解。特别是作为量子多体物理和量子信息理论中核心概念的量子纠缠，可以作为深度学习应用的"先验知识"：它定量地描述数据集的复杂度，并相应地指导设计人工神经网络的结构。[12] 在此意义上，量子纠缠可以作为连接真实的微观物理世界与抽象的深度学习理论的桥梁，使得我们可以借助自然量子过程，以高精度近似的方式求解复杂程度相近的函数计算问题，从而推动相应领域弱人工智能的实现。

三、量子机器学习能实现强人工智能吗？

以上我们对量子机器学习问题的讨论，仅局限于计算复杂性方面，并且就弱人工智能的实现而言，由于并不涉及意识问题，也就不需要计算主义或物理主义的假设。那么，要回答"量子机器学习能否实现强人工智能"这个问题，是否就必须要对意识的本质做出某种本体论承诺呢？事实上，这取决于我们对强人工智能的理解。如果我们认为机器必须表现出人类所特有的感受性方面的特征，强人工智能才算实现的话，那么关于意识的形而上学预设就是不可缺失的；但是，如果我们认为强人工智能的充要条件是：机器所能解决的问题的集合，不小于人类智能可解决的问题的集合，换句话说，无论执行方式是否相同，意识的结果只要能够被机器所模拟，就算实现强人工智能，我们也不需要考察心灵过程究竟是怎样的，也即不需要关于意识的本体论假设。两种理解相比，显然后者更具建设性，因为在当前针对感受质等问题缺乏实质性科学研究方案的背景下，纠结于意识的本质问题反而会使强人工智能的研究陷入无法开展的悖论：不清楚意识是什么就无法进行计算模拟，反过来不进行计算模拟又无法推进意识研究。因此，接下来我们主要在第二种理解的意义下，从可计算性的视角出发，讨论意识的结果能否被量子机器学习模拟的问题。

关于可计算的边界问题，哥德尔（Gödel）进行过严格分析，他的第一不完全性定理表明：在任何包含初等数论的形式系统中，都必定存在一个不可判定命题，即它和它的否定在系统中都不可证。[13] 该定理讨论的对象是任意一致的形式系统，并无经典与量子之分，这意味着作为形式系统具体实现物的机器必然会遇到不可计算的问题。因此，量子计算机，只是在处理特定计算复杂性问题时效率更高，在不可计算性方面与经典计算机并无差别。那么，根据卢卡斯（Lucas）基于不完全性定理而做出的论证——机器不能成为心智完整的或适当的模型[14]——我们似乎应该认为量子机器学习不能实现强人工智能。

然而，针对卢卡斯的论证，计算主义的支持者和反对者们已经进行过多场论战，他们争论的核心问题之一是"心灵是不是一致的形式系统"。其中，费弗曼（Feferman）是争论的调和者，他设想了一个"开放模式的公理系统"，认为这是一种改进的形式系统概念，使得实践的开放性得以允许但同时也受到基础规则的支配……心灵的数学能力是机械的，因为它完全受到某个开放模式的形式系统的约束。[15] 虽然费弗曼希望借此弥合对立双方认识上的鸿沟，但他的这种观点实际上更倾向于计算主义，其隐含地说明了心灵可以等价于一台非确定图灵机，即心灵在做出超越一致形式系统的判断时所基于的那种洞察力、想象甚至情感等心理元素，在开放模式的形式系统中也是可以存在的。与这种观点相似的是，马希文曾提出的"非决定性可计算"概念：所谓一个函数是非决定性可计算的，是指在某种外部信息的协助下可以计算。[16]以此为基础，我们认为量子机器学习能够实现强人工智能。

很多反计算主义者将意识不能被机器模拟的原因归结为心灵拥有情感、意愿等非理性因素，却拒绝对这些因素做还原论的考察。但是，如果我们对它们做还原论分析的话，就会发现这些因素可以分为两类：一类可以追溯到外部的非理性源头，如来自过去并不完善的实践经验；另一类是心灵真正的非理性成分，它们是完全随机的意识过程。第一类成分可被归为外部信息，根据马希文的观点，我们能以非决定性可计算的方式，通过在形式系统中引入一些外部信息，实现对相应心理过程的模拟。第二类成分在理论上不能由经典计算所模拟，因为经典物理学在本质上是决定论的，无法模拟真正的随机过程。然而，作为量子机器学习基础的量子计算，在本质上就是非决定性的，可以产生真正的随机数，因此可以实现对第二类成分的模拟。如果对于意识中这两方面的非理性成分，量子机器学习在原则上都可以模拟的话，那么我们就没理由认为强人工智能无法实现。

最后还应该强调的是，这里讨论的仅是意识的结果能否被量子机器学习所模拟的问题，而不是心灵在本质上是否应该遵循量子力学。不过这种讨论之所以有意义，也需要基于简单性假设，即意识的特征，只要能被可观察的现象所反映，那么无论其精确本质是什么，或者无论其由什么方式来实现，都应该是等价的。可以看出，这个假设是有较明显的物理主义倾向的，因此，反物理主义者仍然可以就此对强人工智能的可实现性进行反驳。但这种反驳要有说服力，就需要给出两方面的证据：一是证明某些意识过程的确是非算法的；二是提出一些非算法的机制，而且这些机制还应该是超越标准量子理论的。这正是量子机器学习为二元论者设置的最大障碍。当然，需要说明的是，量子机器学习目前还仅限于理论和算法方面的研究，随着量子计算机硬件的日趋成熟，它一定会成为推动人工智能发展的重要手段，而且也会成为破解意识之谜的科学基础。

参考文献

[1] Benioff P. The computer as a physical system: a microscopic quantum mechanical

Hamiltonian model of computers as represented by Turing machines. Journal of Statistical Physics, 1980(5): 563-591.

［2］Feynman R. Simulating physics with computers. International Journal of Theoretical Physics, 1982, 21: 467-488.

［3］Feynman R. Quantum mechanical computers. Foundations of Physics, 1986(6): 507-531.

［4］Shor P. Algorithms for quantum computation: discrete logarithms and factoring. Proceedings of the 35th Annual Symposium on Foundations of Computer Science, 1994.

［5］Kak S. On quantum neural computing. Information Sciences, 1995, 83: 143-160.

［6］Pribram K. Quantum holography: is it relevant to brain function?. Information Sciences, 1999, 115: 97-102.

［7］Kadowaki T, Nishimori H. Quantum annealing in the transverse Ising model. Physical Review E, 1998, 58: 5355-5363.

［8］陆思聪, 郑昱, 王晓霆, 等. 量子机器学习. 控制理论与应用, 2017(11): 1431.

［9］Giovannetti V, Lloyd S, Maccone L. Quantum random access memory. Physical Review Letters, 2008(16): 160501.

［10］Harrow A, Hassidim A, Lloyd S. Quantum algorithm for linear systems of equations. Physical Review Letters, 2009(15): 150502.

［11］Searle J. Minds, brains, and programs. Behavioral and Brain Sciences, 1980(3): 417-457.

［12］程嵩, 陈靖, 王磊. 量子纠缠: 从量子物质态到深度学习. 物理, 2017(7): 421.

［13］刘晓力. 哥德尔对心-脑-计算机问题的解. 自然辩证法研究, 1999(11): 29-34.

［14］Lucas J. Minds, machines and Gödel. Philosophy, 1961, 36: 112-127.

［15］刘大为. 哥德尔定理: 对卢卡斯-彭罗斯论证的新辨析. 科学技术哲学研究, 2017(4): 25-30.

［16］马希文. 什么是可计算性?. 计算机研究与发展, 1988(11): 14-17.

行动研究的新视角：认知神经科学*

殷 杰 张梦婷

作为社会科学的主要研究内容之一——人类个体及其社会实践活动，实质上则归属于人类行动（human action）。"行动"是由行动者发起，并体现为一种有意志的、经过深思熟虑的行为。在戴维森看来，这里的"行动"可理解为"有意义或有目的的行为事件"，并且行动的理由是由特定的心理原因和特定的心理状态所构成，也就是我们常说的行动因果论（causal theories of action，CTA）。[1]然而，早期的 CTA，不仅局限于心理学的发展，又受制于自然科学知识的匮乏，因此，心理状态只是作为行动研究的一种关键因素或者一种策略工具，"心理"与"行动"两者的关系并未被科学解释。此后，随着科学成果的不断出现，CTA 产生强烈争议。争议的焦点大多在于，"心灵事件"与"物理事件"是否可以建立直接联系。金在权等人对此问题强烈否认，他们认为心灵事件无法用物理法则来把握。[2]而事实上，大多数"行动"发生时，"心理活动"确实参与其中，如果说两者没有联系，又与常识不符。退一步来讲，也许"心理活动"与"身体行动"之间确实存在某种联系，只是因为我们未能从科学的角度真正理解两者的潜在关系而已。本文正是基于此种目的，首先详细分析 CTA 的局限性，进而借助认知神经科学的理论知识和科学方法，试图为行动研究开辟一条新的出路。

一、CTA 的局限性及其原因

自戴维森将"心理活动"援引为"行动理由"以来，CTA 一直作为行动研究领域的核心理论而备受关注。直至 20 世纪中后期，人们逐渐发现 CTA 中将"心理态度作为行动理由"的观点并非牢不可破，因果关系更是存在较大

---

* 原文发表于《山西大学学报（哲学社会科学版）》2019 年第 3 期。

疑问。这种疑问在本质上并未否认心理活动对于行动研究的重要性，而是怀疑其未能对"行动"的本质进行合理解释，并由此引发如"行动异常"或"心理状态异常"等各类问题。比如，生活中确实存在这样的例子，行动者的内在心理意愿与其本身的行动结果相违背，或者行动者具有某种意愿，却无法施行该行动。前者被称为"行动过程中心理状态的异常"，而后者被称为"行动本身的异常"。以下用两个案例说明。

1. 心理状态的异常

小丽与其同伙商议要在某一珠宝店进行抢劫，小丽作为内应先去珠宝店打探，以摔碎茶杯为号传递信息。但小丽在犯罪方面没有经验，这种状态使她非常焦虑，由于焦虑小丽的手开始颤抖，最终因为没有拿稳茶杯，而使茶杯掉到地上摔碎了。

2. 行动本身的异常

李华正驾驶一辆汽车前行，中途突然癫痫发作，手脚失能，不能刹车，但其意识是清醒的。

由案例 1 可知，小丽摔破茶杯（行动）的确是由其特定的心理状态（如紧张、害怕等）所致，然而这种心理状态似乎是一种异常的心理状态，即"意外"。这种"意外"不得不让我们重新思考："特定的心理状态"究竟属于怎样一种状态？如果小丽"摔杯"的信息并未得到同伙充分理解，那就说明小丽的这一行动未被合理、正确地解释。而案例 2 正好相反，即使李华当时想要刹车，行动也不能受其心理意志所控制。在上述两种情况下，行动者本身的心理意愿与其行动的"因果"关系似乎并不成立。当然，即便如此，依然有人为 CTA 作辩护，认为此理论是无法被超越的，即由心理状态引起行动的因果关系是不变的。即使出现所谓的"异常"现象，仍属于因果关系的范围之内。然而，即便上述观点成立，于本论点而言，也没有任何实质性的反驳作用，因为心理活动本就是行动研究的重要因素，就算两者确实存在因果关系，上述观点也仍然过于狭隘，且"异常现象"的问题依然不能有效解决。

除此之外，CTA 中关于行动者本身的分析也不够明确。在行动研究过程中，无论是从行动者的目的、意图、欲望还是其他心理状态的内容来说，都只是遵循"心理状态导致行动"的因果关系进行分析，而未对行动者本身的特征、状态等进行相关解释，从这点来看，行动者的地位似乎丢失了。内在心理意识的载体是行动者，如果只重视心理状态，而忽略行动主体，无疑是舍本逐末。

概而言之，心理因素虽然在行动研究中占据重要地位，仍然不能作为行动的直接原因或者理由，即 CTA 确实存在一定的局限性。而这种局限性的根源在于，我们没有明确心理活动究竟是如何影响行动的，从心理（意识）到行动（物质）的过渡又是如何实现的，如图 1 所示。可以确定的是，案例 1 中表现的心理状态的"异常"，的确是由行动者本身某种潜在的心理因素所导致，如自身的焦虑、紧张等情绪。而在案例 2 中，看似无法构成因果关系的两个对象（要刹车的意图和无法实施的行动），实则是由于自身的身体机制原因（疾病的发作导致无法动弹）而使得行动（刹车）暂时不能施行。这些"潜在的心理状态"以及"行动者自身的身体机制"等因素，其实就是我们理解从"心理"过渡到"行动"的关键，而问题在于该如何解释这些"因素"。

图 1　行动与心理

我们之所以认为无法解释上述现象，本质上是受二元论的影响，认为"身（行动）"与"心（心理）"处于"平行"的地位，且互不干扰。因此，即使在行动过程中存在相应的心理活动和意识基础，仍然不能把"心灵"和"物质"直接相关。既然如此，那是否可以将"意识"作为"行动者"的一种特性来理解呢？施勒特（Schroeter）就持有此观点。他认为 CTA 在行动研究中缺少对行动过程的执行控制，以及与行动者本身有关的自主控制分析。[3]他还引入"直觉意识"这一概念，因为在行动研究中，意识的产生不需要任何条件，大多数行动在执行过程中都会涉及直觉意识，如伸开胳膊避免摔倒，或者驾驶过程中躲避障碍物等。在这里，施勒特并未将"意识"与行动者分离，而是作为行动者的一种内在特性来理解，以此避免"心理"与"行动"的直接碰撞。然而，即使这种说法有一定的道理，对于行动理论而言，却远远不够。因为，在行动研究者看来，内在心理意识不仅作为行动者的某种特性而存在，更是影响行动产生的关键因素。此后，物理主义者也提出自己的解决方案，在他们看来，"意识"是具有物理属性和物质属性的，所以可以将心理现象还原为物理现象，以此解决"身心"二元论问题。[4]当然，对于此观点而言，无论未来是否可行，至少说明了"身心"问题在科学观念上还是可以被理解的。

由此可见，要想彻底解决 CTA 的局限性，始终无法绕过"心理"到"行动"这两者之间的过渡问题。从表面上看，行动过程虽然包含行动者本身的各种心理状态，而在心理状态之下，仍然隐含着各种潜在因素尚未明确。一般来说，行动的产生始终与行动者的主观意识以及外部客观条件有关，如果只是将"意识"作为人类行动者的特性分析，未免有些"逃避问题"的嫌疑。因此，要彻底解决此难题，就需要借助于科学手段将"心理活动"与"身体行动"连接为一个整体，即对心理状态和物质基础进行科学"构建"，正如布兰德（Brand）所言：关于人类行动理论的研究应该在社会科学以及自然科学之间建立某种连续性。[5]

二、认知神经科学：从"心理"走向"行动"

毋庸置疑，心理活动是行动研究的关键因素，而对心理内容的认知必然关涉心理学的研究和发展。其实，自冯特创立第一个心理学实验室以来，心理学已经逐步摆脱传统研究范式，而转向成为一门以科学方法为基本、以实验研究为基础的学科。事实上，自 20 世纪初，随着生物学、物理学以及神经科学等自然科学的进步，心理学追求"科学性"的目标已经开始成为广泛的共识。更何况，已有资料显示，在心理学研究领域已经开始运用物理、数学、生物等自然科学对心智或大脑神经系统领域进行深度研究。[6]换句话说，心理学已经开始借助于自然科学的理论方法，并结合自身的实践经验，实现其本身的发展和进步。与此同时，也为行动理论中"心理"与"行动"之间的构建提供了可能。

前面提到，我们之所以认为"心理"与"行动"无法直接关联，本质上是因为我们不能将"心灵"与"物质"之间的关系作为普通的物理因果关系来理解。人类行动既是一种物理事件，同时也包含内在心理事件，因此，行动的产生不只是单纯的躯体活动，更是在行动者心理意识的指导下，思维和躯体相结合而形成的具有行动趋势的活动。就是这一系列各种事件的组合，却远比普通的物理因果事件复杂得多。因此，若要彻底弄清楚两者在本质上到底有何关联，首要条件是明晰"心理"是如何到达"行动"的，即便不是直接引发行动，至少要在两者之间搭建一座沟通的"桥梁"。从功能的意义上说，此"桥梁"的作用，不仅在科学的基础上，实现对"心理意识"的探索，还能从价值上实现与行动的关联。就目前来说，与人类"心智"以及"心灵"密切相关的科学研究，当属神经科学研究。而行动执行的过程同样离不开大脑的认知和"驱使"。而要从神经科学的视角探求人类心智和大脑的关系，正是认知神经科学研究的主要内容。因此，认知神经科学的发展为该"桥梁"的构建提供了一条可能路径。

认知神经科学的研究重点是人类大脑的认知，而对"认知"的探究离不开神经科学的研究方法和技术手段。认知神经科学家对其领域的认识是建立在"没有无生理基础的心理活动"的观点之上的，这点是完全不同于"二元论"的。因此，要实现对心智功能的深度认知，首先应该对人类的大脑机制进行研究。大脑几乎控制着我们做出的每一个行为，除了条件反射之外。神经细胞的发育是一个变化极快又极其复杂的过程，大脑就像是一台处于快速运转状态的高智能机器，将外界所得到的信息经过严格筛选、审核、计算，然后输送到机身内部进行"消化理解"。不可否认，在这个过程中必然有心理活动的参与。其实，在一项关于探索目标导向行动所体现的意图研究中，就清晰地证明了心理活动与神经系统的密切相关性：行动者在拥有某种意图或者向不同的目标转移时，会导致部分脑区活跃性增强。[7]弗莱舍（Fleischer）等也曾指出，要想对行动中的内在心理与外在行动之间的因果关系进行感知，必须借助于潜在的神经机制进行理解[8]，比如，有研究表明，暴力攻击行为与神经递质之间有关系。[9]由上述研究可知，心灵意识与脑神经之间确实有一定的联系，而要完全清楚脑神经系统与内在心理意识如何相互影响，需要我们对脑神经知识有更深的认识。

此外，当代认知神经科学家在人类大脑中还发现了镜像神经元。不仅如此，他们还发现这种神经细胞的功能更加复杂而奇特，不仅能够帮助人类感知、思考和学习，还能不自觉地体会并模仿他人的行为动作，从而达到"亲身经历"的感觉。有学者对这些镜像神经元给予高度评价：镜像神经元之于心理学，犹如DNA之于生物学。[10]在人类现实生活中，镜像神经元的作用无处不在。比如，当你看到某人被巨大的石块砸伤时，你仿佛能体会到被砸者的感受，并因此感到恐惧、痛苦；当你看到别人在咀嚼某种特别香的食物时，你也会忍不住流口水等等。不仅如此，我们还可以通过镜像神经元的功能在大脑中重复别人的行动，并通过分析他人的行为动作进而理解其表达的含义。

如此，我们便可以解释为什么人类有模仿别人动作的能力，以及为什么可以理解他人的想法等等。

因此，从神经科学的角度理解认知，将有助于我们理解人类行动。安德森（Anderson）通过实验和案例具体分析了认知神经科学对人类认知理论的理解及影响。[11]概而言之，是镜像神经元让我们对认知、身体活动以及外界环境之间的关系更加明确，可以说，认知、身体和世界构成了有机的整体，镜像神经元的发现为心智具身性提供了神经生物学的证据。[12]此外，研究者还发现，认知能力的发展变化与大脑额叶的成熟度有着非常紧密的关系，即额叶发展越成熟，认知能力也就越强。而且，生物心理学家已经通过各种实验，证明了额叶的成熟度与实验者的逻辑思维、推理能力等呈正相关状态。[13]由此看来，心理学未来的研究方向，自然是建立在自然科学发展的基础之上，以追求更加科学的理论观点。

总而言之，认知神经科学的发展，为行动研究者提供了一种新视角。由此，我们才能借助于神经科学的知识将"意识"具体化，既打破了"心理"与"物质"在传统上的"相对性"，又能在科学的范围内对人类行动进行深层次的研究。更为重要的是，对行动过程中所体现的"心理意识"的科学分析，不仅为行动哲学的发展奠定了科学基础，更提升了认知神经科学在行动研究中的理论地位以及哲学意义。

三、认知神经科学之于行动研究的意义

不可否认，对社会科学而言，关于人类行动问题的研究已经成为当前亟待解决的问题之一。然而，对于行动的关键因素"心理活动"的解释却始终不够具体。一般来说，如欲望、信念、意图等心理状态，已经融入人类日常生活的语言结构中，并成为我们所熟知的"常识性"知识，或发展成为一种社会文化现象。然而，这种"常识性"的知识，是否可以提升到与自然科学知识同等的地位，依然存在较大争议。认知神经科学的价值正体现于此。

其一，它对心理学的研究探索并没有局限于传统研究模式，而是从实证主义角度出发，借助于生物心理学、认知心理学以及神经科学等自然科学知识，为心理学的科学性提供了有效辩护。

其二，从本质上讲，社会科学虽然有自己的研究对象和研究方法，但其"科学性"始终受到怀疑。这表明，社会科学仍需要拓展其以往的科学观，

以适应未来学科发展的需求。社会科学虽然不同于自然科学，甚至比自然科学更加复杂，却仍有一定的规律可循。而哲学的任务就是在此目标的基础上，找到两者的契合点，从而为社会科学的发展奠定殷实的科学基础。

事实上，自实证主义诞生以来，行动哲学已经逐渐开始摆脱传统的单纯的心理分析方法，而转向更科学的实证分析模式。虽然说，实证性分析大多用于自然科学研究领域，但社会科学同样需要以自然科学为基础的论证方式，特别是在心理学领域。而认知神经科学，就是试图通过提出一种不同于传统心理学的认知范式，对行动中的"心理活动"进行科学实证性探索，以实现对"心智"的深度认知，具体而言：

首先，认知神经科学使心理学研究更加具体。一般来说，心理学定律虽然不像自然定律那样具有固定性，但也具有一定的普遍性。它不仅适用于科学家、科学工作者，也适用于一般人群。而认知神经科学的发展使得这种普遍性更加广泛。比如，传统心理学中某些常识性概念逐渐转化为更具科学性的概念，而这些科学性概念也正因为建立在一般常识性知识的基础之上，才更容易被人理解和接受，进而成为行动研究过程中最详细的科学实证知识。

其次，认知神经科学的理论知识，判断标准严格、准确，符合科学化思维。认知神经科学所追求的理论知识，大多是通过可观察的经验证实以及科学有效的逻辑分析，从而排除主观臆测，并对其过程进行综合判断而得出最终结论，相对而言比较可信。换句话说，认知神经科学所追求的不是那些所谓的只符合常识性的经验法则，而是一种经过科学实验证实的、逻辑脉络清晰的知识体系。

最后，认知神经科学既继承了认知心理学，又与现代神经科学所探讨的脑机制问题联系在一起，这与行动研究的内容十分契合。人类行动是受生理、心理以及社会等不同层面影响而形成的整体，若要对其有一个系统、完整的认识，就必须把心理研究与大脑研究结合起来。[14]此外，关于神经科学的实证研究方法以及科学思维模式都可以成为行动哲学探索的基础，即在某种程度上，我们应该尝试从科学的角度来理解行动的直接原因。[5]

进一步来讲，认知神经科学的立场是将"心理意识"、"神经科学"及"人类行动"置于同一研究框架之下，在某种程度上，更加契合当代自然科学与社会科学之间的连续性论题。[15]这种连续性的构建之所以成立，关键在于，在人类行动以及个体研究的过程中，必然涉及相关的自然科学、社会科学知识。不过需要指出的是，虽然人类行动构成了社会实体，但对其现象的解释却异常复杂。首先，行动本身不仅与内部心理因素相关，还受外在社会环境条件的影响；其次，就心理活动而言，也会因个体的认知、性格、年龄等因素的不同而表现各异。更复杂的是，这些个体因素还会随着时间、环境的改变而不断变化和发展。比如，2 岁孩子的行动，大多都是以自我为中心的活动，因为他们只能从自己感知和需求的方面理解和解释行动；而 6 岁孩子的行动自然会有所差异，因为他们已经可以从别人的视角来理解行动的原因。另外，在神经科学背景下，我们对心理意识的认识和理解，已经不同于以往哲学上对意识认知的观点了，而是引用认知神经科学中的实证方法以提供可量化、较客观、可证伪的实证证据来解释意识以及意识机制。[16]

既然如此，"意识"是否可以摆脱自身的神秘主义色彩，从此行走在"科学"之列呢？要回答这个问题，首先应该弄清楚这里的"科学"到底该如何理解。在社会科学家看来，科学首先是一种认知性的活动，更是一种高度社会化的活动。而在自然科学家看来，科学代表着自然真理，以及某种神圣的权威。两者的区别可总结为对"科学"的评判标准有所不同。社会科学对于"科学"的评估标准，并不是如同物理公式一般不可动摇，而是一种经过多次实验论证的、逻辑清晰的结论。这种结论符合大多数人的行为准则，并像自然规律一样被广泛运用。但是，需要说明的是，这些结论可能会随着社会的发展以及某个外界因素的变化而发生改变。然而，我们却不会认为这种结论不可信，反而认为这才是社会科学最独特的地方。如果社会科学一味追求与自然科学等同的律则命题，以求达到"科学"的基准，那才是无稽之谈。社会科学有其自身的研究特点以及特有的研究对象，所谓认识世界，就是要在充分了解研究对象基本特征的前提下，对其本质进行深度剖析。因此，社会科学所追求的"科学"应当是方法论上的科学。换言之，社会科学并非完全按照自然科学的发展模式，或者是还原成自然科学的相关概念，而是追求与自然科学相接近的方法论工具，实现自身更加科学性的研究和发展。

四、结语

综上所述，对人类行动本质的理解，不仅要始于行动外观特征，更要透过行动的内在心理状态，将行动及其心理活动统一起来分析，以实现对人类行动更加全面的认识。也可以说，行动理论的进步有赖于哲学与科学的结合，更需要借助于科学方法及理论知识，在社会科学与自然科学之间建立某种连续性。而认知神经科学正是构建该连续性的关键"桥梁"。一方面，正是在认知神经科学的帮助下，"心理"与"行动"之间才能建立联系，行动理论才能实现将自身的概念基础，接近于认知神经科学的科学性思维，并在整体上把握"行动"与"心理"的关系，进而达到哲学与科学的统一；另一方面，从社会科学的发展历程来看，当代社会科学研究不断受自然主义观念影响，如若将社会科学置于自然科学的基本规律之上，对社会科学的未来发展以及"科学性"维护将大有裨益。

参考文献

［1］Davidson D. Actions, reasons and causes. The Journal of Philosophy, 1963, 60: 685-700.

［2］李龑. 戴维森与金在权关于心灵因果性的争论. 长江大学学报（社会科学版）, 2012, 35(4): 169-172.

［3］Walker M T. A problem for causal theories of action. Pacific Philosophical Quarterly, 2003, 84(1): 84-108.

［4］Nannini S. The mind-body problem in the philosophy of mind and cognitive neuroscience: a physicalist naturalist solution. Neurological Sciences, 2018, 39: 1509-1517.

［5］Brand M. Intending and Acting: Toward a Naturalized Action Theory. Cambridge: The MIT Press, 1984.

［6］高申春, 刘成刚. 科学心理学的观念及其范畴含义解析. 心理科学, 2013(3): 761-767.

［7］Carter E J, Hodgins J K, Rakison D H. Exploring the neural correlates of goal-directed action and intention understanding. Neuroimage, 2011, 54: 1634-1642.

［8］Fleischer F, Christensen A, Caggiano V, et al. Neural theory for the perception of causal actions. Psychological Research, 2012, 76: 476-493.

［9］曹文宇, 徐杨, 张建一, 等. 攻击行为的神经生物学机制研究进展. 神经解剖学杂志, 2012(2): 205-208.

［10］付丽丽. 镜像神经元让"天使"变"恶魔"?. 科技日报, 2014-01-08.

［11］Anderson J R. Cognitive Psychology and Its Implications. New York: Worth Publishers, 2009.

［12］叶浩生. 具身认知、镜像神经元与身心关系. 广州大学学报(社会科学版), 2012(3): 32-36.

［13］McCall R B. Infants. Cambridge: Harvard University Press, 1979.

［14］刘昌. 认知神经科学: 其特点及对心理科学的影响. 心理科学, 2003, 26(6): 1106-1107.

［15］殷杰, 赵雷. 自然主义视域下的科学连续性论题. 自然辩证法通讯, 2017(2): 63-69.

［16］安晖. 意识的主体性和等级性: 来自认知神经科学的实证证据. 科学技术哲学研究, 2018, 35(4): 78-82.

当代知觉哲学的发展及特征[*]

王姝彦　王孝清

知觉在哲学研究中是一个古老而又常新的重要论题。一方面，有关知觉的哲学探问有着悠长的过去，自古希腊起，知觉问题几乎从未离开哲学家们的视线，这种关注在 17、18 世纪尤为明显，知觉哲学的研究更占据了彼时哲学的重要地位，如霍布斯（Hobbes）、笛卡儿以及贝克莱（Berkeley）等人，皆对知觉及其相关论题有过较多探讨。[1]不言而喻，知觉作为人类认识世界的基点，哲学中许多重要本体论、认识论问题的探讨都与其息息相关，同时它作为基本的认知过程，也是心灵哲学中意识研究的概念工具。因此，可以说关于其本体论问题（如知觉的本质和对象）、认识论问题（如知觉的辩护）以及心灵哲学问题（如知觉与信念、意向的关系）的讨论贯穿了整个哲学的历史。另一方面，尽管知觉哲学在 20 世纪上半叶一度被忽视，然而随着科学哲学以及心理学、认知科学、神经科学等经验科学的迅猛发展，自 20 世纪中叶开始，知觉哲学再次受到关注并日益成为哲学以及相关经验学科的研究重心，不仅仅是涌现出了大量富有创见的研究成果，而且在研究方法上亦呈现出不同于以往的一些新特征。正是在此意义上，我们又可以说当代知觉哲学是一个年轻且新兴的哲学领域。毋庸置疑，复苏之后的知觉哲学研究焕发了新的生机与魅力，本文在梳理并厘清当代知觉哲学研究不同进路及其关注点的基础上，进一步分析并阐明了当前知觉哲学研究的核心论域及发展特征。

一、当代知觉哲学研究的多进路推展

当前哲学家们对于知觉的探讨可谓是多方面、多角度的。有些哲学家立足于神经科学的基础，主要研究发生在大脑中的知觉加工过程；有些哲学家

原文发表于《科学技术哲学研究》2018 年第 5 期。

热衷于知觉现象的讨论，因而关注知觉经验及其相关论题；有些哲学家则看重与知觉过程相关联的行为反应，从行动的角度来理解知觉；也有哲学家并不专注于知觉本身，而是力求以知觉为切入点对知识论等领域中的一些问题加以论证或阐释。此外，还有一些哲学家另辟蹊径，将其研究定位于空间知觉、审美知觉、音乐知觉等其他特殊领域，进而探讨与其相关的一系列哲学问题。由此，基于不同的研究视角和立论基础，也就形成了当前知觉哲学的多进路研究特征。

1. 基于加工过程进路的知觉研究

这一进路下的知觉研究主要关注从刺激到行为这一因果链的中间阶段，即知觉的加工过程。例如，我们看到窗外正在下雨，这些"所见"始于投射到视网膜上的刺激即光线，随后我们的大脑中发生了一系列复杂的神经事件，最终形成了"外面在下雨"的信念，并进一步指导我们做出适宜的行动。该加工进路下的知觉研究所关心的正是这一系列复杂的神经事件的发生及其运作方式。相应地，与此过程相关的一些问题自然成为该进路下的核心论题，如：知觉加工的方式是"自上而下"还是"自下而上"的，以及涉及知觉加工的相关脑神经机制。随着当代心理学尤其是认知神经科学的巨大发展，这些论题愈发受到重视，并在此基础上产生出更多新的哲学论题，如知觉的多通道问题，知觉的认知渗透性问题、知觉的无意识问题等，对这些新兴论题的解读与阐发无疑给知觉哲学研究带来了全新的动力与生长点。

2. 基于现象学进路的知觉研究

在现象学进路下，对知觉的讨论大多集中于加工过程的终端产物，即知觉经验，遵循此路线的哲学家们并不关心知觉的内部加工过程，也很少思考引起知觉经验的脑机制，而是对"知觉像什么"之类的问题倍感兴趣。纳奈（Nanay）将此类研究称为"知觉现象学"。其核心论题涉及知觉经验及其特征，如：知觉的对象、知觉经验的本质、知觉经验的表征、知觉的内容等广泛存在于认识论及心灵哲学内的传统知觉哲学问题。当代知觉哲学复兴之后，这些传统论题不仅没有受到冷落，反而在新的科学和哲学语境下取得了新的突破性进展。

3. 基于行动进路的知觉研究

不同于上述两种进路，该进路下的哲学家们既不从神经机制出发去看待知觉，亦不探讨知觉经验问题，而是关注与知觉过程相关的行为反应，从行动的角度来理解知觉，认为知觉与行动密切关联，进而形成了基于行动的知觉研究。其主旨在于讨论知觉与行动之间的关系。具体而言，即知觉如何引导行动，知觉如何依赖于行动，两者之间是否存在中介，行动对知觉而言是构成作用还是因果作用抑或是工具作用。毋庸置疑，知觉与行动的研究正日益受到哲学家们的青睐，尤其在当代哲学语境下，对其多样性的解读有助于我们在更深的意义上把握知觉的本性与特征。

4. 基于其他进路的知觉研究

除上述主流进路下的种种论题之外，其他一些话题也含括于当前的知觉哲学研究中。例如，有些哲学家关注与知觉相关的知识论话题，重在考察知觉经验基础上形成的关于外部世界的信念如何得到辩护；再如，有些哲学家并不关注一般意义上的知觉，而是关注特殊领域的知觉，如时空知觉、音乐知觉、审美知觉、言语知觉、本体知觉等，其相关哲学论题的独特性自是不言而喻。显然，这些话题在一定程度上丰富和充实了知觉哲学研究的内容，知觉所具有的重要的认识论意义和哲学价值亦在此得到进一步彰显。

综上所述，不同进路多面相、多维度地展示了当代知觉哲学研究的主要论题及方法。需要说明的是，各进路下讨论的问题既有侧重，又有交叉和融合，如知觉的表征问题既是加工过程进路下的重点，也是现象学进路下长期争论的话题。同时，各进路间又保持了一定的独立性，体现于其理论预设以及方法论框架有着明显的差异，如加工过程进路下的知觉有有意识与无意识之分，而现象学进路下并无此区分，可以说后者预设了意识知觉。

二、当代知觉哲学的核心论域

通过上述分析不难看出，当代知觉哲学的研究可谓方兴未艾、新论杂陈，呈现出了鲜明的多进路并举且互相交织融合的发展态势。在此情形下，不仅是原有哲学传统下的基本论题得到了极大程度的拓展与延伸，同时，在其基础上又催生了许多新的论题和争论。具体而言，当代知觉哲学的核心论题主要涉及以下五个方面。

1. 知觉与表征：知觉状态是表征吗？

知觉的表征问题是知觉哲学研究中最基本的问题之一，即在什么意义上知觉是表征的以及知觉如何表征世界。对此问题的争议本质上源于两个本体论问题：其一，知觉是直接的还是间接的；其二，知觉的对象是物质的还是心理的。而对这两个问题所给出的不同回答则构成了有关知觉的两个对立性观点：间接实在论和直接实在论。

依据知觉的间接实在论主张，知觉的直接对象并非客观物体，而是对物体的表征、意识或心理状态，人类借由这些中介物间接地感知独立于人类感知而存在的世界，因此亦有学者将此观点称为知觉的表征理论或者感觉材料理论。间接实在论旨在强调的是：知觉是间接的，它与世界之间要依赖于特定的表征。在此意义上，我们也可将之归结为一种知觉的表征观。

反之，按照知觉的直接实在论看法，知觉与世界之间不需要中介，人类是直接感知世界的。其最直接的表现形式是朴素实在论，即认为人类是直接感知并面对物体本身，无需任何中介物。麦尔斯（Myles）将此理论称为"知觉的窗户理论"，喻意为对事物的知觉就像打开窗户一样，直接揭示了事物本身"就是其真实的样子"。[2]吉布森则在生态光学的基础上提出直接知觉理论，认为到达眼睛的光线足以提供人类所需的感觉信息，不需要表征，知觉就可以发生。此外，关系论也是一种直接实在论形式，其理论要旨为：知觉状态反映了觉知者与被觉知者之间真实的关系，两者之间并不需要表征。换言之，被觉知者（刺激物）并非一些可能在场或可能不在场的实在物，当我们在进行知觉时，它必须在场以便产生知觉状态。[3]可见，三种不同形式的直接实在论，虽然角度不同，但都强调知觉不涉及表征。就这一点而言，我们也可将之归结为知觉的非表征观。

如此，知觉的表征问题就主要表现为知觉的表征观和非表征观之争。此外，也有学者秉持一种中立的态度来对待上述争论，认为既可以找到支持表征观的论据，也可以找到支持非表征观如关系论的论据。例如，纳奈对于争端的解决，给出了颇具建设性的方案，即从实证或经验的角度对非表征观展开讨论，建构了一种可以同时包容两种不同观点的综合性的哲学框架。[4]

2. 知觉与意识：知觉可以是无意识的吗？

传统观点认为知觉都是有意识的，因而以往对知觉的哲学探讨自然也停留在意识层面。随着无意识相关研究的兴起，无意识知觉逐渐成为当代知觉哲学关注的一个新焦点。其核心问题在于无意识知觉是否存在。当下，已有大量心理学及认知神经科学等方面的经验证据表明了无意识知觉的存在。如心理学中经典的盲视现象发现脑损伤患者能成功地处理视觉信息，但是却不存在有意识的视觉体验。再者，无意识知觉也可以在无损伤大脑中表现出来，如心理学中典型的掩蔽启动范式和持续闪烁抑制范式中，掩蔽物使得被试无法辨别启动刺激，但是却促进了对启动刺激的知觉反应，这就使得"被试坚持没有意识到任何刺激"这样的说法愈加可信。

然而，菲利普斯（Phillips）等认为这些经验证据还不足以表明无意识知觉的存在。依据伯奇（Burge）的观点，知觉是个体对客观世界的主观反映，从结构上来讲，知觉必须同时符合两个条件：一是要有客观的内容，即对外部世界的客观表征；二是知觉必须归属于个体，而不仅仅是他们的视觉运动系统。根据这一概念，菲利普斯认为上述经验证据均不符合"知觉"。例如，盲视患者虽然具有无意识的表现，但是缺乏客观性表征这一条件。再如，掩蔽启动虽然较好地证明了无意识的客观表征，但是却不具有个体水平的归属这一条件。总之，上述事例要么不符合知觉的客观性条件，要么不符合知觉的个体水平归属，因而都无法提供无意识知觉存在的恰当说明。依据菲利普斯的观点，无意识知觉很难被证明，甚至是不可能被证明的，目前对无意识知觉的共识仍然只是一个信念，而不是一个事实。[5]

事实上，要阐明无意识知觉问题，还需要进一步厘清无意识知觉与意识知觉的区别。普林茨认为两者在携带的信息上很像，但前者不存在"质性特征"，且"无意识知觉就是信息的无意识转换"。[6]这便又产生了新的问题，即无意识知觉与无意识的信息转换是不是一回事。毋庸置疑，对于无意识知觉还需持谨慎态度，还需要大量经验证据，尤其是神经科学的证据，以及新研究手段和范式的建立。

3. 知觉与认知：知觉是认知渗透性的吗？

认知是否影响知觉，即所谓的"知觉的认知渗透性"问题，是当代神经科学哲学中的一个研究热点。围绕"知觉是不是一个独立的、不受认知影响的密闭系统"这一争论，形成了对立的两种观点，即知觉的认知可渗透性与知觉的认知不可渗透性。根据前者，认知状态如信念、愿望等能够影响知觉的加工，进而可以影响知觉经验，即主体所感知到的知觉经验的内容和特征可以被主体的信念及愿望加以改变。丘奇兰德曾指出：我们的所见（即知觉的终端产物）依赖于我们的概念框架。[7]拉夫特波罗（Raftopoulos）早期也赞同丘奇兰德的观点，在他看来：神经科学的发现证明大脑的高级认知中心，是以自上而下的方式，通过反复进入神经元联结，把信息传送到低级的或者大脑周边区域，从而影响着知觉加工，这证明了知觉是认知渗透性的。[8]更有力的证据来自在心理学以及认知神经科学中得到实验证实的预测编码理论，该理论是目前流行的大脑工作机制假说，认为我们先通过已有认知图式来感知世界，再根据即将感知的刺激来补充已有的认知图式，这意味着已有认知会影响知觉。这就是说，如果不承认知觉的认知可渗透性，预测编码理论就无法得到解释。[9]

支持"知觉的认知不可渗透性"的哲学家亦不鲜见。福多曾利用模块性假说来对知觉的认知不可渗透性加以说明，根据该假说，知觉系统是模块性的封闭系统，知觉系统与认知系统存在明显的划分，这也意味着知觉是认知不可渗透的。然而，这种理论假说与心理学、神经科学中的知觉学习、大脑的可塑性等经验发现并不一致，在此意义上，我们或许可以说"福多的模块性只存在于其自己的心灵中"。[8]派利夏恩（Pylyshyn）也持否定态度，认为知觉尤其是视觉，至少在早期加工阶段是认知不可渗透的。不同于福多的是，他的假设部分地得到了经验的确认。拉夫特波罗等综合了大量的神经科学以及心理学的证据，尤其是通过大脑扫描技术所获得的发现，支持了派利夏恩的观点，在视觉知觉中存在一个认知不可渗透的阶段，该阶段发生在早期，即早期视觉阶段是认知不可渗透的。[10]此外，德雷斯克（Dretske）采用隔离解释的策略以证明知觉是认知不可渗透的。[11]当然，隔离解释的作用机制本身还不成熟，仍需要进一步深入地探讨。

总之，知觉的认知渗透性问题已经引起众多哲学家、神经科学家和心理学家的广泛关注及争论，尽管这些争论目前仍然悬而未决，但其持续性地对反思知觉及认知的本质所带来的撼动与影响无疑是深远的。

4. 知觉与行动：表征还是生成？

就知觉与行动的关系而言，学界主要存在两种不同的观点。其一是传统的认知科学领域内较为流行的知觉的计算或表征观，这种观点主要关注知觉对行动的影响，认为知觉对行动具有指导作用。具体而言，从感觉输入到行动输出，其间我们的大脑中经历了符号的转换、计算等一系列神经事件，之后产生行动的信念或愿望，最终导致做出行动。在此观点下，知觉被描述为一种被动发生在大脑中的一系列计算、表征事件。[12]可见，知觉与行动之间的关系也因而被视为一种具有中介的表征关系。

其二是当前备受关注的知觉的生成论，也被称为生成的或具身的知觉观，其关注的视角与传统观点恰好相反，即从行动到知觉，强调知觉对行动的依赖性，认为身体的主动和被动运动也是产生知觉信息的有用来源。[13] 诺伊（Noë）因此而提出知觉的感觉运动理论，在其看来，知觉的本质是对感觉运动知识的运用，知觉与行动相互依赖，离开行动便无法产生正常的知觉经验。[14] 此外，生成论认为知觉与行动之间并不需要表征，也不需要中介。知觉是对一个环境的积极主动的探索，不需要讨论表征，它就可以被描述。[14] 因此，在生成论视野中，知觉既不是发生在头脑中的计算过程，也不是对外界环境的表征过程，而是一种本质上由身体运动参与的具身和主动的过程。

总之，计算或表征观以及生成论实质上都仅仅是探讨了知觉与行动之间单向的关系，在解释上显然具有一定的局限性。计算或表征观将知觉看作一个被动接受刺激的过程，忽略了知觉的主动性；生成论强调知觉依赖于行动，然而并非所有知觉都依赖于行动，此外生成论还强调知觉与行动的直接性，这使其更易陷入行为主义危险。我们更倾向于认为，知觉与行动之间是相互依赖的双向关系，一方面知觉帮助我们产生行动的信念、愿望、意图等命题态度；另一方面，知觉也依赖于行动为其提供环境信息，两者之间既有中介，又有交互和相融。

5. 知觉的多通道性：视觉与其他通道的知觉有差异吗？

一般来讲，大部分哲学家、心理学家、认知科学家谈论知觉时，都以视觉为典范，其哲学论点也主要是基于视觉研究成果而建立的。毫无疑问，视觉科学不仅是认知科学的一个分支，也是最连贯的、整体的以及最成功的一个分支，因而激起了哲学家和科学家的丰富的讨论。[15] 然而，基于视觉建立起来的知觉哲学研究虽然取得了丰硕的成效，但仍然面临一个挑战，即从视觉通道获得的结论是否适用于其他像听觉、嗅觉等非视觉通道。

视觉结果是否可以适用于其他通道，目前仍存在较大分歧。当前关于非视觉感觉的研究主要有两种范式：一种是以视觉作为知觉的典型范式，即"视觉范式"（vision-as-paradigm，VAP），强调我们经由视觉获得的知觉及知觉经验可以被其他感觉所模仿。因而，视觉知觉的认识可以进一步推及非视觉感觉。另一种范式 ALT 与 VAP 不同，认为非视觉通道的特征与视觉通道的特征不能相融合。这里首先需要厘清的问题是，视觉与其他通道的知觉是否存在相似性。根据 VAP，两者之间存在很大的相似性，因为嗅觉与听觉的对象——气味和声音——与视觉对象一样，在本质上都是物质世界的一部分。而 ALT 则强调，听觉和嗅觉的对象不仅仅是声音和气味，更是声音和气味的来源（即刺激源），声音和气味只是起到一种中介作用，因而视觉与其他感觉之间不具有相似性。进一步分析可知，VAP 和 ALT 的上述争论事实上还不够彻底和充分。首先，两通道间的相似性或差异性不仅表现在知觉对象上，还可能表现在其加工方式上。仅仅考察其研究对象的差异，显然不够全面。其次，尽管两者都对嗅觉、听觉与视觉的对象做出了区分，但是这种区分还不能彻底说明视觉通道与其他通道的差异性。如果视觉与非视觉之间不存在相似性，那么以视觉为基础建立起来的有关知觉的普遍性结论便有可能面临瓦解。

除上述重要论题之外，当代的知觉哲学还包括其他一些颇具启发意义的问题。例如，关于知觉内容方面，知觉是否具有类别或意象主义的内容；关于时空知觉方面，我们能否感知到时间长度，我们又能否知觉到空间，空间的表征是不是知觉的先决条件；关于知觉辩护方面，知觉辩护是否影响知觉对世界的表征。[3] 不言而喻，对这些问题的有效阐释无疑会使知觉哲学的研究得到进一步的拓宽、深入和推展。

三、当代知觉哲学研究的特征

考察当代知觉哲学的发展与前沿，不难看出，尽管其研究可谓主题林立、新论迭出、方法纷呈、异论对峙，但在这种多样性的背后，总体上还是呈现出一定的主流性特征，即对知觉的自然化认识论倾向、以经验证据为基础的跨学科研究范式的确立，以及模型化方法的广泛借鉴与应用等。

1. 对知觉的自然化认识论倾向

哲学史上在对待知觉的态度上存在两种截然不同的理路：其一是基于"辩护认识论"语境，最初以怀疑感官与知觉的有效及可靠性为主，之后主要致力于对某些知识、信念的辩护，探讨知觉在其中的辩护作用。其二则与奎因提出的"自然化认识论"有关，与辩护认识论对知觉的怀疑不同，自然化认识论以感觉和知觉的有效性和可靠性为逻辑起点。该思想至晚起源于斯多葛学派，近代的有里德（Reid）等。这一哲学传统从感觉的功能入手看待知觉，认为一个有机体需要通过感官获取对世界的知识，哲学家们更应该关注的是知识的获取过程以及与知觉经验有关的知觉表征问题。当前知觉哲学对知觉的主流认识秉承了自然化认识论的观点，承认知觉是世界上诸如呼吸与吃饭一样自然的过程，人类借由知觉获取关于世界的知识，其感知对象是独立于知觉行为而存在的物质和事件。就其主导思想而言，大多采用了自然主义的策略，并且其理论中预设（默认）了知觉作为知识、信念、行动的自然来源。这种自然化认识论倾向便成为当代知觉哲学研究的一个主要特点。以此作为出发点的优势在于它并不排除辩护认识论的关注点，同时它还有利于在一个更为科学、广泛的框架内建立知觉哲学理论，这种对知觉的先在理解促使哲学家们更倾向于使用经验发现来支持其哲学论断。正如阿默德（Almeder）所言：自然化认识论的初衷便是通过密切关注自然科学的进展来改造传统认识论。[16]事实亦然，当代知觉哲学主要论题（知觉与意识、知觉与认知、知觉与行动、知觉的多通道等）的推进无不显示出对自然科学发现的关注和引证，并有效地促动了相关争论的进一步展开。

2. 以经验证据为基础的跨学科研究范式的确立

如前所述，自然化认识论作为一种对知觉的先在理解，预设了知觉可以作为认识世界的自然手段。基于此，对知觉的哲学探讨进而呈现出的一个显著的特点，即密切关注经验证据。经验证据主要来自心理学、神经科学以及认知科学，这些具体科学领域已有大量关于知觉的实验研究，哲学家们显然并没有忽视这一点，他们关于知觉的观点大多使用了经验发现作为其立论支撑。例如，多克奇（Dokic）在探讨知觉识别问题时引用了认知神经心理学证据，利用一个患有替身综合征的患者来解释是否以及在什么意义上对象的识别是具有知觉性质的。再如，在关于注意与知觉的讨论中，普林茨使用了神经影像学、心理学及认知科学的实验证据，阐明了注意在意识知觉中的重要性。此外，在知觉的认知渗透性研究中，拉夫特波罗使用大脑扫描技术获得的结论证明了早期视觉的认知不可渗透性，等等。

可以说，当前关于知觉的哲学研究逐渐脱离了传统扶手椅式的思辨，转而密切关注具体学科的前沿成果，形成了以经验证据为基础的跨学科研究范式，这种趋势在视觉研究中，尤其是关于颜色的研究中表现得尤为明显。显然，哲学家们提出的哲学问题需要得到经验证据的支持，这就要求他们不仅要关注知觉的不同哲学范畴如认识论、心灵哲学的观点，还理应通晓科学领域的经验发现。这种跨学科范式一方面有利于哲学家们优先考虑经验证据，并在此基础上建立其哲学框架，另一方面有利于促进哲学与经验学科间的交流与对话，对于知觉哲学的多方面推展无疑具有重要意义。

3. 模型化方法的广泛借鉴与应用

与上述特征相应，当代知觉哲学研究在紧密跟随相关经验科学前沿发展的基础上，进一步借鉴了数学、心理学、神经科学以及认知科学中的理论模型来对知觉哲学问题加以说明和阐释，呈现出鲜明的模型化方法特征。这种模型化方法主要表现在两方面。一方面表现为借鉴其他学科的一些理论模型来解决实际问题，如利用数学概率来描述个体知觉过程的布伦斯维克的透镜模型，用以证明知觉的间接性；以贝叶斯统计为基础建立的贝叶斯知觉模型，用来解决与知觉表征的解释中心性有关的哲学问题；再如心理物理学的信号检测理论，用以讨论知觉哲学中意识知觉与无意识知觉之争；又如信息理论，用来解决知觉哲学中的感觉与知觉、感受质与意识以及知觉的对象等问题；等等。

另一方面表现为以探讨知觉系统或知觉加工过程为目的而模拟构建起来的关于知觉本身的模型，如奈瑟尔（Neisser）提出的综合分析模型（又称知觉循环模型）阐释了直接知觉与间接知觉的综合，马尔（Marr）在视觉的基础上提出的视觉计算模型用以模拟视觉加工过程。此外，知觉的功能模型将知觉系统看作正在执行一个"任务"。再者，还有备受瞩目的神经科学领域的预测编码理论，它认为知觉的加工方式是自上而下的，对于知觉的认知渗透性问题具有较优的解释力。

可见，当代知觉哲学研究对模型化方法的应用源于科学研究（尤其是心理学、认知科学研究）中的模型化方法。这种研究已经不是早期科学哲学家建立在类比意义上的模型研究，而是注重科学研究中模型化推理的理论基础和实践运用，为模型化方法在认知领域的运用拓宽了思路。[17] 在此背景下，当代知觉哲学研究中对模型化方法的使用自然也成为其主要特征之一。虽然这些理论模型或分析工具对于知觉哲学问题的阐释仍需要大量深入、细化的探讨，但其所昭示的新思路、新趋向，无疑可为当代知觉哲学的研究提供必要的推手和助力。

四、结语

斯特劳森曾有言：一个哲学家关于知觉的观点是他本人关于认识论和形

而上学思想的关键。[18]可见，知觉不仅仅是心灵哲学的分支，更是其他分支哲学的基本概念。然而就研究现状而言，知觉已经不再被单纯地当作理解认识论、心灵哲学的工具，它已发展为能逐渐与认识论、心灵哲学比肩的哲学领域。[18]此论断虽然略显强势，但其至少表明在当代科学与哲学的语境下，知觉哲学研究已经发生质的变化，这种变化不仅表现为对传统问题的延伸、拓展与重建，也不仅表现为新论域的形成与更迭，而是更加体现在其探讨知觉的方式上。进一步来说，即以知觉的自然化认识论为起点，试图建立哲学与科学的连接与共生，形成了以经验证据为基础的多学科交叉的跨学科研究范式。不言而喻，这种融合性的视域已经为当代知觉哲学的发展带来了新的张力及契机，在此视域下的知觉哲学研究也必然将随之常拓常新。

参考文献

［1］Chirimuuta M. Outside Color: Perceptual Science and the Puzzle of Color in Philosophy. Cambridge: The MIT Press, 2015.

［2］Burnyeat M. Conflicting appearances. Proceedings of the British Academy, 1979, 65: 69-111.

［3］Nanay B. Current Controversies in Philosophy of Perception. London: Routledge, 2017.

［4］Matthen M. The Oxford Handbook of the Philosophy of Perception. Oxford: Oxford University Press, 2015.

［5］Phillips I, Block N. Debate on unconscious perception//Nanay B. Current Controversies in Philosophy of Perception. London: Routledge, 2017.

［6］Prinz J. Unconscious perception//Matthen M. The Oxford Handbook of the Philosophy of Perception. Oxford: Oxford University Press, 2015.

［7］Churchland P. Perceptual plasticity and theoretical neutrality: a reply to Jerry Fodor. Philosophy of Science, 1988, 55: 167-187.

［8］Raftopoulos A. Cognition and Perception: How Do Psychology and Neural Science Inform Philosophy?. Cambridge: The MIT Press, 2009.

［9］Vance J, Stokes D. Noise, uncertainty, and interest: predictive coding and cognitive penetration. Consciousness and Cognition, 2017, 47: 86-98.

［10］Zeimbekis J, Raftopoulos A. The Cognitive Penetrability of Perception: New Philosophical Perspectives. Oxford: Oxford University Press, 2015.

［11］Dretske F. Perception versus conception//Zeimbekis J, Raftopoulos A. The Cognitive Penetrability of Perception: New Philosophical Perspectives. Oxford: Oxford University Press, 2015.

［12］de Jesus P. From perception to action to perception in action: a review of contemporary sensorimotor theory. Adaptive Behavior, 2014, 22(5): 360-366.

［13］Gibson J. The Ecological Approach to Visual Perception. Boston: Houghton Mifflin, 1979.

［14］Noë A. Action in Perception. Cambridge: The MIT Press, 2004.

［15］Palmer S E. Vision Science: Photons to Phenomenology. Cambridge: The MIT Press, 1999.

［16］Almeder R. Harmless Naturalism: The Limits of Science and the Nature of Philosophy. Chicago: Open Court, 1998.

［17］阎莉. 整体论视域中的科学模型观. 北京: 科学出版社，2008.

［18］Strawson P F. Perception and its objects//MacDonald G. Perception and Identity: Essays Presented to A. J. Ayer with His Replies to them. London: Macmillan, 1979.